金商道

The positive thinker sees the invisible, feels the intangible,
and achieves the impossible.

惟正向思考者，能察於未見，感於無形，達於人所不能。 —— 佚名

BAD BLOOD

Secrets and Lies in a Silicon Valley Startup

惡血

矽谷獨角獸的醫療騙局！
深藏血液裡的祕密、謊言與金錢

《華爾街日報》調查記者
約翰・凱瑞魯（John Carreyrou）——著　林錦慧——譯

獻給莫莉（Molly）、賽巴斯汀（Sebastian）、
傑克（Jack）和法蘭西絲卡（Francesca）

—推薦序—

如果這一切都能成真……

台灣大學生化科技系教授
何佳安

Theranostics是一個新鮮的科技名詞，結合therapy（治療）與diagnosis（診斷）的概念而新興的研究領域。該領域對於成就「精準醫療」（precision medicine）及「個人化醫療」（personalized medicine）有著舉足輕重的影響力，而「精準醫療」與「個人化醫療」的價值，根植於延長病患的壽命並改善病患的生活品質。

二〇一三年Theranos創辦人伊莉莎白·霍姆斯（Elizabeth Holmes），首度在媒體上提出她對於血液分析與癌症篩檢的劃時代技術，強調以一滴血即可進行百種健康檢測的偉大創新。對於開發疾病檢測新科技極有興趣的我，及其他具有類似專長、族繁不及備載的學者專家們而言，伊莉莎白·霍姆斯口中描繪的這個劃時代的技術，曾是我們共同的夢想。

伊莉莎白·霍姆斯想要改變世界、為大眾謀利的想望何錯之有？然而，過度對理想的狂熱，太氾濫的企圖心，太膽大的鋌而走險，太多的金錢糾葛，配上一連串讓人感到匪夷所思的樂觀與隱瞞，硬生生把這位「女版賈伯斯」揪下台來，讓這個充滿遠見與願景的創意冒險，走偏了路。

我在校園裡待了大半輩子，自然是不懂《惡血》一書中所描述美國企業權力最高層的黑暗；在我的內心深處，也確實不希望稱呼伊莉莎白·霍姆斯為騙子，因為她口中的劃時代高科技並非決然無法達成的虛擬與空想。然而，醫療相關技術關乎民眾的生命及生活品質，在開發新穎醫療技術的過程中，更需要破表的誠實態度與嚴謹的原則。

生醫產業為台灣「五加二產業創新」政策的重要計畫之一，而醫療器材的開發為生醫產業中相當重要的一環，是政府極力培植的關鍵性產業之一。在不捨棄傳統檢測方法的同時，若能搭配更先進的醫療檢測技術，並與正在建置中的生醫大數據進行比對分析，確實可以提供我們機會找出個人差異及疾病表現的異質性，並根據所得結果訂下預防及治療的策略，達到精準醫療、個人化治療的願景。

伊莉莎白·霍姆斯這個前浪雖然已經死在沙灘上，但是還是需要千千萬萬的後浪更穩紮穩打的精進努力、更嚴謹誠實的小心謹慎，共同朝向增進眾人健康、改善生活品質的目標前進。

若干年後，可以有效執行醫療檢驗的「微型實驗室」一旦問世，不僅可以幫助降低病患試藥風險與痛苦，更能即時並精準地提供正確的治療與預防醫療策略，減少無效醫療及疾病復發的機會，提升疾病治癒之成功率。

希望讀者藉由這本書可以了解到，成熟的醫療生技的確能為民眾帶來改善及好的改變；更希望有志以「改善人們健康環境」為目標的新創生技及生醫科學家，能因此書而獲得啟發。

—推薦序—

讓人放不下書的警世神話

理科太太 Li Ke Tai Tai
美國 NERD Skincare 創辦人、生物醫學工程師

拜讀這本書時，勾起我陣陣的回憶。

二〇一五年我帶著兩箱行李到矽谷創業，記得當時書中主角伊莉莎白．霍姆斯，大肆被媒體報導，譽為「女版賈伯斯」，也曾是全美創業女首富。她創辦的公司 Theranos，在矽谷幾乎無人不知、無人不曉。尤其是在生物科技融資才要開始有超級榮景的時期，更被所有創投家和生技新創視為生技的聖杯。幾年後的今天，看了本書所敘述的完整過程，令人不勝唏噓。

本書中不僅僅是探討這個三千億的商業和醫療詐欺而已，作者更從伊莉莎白．霍姆斯從小長大的環境，與家人的關係，世交變成世仇的背景，甚至是男友的影響來完整刻畫這個人物。幫助讀者更能理解和想像，為什麼年輕的伊莉莎白．霍姆斯，會一步步愈陷愈深到最後身敗名裂的心理狀態。

裡面提到幾次一般人無法應付的危機，卻被伊莉莎白．霍姆斯輕鬆解決。除了要有過人的頭腦、毅力之外，成長時期的痛也是造就她異常地沉著，還有要不顧一切成功的關鍵。可憐人必有可恨

之處，伊莉莎白．霍姆斯的願景，用一滴血讓病人在家就可以檢測幾百種項目，簡直是神話。要是能成功，必定會讓整個醫療照護往前好幾步，也能造福無數的病人。

可惜的是，因為個人因素和賈伯斯情結，她堅持一定只能用微量血液，和建造如蘋果產品一樣大小的消費性家用機器。此舉讓公司的研發之路困難重重，這些非理性限制，現今技術幾乎無法達成。因此，Theranos 才會一步一步地離事實愈來愈遠，謊言也變成傷人的詐欺。

作者約翰．凱瑞魯（John Carreyrou）是《華爾街日報》（*The Wall Street Journal*）有名的記者，也是兩次普立茲獎得主。這次，他花了三年半時間收集資料，並和上百位 Theranos 相關人士訪談，歷經被超有錢的 Theranos 施壓，美國王牌大律師威脅，被私人偵探追蹤，甚至是線人因為太害怕被報復所以失蹤等。

因為，他要調查的對象——伊莉莎白．霍姆斯，可是個握有強力的政商資源和金援的超級對手。有把她當孫女疼愛的前國務卿老人，四星將軍加持還有王牌明星律師護航，作者可是花盡心思才慢慢把真相一點一滴拼湊起來，最後在《華爾街日報》頭版舉發 Theranos 罪行。

這本書一環扣一環，深入淺出地描繪科學環節，讓非理科生也能了解 Theranos 玩弄數字的輕重和後果。對於每個人物心態和利益糾纏，公司權力鬥爭又有很詳細的描繪。

原本打算先看幾個章節，結果整本書我看到放不下來，所以用了一個週末的時間、一字不漏地讀完。難怪，這本書之後有可能被好萊塢翻拍成影片，然後由珍妮佛．勞倫斯（Jennifer Lawrence）主演，讀完書之後，我已經迫不及待要看電影了！

推薦序

人人都需要生醫投資「解盲」

許凱廸
台灣大學生技博士、財經作家

「世界頂尖大學休學」、「令人憧憬的夢想藍圖」及「強烈個人魅力」的特質集合，會使你想到誰？是蘋果史帝夫・賈伯斯還是臉書馬克・祖克伯？本書的主角伊莉莎白・霍姆斯除了具備以上的「傳奇特質組合」，更擁有迷人的外表與顯赫的身世。

此外，她十九歲時創辦的 Theranos 以「花最少的血，得到最多檢測結果」為號召，連美國大型連鎖藥局沃爾格林（Walgreens）都趨之若鶩，帶動這間公司市值一度高達到九十億美元，成為美國矽谷最不可忽視的新創獨角獸。

但大眾萬萬沒想到，這家集結前美國財政部長、國務卿與國防部長等黃金陣容董事會的明星公司，居然是一家靠「願景」募資、但不具備任何「創新技術」含量的空殼新創。在被踢爆造假後短短半年，創辦人霍姆斯從四十五億美元身價的高峰變成一張壁紙，社會萬萬沒想到這家經營者背景與募資狀況如此傑出的公司，竟毫無任何競爭力。

實際上，擁有生技博士與財經作家跨領域背景的我，對於投資市場上的泡沫一點也不意外。從千禧年網路泡沫到近年台灣生技股超高本夢比都如出一轍，皆是「資金氾濫」下對於趨勢科技的追捧，只要公司名字跟 .com 或生技沾上邊，不用技術就能讓市值翻好幾倍。

一個新藥需要臨床試驗解盲（unblind，藥物測試中將病人隨機編入實驗組及對照組，不知道誰得到真正的藥物，直至研究結束，再進行資料解盲與分析），成功後才能核准上市，從研發、臨床到上市動輒耗時十年以上，與人命相關的一切是如此謹慎。有趣的是一到投資市場中，最需要「長期臨床驗證」的生醫產業反而化身「短期募資萬靈丹」，投資人關注的是投資 ABC 輪的結果而跟單進場，而不是依據臨床一二三期的數據。

「資訊不對稱」是導致虧損的致命原因，當缺乏對投資標的之相關知識，一無所知的投資者就會過度迷信企業成員背景和股東組成，被公司牽著鼻子走。要知道資本市場是世界最殘酷的戰場，如果只憑藉公司擁有大咖背書與知名財團資金就能投資賺錢，那麼大家就不用辛苦工作了，不是嗎？

那投資人該如何避免犯下大錯？

我建議採取「第二層思考」與「相信專業」，這是每個人都該辦到且都能做到的。在學歷的部分，放眼生醫研究界擁有博士甚至醫師暨博士雙學位的人滿滿都是，且這是門需要實際研究與數據佐證的「實證科學」，相關從業人員的養成皆相當漫長。因此，一位十九歲的史丹佛大學化工系輟學生能開創出全球頂尖藥廠都做不到的技術，機率有多高？

再者，沒有任何專業生技創投投資 Theranos，也無大藥廠為其技術認證與背書。如果連這些生醫專業機構都沒認可 Theranos，那投資人只憑公司勾勒的美好願景就投資，顯得過於天真。

本書絕對是近代生醫投資經典教材，提醒投資人要依據「客觀事實」評估，而非像 Theranos 的投資方是因害怕錯過致富列車的恐懼（fear of missing out）而出手。

推薦序

野心過大的詐欺犯，還是性別歧視的受害者？

蔡依橙
醫師、新思惟國際創辦人

伊莉莎白．霍姆斯創立並經營 Theranos 的故事，是這時代很少數，在幾年內先成為典範，又瞬間輿論反轉，成為負面案例的傳奇。而這一切的反轉關鍵，就是本書作者約翰．凱瑞魯在二〇一五年十月十五日的《華爾街日報》頭版，所刊出的調查報導。

由於凱瑞魯深厚的調查功力（報導此事之前，已獲得兩次普立茲獎），與報導證據力的堅持，目前的主流認知，就是一個「曾經很有才華、很努力很堅持的年輕創業家，擁有超強的募資與行銷能力，但研發管理與技術實現出了問題，於是越過道德與法律邊界，開始以詐欺手段、訴訟技巧、政商公關等方式，支撐遲早會破的檢測大夢。然後，牛皮真的吹破了」的故事。

這個沒被完成的檢測大夢，就是「用指尖的一滴血，完成全套血液生化檢測」。而且，就作者的訪查，在科學層面，Theranos 一直沒做出令業界認可的技術突破。

但書中也提到，霍姆斯在輿論轉向後，仍作了一次困獸之鬥。他接受了《彭博商業周刊》

（*Bloomberg Businessweek*）的專訪，不直接回應技術缺陷與違法事實，而是嘗試重新定義故事：暗示自己是性別歧視的受害者，並被一個仇女的記者盯上。這一切報導，只是見不得女性創業者成功的男人，所精心設計的抹黑。

這正好帶出了「性別」議題。

本書作者，不愧是長住紐約的資深記者，在堅持「報導正確」的同時，也非常注意書寫方式的「政治正確」，避免落人話柄，削弱報導力道。書中持續專注在醫療技術、詐欺手段、患者權益等面向，盡量避免任何性別指涉。提到可能與「性別」相關的事件時（如：眾多具有強大政商影響力的男性董事會成員），也全以訪談內容、真名與實際發生的事件帶過，避免加入自己的主觀描述。

但做為讀者，我們擁有更自由的思考空間。伊莉莎白．霍姆斯如果是男性，會不會在其吹噓並取得資源的同時，真能獲得更多技術的支持，取得更大的技術突破。在大宗合約兌現前，真正實現微量檢驗的願景？會不會真是因為身為女性，導致他承受比一般人更多的逆風，落得如此狼狽不堪？

或者，如果伊莉莎白．霍姆斯是男性，根本不可能獲得史丹佛教授、矽谷傳奇創投與眾多政商名流的強力背書支持，Theranos 終將只是個從未被報導的矽谷失敗創業？正是因為我們太期待一個成功的傳奇女性創業家，導致一切的評估失準，不尋常的寬容，養出了不尋常的醜聞。

又或者，霍姆斯摔了這一跤後，學習其心靈導師賈伯斯，沉潛十年，專注研發，達成技術突破。凱旋回歸矽谷創業圈，獲得超過以往的估值，再次創造神話？

作為醫療從業者與創業者雙重身分，我相信本書作者的論述：他是個野心過大的詐欺犯，用不成熟且違反法規的產品，置數萬人的健康於風險之中。至於，到底所承受的是性別歧視還是性別優勢，或有討論空間。

閱讀本書時，也建議您加入「性別」這個向度，去做批判性思考，會很有意思的！

—寫在前面—

主要人物介紹

霍姆斯家族

伊莉莎白·安·霍姆斯（Elizabeth Anne Holmes）／Theranos 創辦人

創立 Theranos 時年僅十九歲。二〇〇二年春天，伊莉莎白進入史丹佛大學，隔年秋天休學，創立公司「Real-Time Cures」，後改名為 Theranos。

克利斯勤·霍姆斯（Christian Holmes）／伊莉莎白的父親

曾服務於國務院和國際開發署等政府機構，以及在天納克、安隆、世界自然基金會等公司任職。

諾兒·霍姆斯（Noel Holmes）／伊莉莎白的母親

曾在國會山莊擔任議員幕僚，伊莉莎白出生後中斷事業。

克利斯勤·霍姆斯（Christian Holmes）／伊莉莎白的弟弟（與父親同名）

二〇〇九年畢業於杜克大學。二〇一一年春天，受伊莉莎白雇用為 Theranos 產品管理部副理。

傅伊茲家族

理查·傅伊茲（Richard Fuisz）／霍姆斯家二十年舊識、老鄰居

成功的生意人，為領有證照的合格醫師及醫療發明家。另曾自願加入中情局，成為臥底探員。

蘿芮·傅伊茲（Lorraine Fuisz）／理查·傅伊茲的太太

早年和伊莉莎白的母親諾兒交情甚篤。

喬·傅伊茲（Joe Fuisz）／傅伊茲在第一段婚姻所生的兒子

畢業於耶魯大學，和父親共同經營公司。

約翰·傅伊茲（John Fuisz）／傅伊茲在第一段婚姻所生的兒子

曾為 McDermott Will & Emery 事務所律師，後自行成立事務所執業。

Theranos 投資人

德豐傑投資（DFJ）／投資馬斯克 SpaceX 的知名風險投資公司

創始人為提姆・綴波，是伊莉莎白的兒時玩伴潔希・綴波的父親。綴波這個名字很有分量，為伊莉莎白增添了些可信度。

唐納・盧卡斯（Donald L. Lucas）／傳奇創投家、Theranos 董事長

於一九八〇年代中期栽培出身價億萬美元的軟體創業家賴瑞・艾利森，並協助其帶領甲骨文公司股票上市。

賴瑞・艾利森（Larry Ellison）／甲骨文公司的共同創始人和CEO

透過唐納・盧卡斯認識伊莉莎白・霍姆斯。

布蘭登・卡森（B. J. Cassin）／資深創投家

曾投資邁拓（世界第三大硬碟生產商）等公司。

彼得・湯瑪斯（Peter Thomas）／ATA 創投主要投資者

ATA 創投（專門投資新創公司早期階段）共同創辦人。

夥伴基金管理公司（Partner Fund Management）／舊金山避險基因

由經驗老道的投資專家克里斯多福・詹姆士、布萊恩・葛羅斯曼共同經營。

魯伯特・梅鐸（Rupert Murdoch）／媒體大亨

擁有《華爾街日報》的母公司「新聞集團」，Theranos 後期的最大投資人。

Theranos 董事會

錢寧・羅伯森（Channing Robertson）／史丹佛工學院副院長

董事會成員及顧問。史丹佛的明星師資之一，對伊莉莎白有很高的評價，將她譬為另一個比爾・蓋茲或史帝夫・賈伯斯。

艾維・特凡尼安（Avie Tevanian）／前蘋果電腦軟體工程部門資深副總裁

董事會成員。曾在 NeXT 與賈伯斯共事，介紹蘋果的同事安娜・艾里歐拉進入 Theranos 成為設計長。

大衛．波伊斯（David Boies）／全球知名律師

董事會成員。因曾受司法部所託向微軟提起反托拉斯訴訟而聲名大噪，在二〇〇〇年競爭激烈的總統大選中，他代表艾爾．高爾走進最高法院，法律名人地位隨之確立。後替 Theranos 控告理查．傅伊茲等人，並成為董事會的一員。

喬治．舒茲（George Shultz）／美國前國務卿

董事會成員，為胡佛研究所一員，儘管年事已高但深具影響力，是伊莉莎白最強力的支持者之一。孫子泰勒．舒茲因在 Theranos 任職後，和他有極度緊張關係。

亨利．季辛吉（Henry Kissinger）／前國務卿

董事會成員，為胡佛研究所一員。

威廉．裴瑞（William Perry）／前國防部長

董事會成員，為胡佛研究所一員。

山姆．楠恩（Sam Nunn）／前參議院軍事委員會主席

董事會成員，為胡佛研究所一員。

蓋瑞．羅福賀（Gary Roughead）／前海軍上將

董事會成員，為胡佛研究所一員。

理察．柯瓦希維奇（Richard Kovacevich）／銀行巨擘富國銀行前執行長

董事會成員。

比爾．弗利斯特（Bill Frist）／前參議院多數黨領袖

董事會成員，踏入政壇前是心臟、肺臟移植外科醫生。

零售商合作夥伴

- 全美最大藥局連鎖商：沃爾格林藥局（Walgreens）

傑．羅森（Jay Rosan）／「J博士」

原為醫生，沃爾格林藥局創新團隊的一員，主導和 Theranos 合作的「貝塔計畫」。

凱文．杭特（Kevin Hunter）／沃爾格林創新團隊駐點顧問

曾在奎斯特診斷公司（實驗室服務產業的龍頭）任職八年，接著成立小型實驗室顧問公司 Colaborate。沃爾格林聘其協助評估公司與 Theranos 的合作可行性。

魏德．密克隆（Wade Miquelon）／沃爾格林財務長

J博士推動「貝塔計畫」的有力盟友。

- **全美最大連鎖超市之一：喜互惠（Safeway）**

史帝夫・博德（Steve Burd）／喜互惠執行長

積極促成與 Theranos 的合作。此合作被稱為「暴龍計畫」，改裝半數以上的喜互惠門市，以便挪出空間增設高檔門診處。

軍方人員

詹姆士・馬提斯（James Mattis）／四星上將、Theranos 董事會成員

綽號「瘋狗」，原任美軍中央司令部部長，計畫與 Theranos 合作在戰事前線進行軍事人員的血液檢測。退伍後加入 Theranos 董事會，二〇一六年，獲川普提名出任國防部長後，退出 Theranos 董事會。

大衛・休梅克（David Shoemaker）／中校、法規監督管理局副局長

微生物學博士出身，亦是軍方的 FDA 法規專家。

媒體

保羅・吉高（Paul Gigot）／《華爾街日報》社論版資深主編

安排撰寫醫療保健主題的編輯約瑟夫・拉戈採訪伊莉莎白・霍姆斯，於二〇一三年九月七日刊登於「週末專訪」，成為第一家公開宣傳她所謂「成就」的主流媒體。兩天後，Theranos 血液檢測服務在沃爾格林門市上線。

羅傑・帕洛夫（Roger Parloff）／《財星》雜誌法律線記者

帕洛夫的專訪在二〇一四年六月十二日刊出，使霍姆斯首次登上雜誌封面，立刻把她推向明星等級地位，引起其他媒體爭相報導，如《富比世》、《企業》、《時代》、《紐約客》、CNN、CBS、公共廣播電台、福斯財經新聞、CNBC 財經新聞等。報導中首度披露 Theranos 估值來到九十億美元，以及伊莉莎白握有公司過半數股票的事實。

《富比世》（*Forbes*）／全球最權威的商業財經雜誌

二〇一四年七月二日出刊的報導中，宣告霍姆斯是「最年輕的白手起家億萬女富豪」；兩個月後，她優雅登上《富比世》全美四百大富豪封面。

約翰・凱瑞魯（John Carreyrou）／《華爾街日報》調查記者

本書作者，二〇一五年二月開始調查 Theranos。

Theranos 員工

蕭內克・羅伊（Shaunak Roy）／共同創辦人

曾在史丹佛和伊莉莎白於錢寧・羅伯森的實驗室共事。二〇〇四年五月，加入伊莉莎白的新創公司，成為第一個員工。

亨利・莫斯利（Henry Mosley）／財務長

曾於晶片製造商英特爾任職，掌管過四家科技公司的財務部門，並帶領其中兩家股票上市。

艾德蒙・古（Edmond Ku）／工程師、工程團隊主管

香港人，在矽谷有「修理達人」的美名。負責將 Theranos 1.0 原型機商品化。

麥特・畢叟（Matt Bissel）／資訊部門主管

伊莉莎白最信任的副官之一，負責 Theranos 的資安部署。離職後成立自己的 IT 顧問公司。

東尼・紐金特（Tony Nugent）／工程師、工程團隊主管

曾任職於羅技、Cholestech，製造出 Theranos 系統的核心「愛迪生」。

安娜・艾里歐拉（Ana Arriola）／設計長

曾為 iPhone 產品設計師，負責設計愛迪生的整體外觀和觸感。

雀兒喜・布爾克（Chelsea Burkett）／「客戶端解決方案」團隊

伊莉莎白在史丹佛最好的朋友之一，曾於金融人才求職網站 Doostang 任職。在 Theranos 負責驗證研究。

拉梅許・桑尼・包汪尼（Ramesh "Sunny" Balwani）／總裁及營運長、伊莉莎白的男友

曾於 Lotus 和微軟擔任工程師；以及在新創公司 CommerceBid.com 擔任總裁及技術長，該公司被第一商務以高額資金收購，使桑尼因此致富。二〇〇九年九月加入 Theranos。

伊恩・吉本斯（Ian Gibbons）／化學團隊主管、伊莉莎白的專利共同發明人

劍橋大學生物化學博士，在大約五十個美國專利掛名發明人，專長為免疫測定。在 Theranos 工作近十年，太太羅雪兒於吉本斯去世後，加入指控 Theranos 的行列。

派屈克・歐尼爾（Patrick O'Neill）／創意長

曾為 TBWA\Chiat\Day 廣告公司（蘋果長期御用的廣告公司）洛杉磯辦公室創意總監，與 Theranos 合作行銷活動，後被挖角至 Theranos 擔任創意長。

艾倫・畢姆（Alan Beam）／實驗室主任

取得加州醫師執照後至 Theranos 工作。拒絕克利斯勤・霍姆斯要求處理醫生投訴後，提出辭呈。之後因 Theranos 與約翰・凱瑞魯有進一步的交流。

泰勒・舒茲（Tyler Shultz）／免疫測定團隊、董事喬治・舒茲的孫子

於史丹佛大學畢業後加入 Theranos。以柯林・拉米瑞茲的化名，向紐約州衛生局詢問 Theranos 的「能力測試」問題後，便向實驗室調查單位進行匿名檢舉。

艾芮卡・張（Erika Cheung）／免疫測定及臨床實驗室團隊

出身混血中產家庭，和泰勒為同期好友，兩人皆具有強烈的正義感。

其他

菲麗絲・嘉德納（Phyllis Gardner）／史丹佛醫學院教授

理查・傅伊茲的老友。霍姆斯剛從史丹佛輟學時，曾經拿她最初的貼片點子諮詢過菲麗絲。和伊恩・吉本斯的遺孀羅雪兒，因為都不信任霍姆斯而一拍即合。

亞當・克雷伯（Adam Clapper）／密蘇里州哥倫比亞執業病理醫師

閒暇之餘撰寫「病理法律部落格」。閱讀《紐約客》採訪霍姆斯的文章後，在部落格寫出對 Theranos 血檢技術的質疑，引起理查・傅伊茲注意。

妮可・桑定（Nicole Sundene）／鳳凰城的家庭醫師

桑定的病人曾因 Theranos 的錯誤血檢報告送到急診室，負擔了高昂的急診及醫療檢驗費用後，發現是虛驚一場。

目錄

| Author's Note |

作者的話

這本書是根據超過一百五十人的訪談所寫成，其中有六十幾位是來自 Theranos 前員工，他們大多以本名出現於敘述中。

但有些人要求我掩蓋他們的身分，一是害怕遭到 Theranos 報復，擔心捲入司法部後續的刑事調查；二是希望維護隱私。為求呈現最完整、最詳細的事實，我同意替他們冠上假名。

除此之外，書中關於他們以及他們感受的所有描述，全都是有憑有據的事實。

書中引述的內容若是來自電子郵件或文件，都是逐字逐句引用，而且以文件本身為根據；引述內容若是出自人物對話，則是根據當事人的記憶所重建。

有些章節的資料必須仰賴法律訴訟過程的紀錄，譬如證人出庭的證詞，這些紀錄會附錄於書末的「附注說明」。

在寫作過程中，我接洽參與 Theranos 這齣神話的所有關鍵人物，希望給他們機會回應有關他們的種種指控，而伊莉莎白．霍姆斯（Elizabeth Holmes）拒絕接受我的採訪，選擇不配合，這是她的權利。

| Prologue |

序幕

二〇〇六年十一月十七日。提姆・坎普（Tim Kemp）有好消息要告訴團隊。曾在IBM擔任高階經理人的坎普，現在是Theranos生物資訊部門的負責人。

Theranos是一家新創公司（startup），開發最先端的血液檢驗系統。這家公司才剛完成首場大型現場展示，對象是製藥大廠。年僅二十二歲的創辦人伊莉莎白・霍姆斯飛到瑞士，向歐洲製藥巨擘諾華（Novartis），展現自家血液檢測系統的厲害之處。

坎普寫了封電子郵件給部門十五位同事：「伊莉莎白早上打電話給我，表達了謝意，還說『展示很完美！』她特別要我謝謝大家，讓各位知道她很感謝。另外她還提到，諾華非常驚豔，甚至要我們提出財務合作的計畫。此行圓滿達成任務！」

這是Theranos很關鍵的一刻。至此，這家成立三年的新創公司，不再只是霍姆斯當初在史丹佛宿舍裡突發奇想、雄心勃勃的點子，而是晉升為一家跨國大企業有興趣採用的實際產品。

展示成功的消息，一路傳到高階主管辦公室所在的二樓。

其中一位高階主管是亨利．莫斯利（Henry Mosley），Theranos 的財務長，八個月前才加入，也就是二〇〇六年三月。莫斯利穿著一身皺皺的衣服，綠色雙眼透著洞悉一切的銳利，個性不疾不徐，是矽谷科技圈的老鳥。成長於華盛頓特區的他，在猶他大學（University of Utah）取得ＭＢＡ，隨後在一九七〇年代末期來到加州，從此沒離開。他第一份工作是在晶片製造商英特爾（Intel，矽谷的先驅之一），後來陸續掌管四家科技公司的財務部門，帶領其中兩家股票上市。Theranos 絕對不是他的第一次。

莫斯利之所以加入 Theranos，是衝著聚集在伊莉莎白身邊的人才和經驗。儘管伊莉莎白很年輕，身邊圍繞的人卻盡是閃耀的明星。她的董事長是唐納．盧卡斯（Donald L. Lucas），一九八〇年代中期栽培出身價億萬美元的軟體創業家賴瑞．艾利森（Larry Ellison），協助艾利森帶領甲骨文公司（Oracle Corporation）股票上市。而盧卡斯和艾利森也拿出自己的錢投資 Theranos。

董事會還有位名號響叮噹的成員——錢寧．羅伯森（Channing Robertson），史丹佛工學院副院長。羅伯森是史丹佛的明星師資之一，一九九〇年代末期，由於他的專業證詞：香菸具有令人上癮的特性，使菸草業者不得不跟明尼蘇達州達成指標性的天價和解（六十五億美元）。根據莫斯利少數幾次跟羅伯森的互動，羅伯森對伊莉莎白有很高的評價。

此外，Theranos 的管理團隊也很堅強。坎普在 IBM 待了三十年，商務長黛安・帕克斯（Diane Parks）在藥廠和生技公司有二十五年經驗，產品資深副總約翰・郝爾德（John Howard）以前在 Panasonic 掌管製造晶片的子公司。小小的新創公司就能網羅如此等級的高階經理人，實屬罕見。

不過令莫斯利買單的，並不只是董事會成員和高階管理團隊。Theranos 鎖定的市場非常龐大，各大藥廠每年花在新藥臨床試驗的金額高達數百億美元，若是能成為藥廠不可或缺的夥伴，只要分到那筆金額的一小部分，就賺翻了。

伊莉莎白要求莫斯利整理一些財務估算，以便她拿給投資人看。莫斯利第一次提供的數字不合她意，於是他向上做了調整。調整過的數字讓他有點不安，但他心想，只要公司每件事都執行得很完美，這樣的數字還算在合理範圍內。況且，創投（venture-capital）業者也心知肚明，想方設法取得資金的新創公司往往會誇大預估，這是遊戲的一部分。創投甚至對此有個術語：曲棍球桿（hockey-stick）預估，意指像曲棍球桿的形狀一樣，營收先是停滯好幾年，然後奇蹟似直線竄升。

莫斯利不確定自己是否完全了解的部分是：Theranos 的技術到底可不可行。每當有潛在投資人上門，他便帶他們去找蕭內克・羅伊（Shaunak Roy），Theranos 的共同創辦人。蕭內克是化工博士，曾在史丹佛和伊莉莎白於羅伯森的實驗室共事。

蕭內克會將自己的手指扎出幾滴血，然後滴到一個信用卡大小的白色塑膠匣，接著把塑膠匣插入如烤麵包機大小的長方形盒子裡。這個盒子稱為「讀卡機」，可以提取出塑膠匣的數據訊號，再用無線方式將訊號傳送給伺服器，由伺服器分析數據後再將結果傳送回來。大致是如此。

當蕭內克為投資人示範這套系統時，會指著電腦螢幕，螢幕上顯示血液流過讀卡機內的塑膠匣。其實，莫斯利並不理解其中的物理或化學原理，但這不關他的事，他是財務人員，只要這套系統能成功顯示結果，他就很高興，而每次也都有結果。

幾天後，伊莉莎白從瑞士返回，臉上掛著微笑、四處閒晃。莫斯利心想，這更加證明瑞士之行非常順利。倒不是說這樣的她很不尋常，她是個積極樂觀的人，具有創業家無上限的樂觀，喜歡在寫給員工的信裡用「*extra*-ordinary」（非常不凡）來形容公司使命，「extra」（非常）還特別用斜體字再加上連字符號來強調。這的確有點過頭，但似乎真的發自內心，而莫斯利也很清楚，矽谷成功的創業家都如同傳福音般報喜不報憂，憤世嫉俗是無法改變世界的。

可是很奇怪，陪同伊莉莎白前往瑞士的同事，似乎不像她那麼興致勃勃，其中有幾個甚至一臉垂頭喪氣。

是誰的狗狗被車子輾到了嗎？莫斯利半開玩笑納悶著。

他漫步走下一樓，公司六十位同事大多一群群坐在一樓的小隔間。他視線尋找著蕭內克，想必蕭內克知道什麼他不知道的事。

蕭內克起初謊稱自己什麼都不知道，不過莫斯利感覺他有所隱瞞，不斷追問下，他才逐漸卸下心防，承認 Theranos 1.0（這是伊莉莎白給這套血液檢測系統取的名字）並不是每次都能用。他說，其實有點像擲骰子，要碰運氣，有時會出現結果，有時不行。

這是莫斯利聞所未聞的大新聞，他一直以為這套系統很準確可靠。每次投資人來看時，不是都運作得好好的嗎？

呃……每次「看起來都運作得好好的」，背後其實是有原因的，蕭內克說道。電腦螢幕上出現的影像是真的——血液流過塑膠匣，流入一個像井一樣的小通道——但是有沒有結果就不得而知了。於是他們預先錄下某次有結果的檢測，在每次展示的最後出現的結果就是事先錄好的。

莫斯利聽得目瞪口呆。他以為檢測結果是即時從塑膠匣裡的血液提取出來，而他帶來參觀的投資人當然都這麼以為。蕭內克剛剛所描述的情況，聽起來就像一場騙局。你可以用滿滿的樂觀向投資人推銷，也可以不掩飾你對成功的飢渴，但這中間有一條不能跨過的線。而現在，在莫斯利看來，已經跨過去了。

那麼，諾華那邊到底發生了什麼事？

莫斯利無法從任何人口中得到老實的答案，不過現在他開始懷疑諾華的展示會上動了同樣手腳。他的猜想果然沒錯，伊莉莎白帶到瑞士的兩台讀卡機在一抵達就故障了，跟她一同前往的員工整晚沒睡、努力搶修。隔天早上展示時，為了掩飾這個問題，提姆．坎普在加州的團隊傳了假的檢測結果過去。

那天下午，莫斯利跟伊莉莎白有場例行週會。他踏進伊莉莎白的辦公室時，馬上感受到她不凡的氣場魅力。她有一種不屬於她那個年紀的大器風采，大大的藍色雙眼盯著你看，眨也不眨，彷彿你就是全世界的中心，近乎催眠，再加上她異常低沉的男中音嗓音，更增添迷惑效果。

莫斯利決定先按捺下疑慮，讓會議順其自然進行。Theranos 剛結束第三輪募資，不管從什麼標準來看都是不同凡響的成功：前兩輪向投資人募到一千五百萬美元，第三輪又募到三千二百萬美元。這些數字還不算什麼，最驚人的是 Theranos 最新估值——一億六千五百萬美元！沒有多少成立三年的新創公司，敢說自己值這麼多錢。

之所以有這麼高的估值，一大原因是 Theranos 告訴投資人它已經跟幾家藥廠達成合作協議。根據一份簡報，其中一張投影片列出 Theranos 已和五家公司談妥六筆交易，未來一年半可衍生一億二千萬至三億美元的營收；此外，還列出十五筆正在談判的交易，如果都成功敲定，營收可望達到十五億美元。

製藥公司將會採用 Theranos 的血液檢測系統，來監控病人對新藥的反應。進行藥物臨床試驗時，塑膠匣和讀卡機會放置在病人家中，患者每天自己扎手指幾次，再由讀卡機將他們的血液檢測結果，傳送給委託臨床試驗的藥廠。若結果顯示藥物反應不佳，藥廠立刻就能減少劑量，不必等到試驗結束。如此一來，藥廠的研發成本足足可降低三成之多。投影片上大致是這麼說的。

自從有了早上的發現，莫斯利開始對以上這些說法愈來愈不安。一來，從他進入公司至今八個月，他從未看過任何藥廠合約，每次他問起，總是被告知「法務部門正在審閱中」。更重要的是，他之所以同意做出那些深具野心的營收預估，全是因為他以為公司的系統是準確可靠的。

如果伊莉莎白跟他一樣感到不安也就算了，但是並沒有。她一派輕鬆開心，新出爐的估值更讓她得意破表，她告訴莫斯利，董事會可能會有新成員加入，意味著投資人名單愈來愈長。

眼見正是提起瑞士之行和辦公室傳言的好時機，莫斯利順勢開口提起。伊莉莎白承認有問題存在，但她聳聳肩不以為意，她說問題很容易解決。

莫斯利對她的說法感到半信半疑，於是提出蕭內克告訴他的展示情況。莫斯利說，如果展示不完全是真實的，就應該停止，「我們欺騙了投資人，不能繼續這麼做。」

伊莉莎白突然臉色大變，幾分鐘前的興高采烈瞬間消失無蹤，換上一臉敵意，就像某個開關被切換，她冷冷地盯著她的財務長。

「亨利，你不是團隊成員了，」她用冷冰冰的語調說：「我想你應該馬上離開。」

沒有搞錯，伊莉莎白不只要他離開她的辦公室，而且要他離開公司，馬上！莫斯利就這樣被開除了。

| ONE |

敬有方向的人生，乾杯！

伊莉莎白．安．霍姆斯（Elizabeth Anne Holmes）從小就想成為成功的創業家。七歲時，她動手設計出一部時光機，筆記本滿滿都是詳細的工程設計草圖。

九歲、十歲時，一次家庭聚會上，一位親戚問了每個小男孩、小女孩遲早會被問到的問題：「你長大想做什麼？」

伊莉莎白毫不遲疑地回答：「我想做億萬富翁。」

「妳不想做總統嗎？」親戚繼續問。

「不想，總統會娶我，因為我是億萬富翁。」這並不是小孩的童言童語，根據目睹這一幕的家族成員表示，伊莉莎白說得極為認真、堅定。而她的雄心抱負是父母養成。爸爸克利斯勤（Christian）和媽媽諾兒（Noel）對女兒有很高的期待，這是源自一個尊貴家族的歷史傳統。

從父親那邊的血脈來看，伊莉莎白是查爾

斯・路易斯・富雷許曼（Charles Louis Fleischmann）的後代。富雷許曼是匈牙利移民，成功打造富雷許曼酵母公司（Fleischmann Yeast Company），因而躋身美國十九、二十世紀之交最富有家族之一。

查爾斯・富雷許曼把女兒貝蒂・富雷許曼（Bettie Fleischmann）嫁給自己的丹麥醫師克利斯勤・霍姆斯（Dr. Christian Holmes），也就是伊莉莎白的曾曾祖父。在妻子富裕家庭的政商關係協助下，霍姆斯醫師創辦了辛辛那提綜合醫院（Cincinnati General Hospital）以及辛辛那提大學（University of Cincinnati）醫學院。無怪乎伊莉莎白不僅遺傳到創業基因，也遺傳了醫學基因——群聚於史丹佛校園沙丘路（Sand Hill Road）的創投業者也是這麼想。

伊莉莎白的母親諾兒，同樣有顯赫的家族背景。父親是西點軍校畢業生，一九七〇年代初擔任國防部高階官員時，成功將原以徵兵為主的軍隊轉變為全募兵制。道斯特（Daoust）家族的祖先可追溯到達武元帥（maréchal Davout，編按：法國軍人和政治人物），拿破崙的頭號前線將軍之一。

不過，真正發光發熱、令人產生想像的，是伊莉莎白父親這邊的家族成就。克利斯勤・霍姆斯刻意教導女兒不可一味地沉溺於遠祖顯赫的豐功偉業，對於近代祖先的衰落也不可或忘。克利斯勤的父親與祖父都過著縱情享樂但有缺陷的人生，婚姻來來去去，掙扎沉浮於酒精苦海。他責怪他們揮霍家財。

「我從小聽著那些偉大事蹟長大，」幾年後伊莉莎白在《紐約客》（*The New Yorker*）的專訪中這樣說：「我也聽過有祖先決定人生不要過得那麼有方向，還有他們做了那樣的決定之後的下場——也就是對他們的個性和人生造成的影響。」

她的童年在華盛頓特區度過。父親接連服務於國務院和國際開發署（Agency for International Development）等政府機構，母親則在國會山莊（Capitol Hill）擔任議員幕僚，直到伊莉莎白出生才中斷事業，全心撫育伊莉莎白和弟弟克利斯勤（Christian，與父親同名）。

每逢夏天，諾兒和兩個孩子會南下佛羅里達州博卡拉頓（Boca Raton）。伊莉莎白的阿姨（也叫伊莉莎白）和姨丈朗・帝茲（Ron Dietz）在那裡有間大樓公寓，可俯瞰美麗的沿岸水路。他們的兒子大衛（David）比伊莉莎白小三歲半，比弟弟克利斯勤小一歲半。

表兄弟姐妹們會一起睡在公寓地板的泡棉床墊上，一早衝到海邊游泳，下午則玩大富翁消磨度過。如果伊莉莎白領先，她會堅持玩到分出勝負，不斷累積手上的房屋和飯店數量，直到大衛和弟弟破產為止。偶爾幾次輸了，她就暴怒抓狂，不止一次直接衝出大門，剛強的好勝性格可見一斑。

上了高中，伊莉莎白並不是受歡迎的學生。當時父親轉任天納克公司（Tenneco，編按：全球汽車排氣系統和零件製造龍頭），全家搬到德州休士頓，兩個小孩就讀休士頓最有名望的私立學校聖約翰（St. John's）。十幾歲的伊莉莎白身材高瘦，還有雙大大的藍色眼睛，為了融入環境，她把頭髮漂成淺色，並且為了飲食失調所苦。

高二那一年，她開始埋首功課，常常熬夜念書，搖身一變成為每科都拿 A 的學生。更從此養成終身的生活型態：工作努力、睡眠很少。除了學業過人，她的社交生活也找到立足點，還跟休士頓受人尊敬的整形外科醫師之子交往，兩人結伴到紐約旅行，在時代廣場慶祝新的千禧年到來。

隨著上大學的日子逼近，伊莉莎白把目標設定在史丹佛大學。對一個夢想成為創業家、對科學和電腦有興趣的優秀學生，史丹佛是想當然耳的選擇。這所由鐵路大亨利蘭．史丹佛（Leland Stanford）創辦的大學，原本只是成立於十九世紀末的小小農學院，如今已經跟矽谷密不可分。

那時網際網路熱潮正盛，幾顆最閃耀的明星，例如雅虎（Yahoo），就是在史丹佛校園誕生。伊莉莎白高三時，又有兩位史丹佛博士生以一家小小的新創公司谷歌（Google），開始吸引世人目光。

伊莉莎白對史丹佛並不陌生，一九八〇年代末期他們曾住在加州林邊（Woodside）好幾年，距離史丹佛校園數英里。當時，她和隔壁鄰居潔希．綴波（Jesse Draper）結為好友，潔希的爸爸提姆．綴波（Tim Draper）是創投第三代，當時正逐步邁向矽谷最成功的新創投資人之一。

而伊莉莎白跟史丹佛還有一個淵源：中文。她的父親因為工作之故常常往返中國，因而決定小孩必須學中文，於是和太太安排家教，每週六早上到休士頓家中教中文。高中念到一半，伊莉莎白就進入史丹佛暑期中文班。該課程原本只接受大學生申請，但是她以流利的中文驚豔主事者，破格錄取。課程前五週在史丹佛位於帕羅奧圖（Palo Alto）的校園授課，接下來四週則移師北京上課。

二〇〇二年春天，伊莉莎白以「總統獎」得主的身分錄取史丹佛。總統獎是頒發給頂尖學生的殊榮，有三千美元獎學金，可供她用於追尋任何有興趣的知識。

父親一向灌輸她一個觀念：人生要有明確的方向。擔任公職期間，克利斯勤·霍姆斯督導過多次人道救援，像是一九八〇年馬列爾事件（Mariel boatlift，編按：二十世紀最大規模的移民事件之一），當時有十幾萬古巴人和海地人移居美國。家裡掛滿他在飽受戰亂國家提供援助的照片，伊莉莎白從中學到，如果想真正對世界產生影響，光變成有錢人是不夠的，而是要做到為眾生謀利。生物科技（biotechnology）有機會讓她兩者兼得，於是她選擇主修化學工程，這是進入生技產業的入門磚。

史丹佛化工系的門面是錢寧·羅伯森。渾身散發魅力，英俊、風趣的他，自一九七〇年開始在史丹佛教書至今，是少數能與學生打成一片的老師，也是工學院最時髦的教授。頂著一頭日漸灰白的金色濃密頭髮，身穿皮衣外套站在講台上，看起來比實際年齡五十九歲小了十歲。

伊莉莎白不只選修羅伯森的「化學工程入門」，也參加研討會聽他講授可調控的「投藥裝置」。此外她還遊說他，讓她到他的研究室幫忙。羅伯森答應了，把她交付給一位正在尋找適用於洗衣劑酵素的博士生。

除了長時間投入實驗室，伊莉莎白的社交生活也很活躍。她會參加校園派對，並且和大二學生貝森（JT Batson）交往。貝森來自喬治亞州的小鎮，他很驚訝伊莉莎白的優雅自信和世故，但也發現她有防人之心。他回憶，「她不是世界上最樂於分享的人，行事總是留了一手。」

大一那年寒假，伊莉莎白返回休士頓，跟父母以及阿姨、姨丈一家（他們從印第安納波利斯〔Indianapolis〕南下德州），一起慶祝耶誕假期。雖然大學生活才過了幾個月，她卻已經興起休學念頭。耶誕晚餐席間，爸爸朝著桌子另一頭的伊莉莎白扔來紙飛機，機翼上寫著「博士」二字。

根據在場家人的說法，她的回應很直接，「爸，我不要。我沒有興趣拿博士，我要賺錢。」

隔年春天，有一天她出現在貝森宿舍門口，告訴他，她不能和他見面了，因為她要開公司，必須投入全部時間。從未被分手的貝森當場愣住，但是現在他還記得，她不尋常的分手理由至少減輕了他些許被甩的痛苦。

伊莉莎白直到隔年秋天才真正休學，在她到新加坡基因體研究所（Genome Institute of Singapore）結束暑期實習回來後。二〇〇三年初，亞洲爆發一種前所未知的疾病——嚴重急性呼吸道症候群（SARS），伊莉莎白的暑期實習就是負責檢驗病人的檢體。而檢體的取得是透過注射器和鼻咽拭子（nasal swabs）等古老的低科技方法，這次經驗讓她相信一定有更好的方法存在。

從新加坡回到休士頓家中後，她連續五天坐在電腦前，每晚只睡一、二個小時，三餐就吃媽媽用托盤送來的食物。她引用實習期間以及在羅伯森教授課堂上學到的新技術，為一個手臂貼片寫了份專利申請書——一個能診斷又能治療疾病的手臂貼片。

媽媽開車從德州送她到加州展開大二生活的路上，她在車上呼呼大睡。一回到學校，她馬上把專利申請書拿給羅伯森和蕭內克・羅伊過目。蕭內克就是她擔任實驗助理時協助的那位博士生。

幾年後在法庭上作證時，羅伯森還記得當時對她的創造力感到驚豔，「她就是有辦法用我從沒想到的方法，將科學、工程和技術整合起來。」他也很驚訝她竟有這麼強烈的動機和決心，要把想法落實成真，他說：「我教過的學生有幾千個，從未遇過像她這樣的，我鼓勵她走出校門追尋夢想。」

蕭內克則是抱持比較懷疑的態度。他的父母是印度移民，從小在芝加哥長大，截然不同於喧鬧的矽谷。他自認是個務實、腳踏實地的人，伊莉莎白的點子在他看來有點牽強，不過當時他也感染到羅伯森的興致勃勃，贊成她去成立新創公司。

伊莉莎白遞出公司申請資料的同時，蕭內克完成了獲得博士學位所需的最後一個學期工作，二〇〇四年五月，他加入伊莉莎白的新創公司，是第一個員工，拿到公司少數股份。羅伯森則加入這家公司的董事會，擔任顧問。

♦ ♦ ♦

剛開始連續好幾個月，伊莉莎白和蕭內克窩在伯靈格姆（Burlingame）一個小小的辦公室，直到找到另一個較大空間。新的辦公地點完全不光鮮亮麗，雖然地址在大企業林立的門洛帕克（Menlo Park），但實際位置卻在東帕羅奧圖邊緣一個貧瘠的工業區，不時發生槍擊事件。某天早上，伊莉莎白來到辦公室時，頭髮上掛著玻璃碎片。原來有人朝她的車子開槍，造成駕駛座車窗破碎，只差幾英寸就打到她的頭。

伊莉莎白把公司名稱登記為「Real-Time Cures」（即時治癒），結果一開始的員工在薪資單上打錯字，變成「Real-Time Curses」（即時詛咒）。後來她把公司名稱改成 Theranos，結合「therapy」（治療）和「diagnosis」（診斷）兩個字。

為了籌募資金，她開始動用家族人脈。她成功說服提姆．綴波，投資一百萬美元（就是兒時玩伴潔希．綴波的爸爸），綴波這個名字很有分量，給伊莉莎白增添了一些可信度，因為矽谷第一家創投就是提姆的祖父在一九五〇年代末期成立，而提姆自己的公司德豐傑投資（DFJ）也是Hotmail等網路電郵公司早期的投資者，獲利豐厚，聲名大噪。

她利用家族人脈取得的另一筆大資金，是來自父親的老友：已退休、擅長將企業轉虧為盈的維多．帕米爾利（Victor Palmieri）。父親和帕米爾利結識於一九七〇年代末卡特政府（Carter administration）時期，當時父親服務於國務院，帕米爾利是無任所大使（編按：代表國家的高級外交官，沒有固定駐所），主管難民事務。

伊莉莎白以熱情奔放的活力，以及將奈米科技、微科技（microtechnology）原理應用於醫療診斷的願景，成功收服了綴波和帕米爾利。她用一份二十六頁的文件招募投資人，文中詳細說明一種黏著性貼片，可用微針頭無痛穿透皮膚抽血。這個被稱為TheraPatch的貼片含有微晶片感測器，可以分析血液，並且會進行「程序控制決策」（a process control decision）決定投藥多寡。此外，還會透過無線方式把讀數傳送給病患的醫師。文件還附上彩色圖示，描繪出貼片的形式和組成。

不過，並不是每個人都買單。二〇〇四年七月的某個早上，伊莉莎白和MedVenture Associates碰面，那是一家專門投資醫藥科技的創投。隔著會議桌，伊莉莎白和MedVenture五位合夥人面對面坐著，她用華麗辭藻快速地敘述她的技術有可能改變人類。

可是等到MedVenture合夥人問到微晶片系統的具體細節，以及跟Abaxis（編按：醫療產品公司，主要開發、生產用於醫療及獸醫市場的血液分析儀）現在已商品化的系統有何差別，她明顯慌亂起來，會議氣氛隨之緊繃。她回答不出幾位合夥人詢問的技術問題，大約一小時後便起身氣沖沖離去。

MedVenture Associates 並不是唯一拒絕這位十九歲大學輟學生的創投，但是到了二〇〇四年底，她仍然成功募到將近六百萬美元，投資人來自各方。除了綴波和帕米爾利，還有年邁的創投人約翰·布萊恩（John Bryan），另外還有房地產和私募基金的投資人史蒂芬·費恩伯格（Stephen L. Feinberg），他同時是休士頓安德森癌症中心（MD Anderson Cancer Center）的董事。

她也成功說服史丹佛的同學麥可·張（Michael Chang），其家族掌控了台灣數十億美元的高科技儀器經銷。整個霍姆斯大家族也有好幾個成員投注資金，包括諾兒·霍姆斯的妹妹伊莉莎白·帝茲（Elizabeth Dietz）。

資金不斷湧入，蕭內克心裡很明白，一個小小的貼片要做到伊莉莎白想要的所有功能，無異於科幻小說。理論上或許可行，就像載人上火星理論上也是可能的，但是魔鬼藏在細節裡。為了讓貼片的概念更加可行，他們把貼片的功能縮減到只剩診斷，但就算如此仍是困難重重。

最後他們完全捨棄貼片，改採類似於糖尿病患監測血糖所用的手持裝置，伊莉莎白希望像血糖機一樣方便攜帶，但又希望不只能監測血糖，還能檢測血液中多種物質。如此一來就會變得更複雜，體積也會更大。折衷結果是利用「卡匣搭配讀卡機」，結合微流控技術（microfluidics）和生物化學（biochemistry）。患者自己扎手指抽取少量血液樣本，然後將血液置入一個很像厚信用卡的卡匣，再把卡匣插入一台稱為讀卡機的較大機器。讀卡機裡的幫浦會把卡匣裡的血液從很小的通道擠壓出來，流入塗有一層蛋白質（也就是所謂的抗體）的小井，流向小井途中會有過濾器將血液中的固態成分（也就是紅血球和白血球）和血漿分離，只讓血漿通過小井，血漿接觸到抗體會產生化學反應，釋放出訊號，讀卡機會「讀取」訊號後，轉譯為結果。

在伊莉莎白的想像裡，卡匣和讀卡機可放在患者家中，讓他們定期檢測血液。讀卡機有個使用行動通訊技術的天線，可透過中央伺服器把檢測結果傳送到病患醫師的電腦，如此一來，醫師就能快速調整病人用藥，不必等患者到抽血中心或下次約診時再來驗血。

直到二〇〇五年底，蕭內克進入 Theranos 一年半後，他才開始覺得公司有進展了。原型機出爐，取名為 Theranos 1.0，員工人數成長到二十多位，此外也有一套可望快速帶來收入的營運模式：他們打算把這套技術授權給製藥公司，幫助藥廠在新藥臨床試驗時，揪出藥物不良反應。

這家小公司甚至開始成為話題。耶誕節那一天，伊莉莎白寄了封電郵給員工們，主旨欄寫著：「佳節大快樂！」信中除了祝福大家，還提到她接受科技雜誌《紅鯡魚》（*Red Herring*）採訪，末尾寫上：「為『矽谷最炙手可熱的新創公司』乾杯!!!」

| TWO |

膠水機器人

艾德蒙・古（Edmond Ku）二〇〇六年初跟伊莉莎白面試，當場立刻對她擘畫的願景著迷不已。

在她所描繪的世界裡，有了 Theranos 的血液監測技術，就可以依照個人需求、量身打造用藥。她引用希樂葆（Celebrex）為例來說明論點，希樂葆是一種飽受懷疑的止痛藥，一般認為這個藥物會增加心臟病和中風風險，傳言製造商輝瑞藥廠（Pfizer）將從市場下架。根據她的解釋，若是有 Theranos 這套系統，就可以排除希樂葆的副作用，數百萬關節炎患者就能繼續服用此藥緩解疼痛。伊莉莎白引用數據表示，每年死於藥物不良反應的美國人估計有十萬人，她說 Theranos 可以杜絕這種死因，真的是拯救人命。

坐在對面的年輕女子全神凝視著自己，眼睛眨也不眨，艾德蒙深深被她吸引。他心想，她所描繪的使命真叫人敬佩。

艾德蒙是個沉默寡言的工程師，在矽谷有「修理達人」美名，受困於複雜工程問題的科技新創公司會致電他尋求協助，而他大多能找出解決方法。出生於香港的他，十幾歲時跟家人移民加拿大，說起英文的時候，跟英語為第二語言、母語為中文的人有一樣的習慣——總是用現在式。

不久前，某位 Theranos 董事找上艾德蒙，希望他接手 Theranos 的工程部門，如果他接下這份工作，其任務便是把 Theranos 1.0 原型機變成可行產品，以便商品化。聽了伊莉莎白激勵人心的願景後，他決定加入。

沒多久艾德蒙就發現，Theranos 是他處理過最棘手的工程挑戰。他的經驗在電機方面，而非醫療裝置。此外，其實他接手的原型機根本不能用，比較像是依照伊莉莎白腦中想像所做成的實物大模型，他必須把這個模型變成一個可運轉的裝置。

主要困難來自伊莉莎白堅持血液用量必須極少，她遺傳了媽媽的「針頭恐懼症」，諾兒・霍姆斯光是看到注射器就會昏倒。因此，伊莉莎白希望 Theranos 這套技術只需從指尖扎一滴血就好。她對此異常固執，有一次，一個員工買來紅色的好時之吻（Hershey's Kisses）水滴巧克力，把公司標誌放在巧克力上面，用於就業博覽會的展示。此舉令伊莉莎白大為光火，員工本意是藉由水滴巧克力象徵血滴，但伊莉莎白覺得巧克力太大，不符合她所想的少量。

她對「微小」的執著，延伸到卡匣上。她希望卡匣只有掌心大小，無疑更增加艾德蒙工作的複雜程度。艾德蒙和團隊花了好幾個月重新改造卡匣，但一直無法用同樣的血液樣本，得出相同的檢測結果。

他們獲准使用的血液分量實在太少，不得不用生理食鹽水稀釋來增加分量，但如此一來，原本只是例行的化學作業就會困難許多。

更增添複雜程度的因素還有，不是只有血液和鹽水兩種液體必須流經卡匣，還有化學試劑，才能讓血液接觸到小井時產生化學反應，而化學試劑存放在各個不同的分離槽。

這些液體必須依照計算周密、精心設計的順序一一流過卡匣，所以卡匣裡有幾個小閥門，以固定的時間間隔開闔。而閥門設計、開闔時間，以及幫浦把各個液體打進卡匣的速度，都需要艾德蒙和工程師細心微調。

如何避免這些液體滲漏、相互汙染也是個問題。他們嘗試改變卡匣內小通道的形狀、長度、方向，盡量把汙染機率降到最低，然後用食用色素做了無數次測試，看看各種顏色的流向、汙染發生於哪裡。

這是一套壓縮在一個小空間的複雜系統，牽一髮而動全身。艾德蒙手下一位工程師有很好的類比：這就好像橡皮筋編成的網絡，只要拉其中一條必然會扯到其他好幾條。

每個卡匣的製造成本至少兩百美元，而且只能用一次，一個星期要測試好幾百個。伊莉莎白購買了一套要價兩百萬美元的自動包裝生產線，期待有朝一日能開始出貨，但那一天似乎遙遙無期。

Theranos 燒完第一輪募到的六百萬美元後，第二輪又募到九百萬美元補充空虛的金庫。

化學作業是由另外一組生物化學家負責，這組人馬和艾德蒙團隊的合作，距離「理想」還十分遙遠。兩組各自直接向伊莉莎白報告，公司並不鼓勵他們直接溝通。伊莉莎白喜歡把系統開發訊息劃分成各自獨立、互不交流，這樣一來，她就成了唯一知道全貌的人。

這樣做所造成的結果就是，艾德蒙碰到問題時無法確定是出在他負責的微流控技術，還是與他無關的化學部分。不過，有一點他倒是很清楚：如果伊莉莎白准許他們使用多一點血量，他們成功機率就會高上許多。只是伊莉莎白連聽都不想聽。

◆◆◆

有一天，艾德蒙加班到深夜，伊莉莎白走到他的工作區。她對他們進展牛步感到失望，希望工程部門能一天工作二十四小時、一週七天無休，加快研發速度。艾德蒙認為這是個爛點子，他的團隊工時已經很長。

他早就發現這家公司的員工流動率很高，而且不只一般員工如此，高階主管似乎也待不久。財務長亨利・莫斯利某天就突然消失了，辦公室謠傳他盜用公款被逮，沒有人知道謠言的真實性。因為，他的離去未經任何公開宣布或說明（其他離職的人亦是如此），工作環境因而瀰漫著緊張不安的氣氛。今天還進公司上班的同事，有可能明天就不見了，而你根本不知道原因。

艾德蒙反對伊莉莎白的提議，他告訴她，就算採用輪班制，不分晝夜地排班還是會造成工程師過勞。

她回答：「我不在乎。人可以換，重要的是公司。」

艾德蒙不認為她是故意如此冷酷無情，不過她這個人一心只想達成目標，渾然不覺自己的決策會產生什麼後果。艾德蒙注意到她的辦公桌擺著一句話，是從最近一篇 Theranos 媒體報導剪下來的，引述自錢寧・羅伯森，也就是在 Theranos 擔任董事那位史丹佛教授。

那句話是：「你開始發現你正在看著另一個比爾・蓋茲（Bill Gates）或史帝夫・賈伯斯（Steve Jobs）的眼睛。」

這可是很高的標準，艾德蒙心想。不過話說回來，如果真的有人辦得到，很可能非這個年輕女孩莫屬。艾德蒙從未碰過這麼鍥而不捨、堅持不懈的人，她一天只睡四個小時，整天不停地把咖啡豆巧克力往嘴裡送，給自己注入滿滿的咖啡因。他曾勸她多睡一點、生活健康一點，但是她置若罔聞。

雖然伊莉莎白如此固執，但艾德蒙知道有個人的話是她聽得進去的，那是名叫桑尼（Sunny）的神祕男子。她提到這個名字的次數，已經多到足以讓艾德蒙收集到一些基本資料：他是印度人，年紀比伊莉莎白大，他們是情侶。傳言他在一九九〇年代後期與人創辦了網路公司，後來賣掉公司還發了大財。

桑尼在 Theranos 是看不到的存在，但在伊莉莎白的生活是清楚可見的重要存在。二〇〇六年底公司在帕羅奧圖一家餐廳舉辦耶誕派對，伊莉莎白喝到有點醉意，無法自行開車回家，於是打電話要桑尼來接她，艾德蒙這才知道他們一起住在幾個街區外的公寓大樓。

桑尼並非唯一提供意見給她的年長者，伊莉莎白每週日會到唐納・盧卡斯位於阿瑟頓（Atherton，帕羅奧圖北邊的超級豪宅區）家中，共進早午餐。此外，她透過盧卡斯認識的賴瑞・艾利森，同樣是能左右她的人。在 Theranos 第二輪募資——以矽谷用語來說是「B 輪」（Series B），盧卡斯和艾利森都有投資。有時，艾利森會開著紅色保時捷順路過來看看他的投資，不時會聽到她說：「賴瑞說……。」

艾利森也許是世界上最有錢的人之一，身價有二百五十億美元之多，但他不見得是理想的榜樣。在甲骨文創立之初，眾所皆知他誇大自家資料庫軟體的能耐，推出的版本毛病不斷。而醫療裝置可不能這樣做。

伊莉莎白經營公司的方法有多少出於自己，有多少來自艾利森、盧卡斯或桑尼，不得而知。不過有一件事倒很清楚，艾德蒙拒絕手下工程團隊二十四小時全年無休工作，這可讓她很不高興，從那刻開始，他們的關係陷入冷淡。

沒多久，艾德蒙發現伊莉莎白招募了新的工程人員，但是新人卻不歸他管，而是自成一個團隊，一個與他競爭的團隊。他這才恍然大悟，她要讓他的團隊和新團隊在企業版的適者生存法則下，互相競爭。

艾德蒙沒有時間多想，因為有別的事情需要處理：伊莉莎白成功說服輝瑞藥廠，將 Theranos 系統用於田納西州一個試驗計畫。根據協議，Theranos 1.0 會放在患者家中，由病人每天用這套裝置自行檢測血液，檢測結果會用無線傳送到 Theranos 位於加州的辦公室，經過他們分析後再傳給輝瑞。不論如何，艾德蒙團隊都得在試驗開始前解決所有毛病。伊莉莎白已經安排前往田納西州一趟，開始訓練一些患者和醫師使用這套系統。

二〇〇七年八月初，艾德蒙陪同伊莉莎白前往田納西的納許維爾市（Nashville）。桑尼開著保時捷到辦公室接他們前往機場，那是艾德蒙第一次親眼看到桑尼本人。他和她的年齡差距突然變得清晰可見，他看起來已步入四十歲，比伊莉莎白年長將近二十歲。而他們之間的互動也很冷淡、公事化，在機場道別時，桑尼並不是說「再見」或「一路順風」，而是大吼：「去賺錢吧！」

到了田納西，他們帶去的卡匣和讀卡機無法正常使用，艾德蒙只好整夜在飯店的床上拆解、重新組裝。隔天早上總算堪用，讓他們順利在當地一家腫瘤診所，抽取兩位患者和幾位醫師、護士身上的血液樣本。

那兩個病人看起來病得很重，艾德蒙得知他們是癌末病人，正在服用減緩腫瘤成長速度的藥物，以便能多活幾個月。

一回到加州，伊莉莎白就宣布此行相當成功，並且發了封興高采烈的信給同仁。

她寫道：「真的很成功，病人馬上就學會這套系統，一看到他們就能感受到他們的恐懼、希望和痛苦。」她還說，公司員工應該「繞場一圈慶祝勝利」。

可是艾德蒙並沒有那麼樂觀。把 Theranos 1.0 用於病人身上似乎還太早，尤其在他得知對象是癌末病人之後。

◆ ◆ ◆

為了紓解情緒，每週五晚上，艾德蒙和蕭內克都會到帕羅奧圖一家喧鬧的運動酒吧老行家（Old Pro）喝啤酒。化學團隊主管蓋瑞．法蘭佐（Gary Frenzel）通常也會參加。

來自德州的蓋瑞是個老好人，喜歡講當年做牛仔競技表演者的驚險故事，因為摔斷太多骨頭而轉行做化學師。蓋瑞喜歡閒聊八卦、說笑，蕭內克常被逗得爆出又大又尖銳的笑聲，那是艾德蒙聽過最誇張的笑聲。在喝酒聊天間，三人關係日漸緊密，成為好友。

然而有一天，蓋瑞不再到老行家。艾德蒙和蕭內克一開始不知道原因，但是很快就有答案。

二〇〇七年八月底，公司發了封電郵給所有員工，要大家上樓集合開會。當時，Theranos 已經成長到七十多名員工，每個人都停下手邊工作，到二樓伊莉莎白辦公室前面集合。

氣氛很嚴肅。伊莉莎白皺著眉頭、一臉不悅，站在她旁邊的人是麥可．艾斯基維（Michael Esquivel），一個打扮俐落、說話速度很快的律師，幾個月前才離開矽谷第一大法律事務所 WSGR（Wilson Sonsini Goodrich & Rosati），進入 Theranos 擔任法務長。

會中主要由艾斯基維發言。他說，Theranos 對三名前員工提起告訴，指控他們剽竊公司的智慧財產。這三人分別是麥可．歐康諾（Michael O'Connell）、克里斯．陶德（Chris Todd）、約翰．郝爾德。郝爾德以前負責總管公司所有研發，也是面試艾德蒙進公司的人；陶德是艾德蒙的前任，Theranos 1.0 原型機就是由他帶領設計；歐康諾則是負責 Theranos 1.0 卡匣的員工，去年夏天離職。

艾斯基維下令不准跟那三人有任何聯繫，保留所有電郵和文件；他會在 WSGR 事務所協助下收集證據，進行徹底調查。接著他又說了一句話，令在場所有人心頭為之一震。

「我們已經通報聯邦調查局（FBI），請他們協助處理。」

艾德蒙和蕭內克猜想，蓋瑞・法蘭佐八成被這樣的事態演變嚇壞了。蓋瑞跟克里斯・陶德（艾德蒙的前任）是好友，他跟陶德在前兩個公司共事了五年，後來又追隨陶德進入 Theranos。二〇〇六年七月陶德離開 Theranos 後，兩人還經常透過電話、電郵聯絡，伊莉莎白和艾斯基維肯定發現了，並且警告過蓋瑞，他才會一臉驚恐的模樣。

蕭內克過去跟陶德也很友好，所以能夠暗中拼湊出事情的全貌。

歐康諾曾經在史丹佛進行奈米技術的博士後研究，他自認已經找到方法解決困擾 Theranos 的微流控問題，於是說服陶德一起成立公司，取名為 Avidnostics。歐康諾也找郝爾德談過，郝爾德提供了一些協助和建議，但是回絕了他的創業邀請。Avidnostics 極為類似 Theranos，只是銷售對象為獸醫，因為用於動物的血液檢測裝置，比用於人類的裝置更容易獲得主管機關核可。

他們嘗試向幾家創投募資未果，歐康諾漸漸失去耐心，寫信給伊莉莎白詢問要不要他們的技術授權。

這一步大錯特錯。

伊莉莎白一向擔心商業機密外洩，甚至擔心到很誇張的程度。她不僅要求員工簽署保密協議，只要踏入辦公室或跟公司有生意往來的人都要簽，就連公司內部的資訊流動，她也要嚴密掌控。

歐康諾的行為坐實了她的疑慮。不出幾天，她已經做好訴訟的準備。二〇〇七年八月二十七日，Theranos 正式向加州高等法院提出十四頁控告書，要求法院對那三位前員工發出臨時禁止令，並指派一位特別主事官「確保他們不會使用或洩漏原告的商業機密」，同時給予Theranos五大類金錢賠償。

接下來好幾週和幾個月，辦公室氣氛凝重。員工信箱定期會收到「文件留存規定」，Theranos進入封鎖狀態。資訊部門（IT）主管——名叫麥特．畢叟（Matt Bissel）的電腦技術人員——展開資安部署，搞得每個人都覺得自己受到監控，甚至不可以不知會畢叟就把USB隨身碟插入公司電腦，有個員工就因此被炒魷魚。

在一片戲劇氛圍中，兩個工程團隊間的競賽也愈來愈白熱化。

跟艾德蒙團隊較勁的新團隊，由東尼．紐金特（Tony Nugent）領軍，他是個粗聲粗氣、務實嚴肅的愛爾蘭人，在羅技（Logitech，電腦周邊配件製造商）待過十一年。接著任職於Cholestech，該公司產品就是Theranos目標產品的簡化版，其手持商品Cholestech LDX只需從手指抽取很少的血液樣本，就能檢測膽固醇和血糖。

最初，東尼是Cholestech創辦人蓋瑞．休伊特（Gary Hewett）引介到Theranos擔任顧問，後來卻不得不接替休伊特的職務。因為，休伊特擔任研發副總短短五個月就被炒魷魚了。

休伊特一到Theranos，便斷定微流控技術無法用於血液檢測。因為血量太少，無法做出精準測量，但他還來不及想出替代方案，這項工作就落到東尼頭上。

東尼認為，Theranos的價值主張之一是把實驗室檢測血液的步驟自動化，讓化學師無須在旁追蹤。而自動化需要機器人，但他又不想浪費時間從頭打造，於是向紐澤西的飛士能公司（Fisnar）訂購了一台自動點膠機器人（glue-dispensing robot），要價三千美元。這個機器人便成了Theranos新系統的核心。

那台飛士能機器人是個相當簡陋的機械裝置，只是把一個機械手臂固定在一個支架上，支架有三種移動方向：左右、前後、上下。東尼在機器人上面繫了個吸量管（pipette，細長的半透明吸管，用來轉移或測量少量液體），讓吸量管執行化學師在實驗室的作業。

在另一位新進工程師戴夫．尼爾森（Dave Nelson）的協助下，東尼終於製造出一個小型版的黏膠機器人，大小可放入比一個桌上型電腦主機略寬、略短的鋁盒裡。他們再把Theranos 1.0的部分元件（譬如電子和軟體部分）加入鋁盒中，新的讀卡機因此成形。

新的卡匣是個盤子，上面有小塑膠管以及兩個吸量管尖頭，和採用微流控技術的前身相同，只能用一次。把血液樣本放進其中一根塑膠管，接著通過一個往上開的小門將卡匣推進讀卡機，讀卡機裡的機器手臂就會開始工作，複製人類化學師的作業步驟。

首先，機器手臂會抓取一個吸量管尖頭、吸取血液，再將血液和卡匣其他塑膠管裡的稀釋液混合。接著，機器手臂再抓另一個吸量管尖頭，吸取稀釋過的血液。該尖頭塗有抗體，抗體會自己附著在相關分子上，形成一個用顯微鏡才看得到的夾心結構，狀似三明治。

最後，機器人再從另一根塑膠管抽出試劑，試劑接觸到那個夾心結構會產生化學反應、發射出光線訊號，讀卡機裡稱為光電倍增管（photomultiplier tube）的裝置，就會把光線訊號轉換成電流。血液裡的分子濃度——就是這項檢測要測量的東西——便可以從電流的強度推斷出來（電流和光線強度成正比）。

這種血液檢測技術稱為化學發光免疫測定（chemiluminescent immunoassay）——在實驗室，「測定」（assay）就是「血液檢測」的同義字。這並不是新技術，早在一九八〇年代初就由英國卡迪夫大學（Cardiff University）的教授所創，不過東尼將它自動化了，放進一台機器裡（雖然比烤麵包機大小的 Theranos 1.0 還大，但仍然夠小，可以實現伊莉莎白想把機器放在患者家中的願景），而且只需五十微升（約〇．〇五毫升）的血液，雖然比伊莉莎白最初堅持的十微升略多，但仍只是一滴血的量而已。

二〇〇七年九月，距離東尼開始打造四個月之後，他終於做出一個可以運作的原型機，可靠性遠勝艾德蒙還在苦思解決方法的系統。

東尼問伊莉莎白想取什麼名字。

「我們什麼方法都試過，也都失敗了，所以就叫它愛迪生吧。」她說。

部分員工笑稱的「膠水機」，突然搖身一變成為前進的新方向，而且還有了非常體面的名字，取自美國公認最偉大的發明家。

捨棄微流控技術轉而擁抱愛迪生，這個決定很諷刺。因為 Theranos 才剛為了保護微流控技術的智慧財產，提起訴訟。對艾德蒙來說，這也是一則壞消息。

感恩節前幾週的某天早上，艾德蒙和他手下的工程師一個個被叫進會議室。輪到艾德蒙時，東尼、人資經理塔拉．蘭球尼（Tara Lencioni）、法務長麥可．艾斯基維告知他，要他走人。他們說，公司換了新的方向，不再需要他。如果艾德蒙想拿到遣散費，就得另簽一份保密與禁止發表負面評論的同意書。蘭球尼和艾斯基維陪著他走到其辦公區取回私人物品，接著一路送他走出公司大樓。

大約一個小時過後，東尼不經意地往窗外看了一眼，發現艾德蒙竟還站在外頭，外套掛在手臂上，像是迷路一般。原來那天早上他沒有開車上班，不知如何是好。那是優步（Uber）還沒出現的年代，東尼知道蕭內克和他是好朋友，於是請蕭內克送他回家。

兩週後，蕭內克也跟隨艾德蒙的腳步走出公司大門，只不過是在比較友好的情況下。說穿了，「愛迪生」只是一個改裝的膠水機器人，跟伊莉莎白當初講的遠大願景有很大落差，而且公司持續不斷的人員流動，以及歇斯底里的訴訟也令他不安。工作三年半，該是他離開的時候了。蕭內克向伊莉莎白說自己打算回學校，兩人同意分道揚鑣，她在公司為他辦了場歡送派對。

或許 Theranos 的產品已不是伊莉莎白所想像那麼創新、前瞻，不過她仍然一如往昔地投入，甚至對愛迪生的誕生感到興奮不已，幾乎馬上就帶出去炫耀。東尼還開玩笑跟戴夫說，早知道應該先做出兩台再告訴她。

撇開玩笑不談，伊莉莎白的急性子其實令東尼有點不安。他確實做了基本的安全檢查，確定這台機器不會電到任何人，不過也僅止於此。他甚至不知道該給機器貼上哪一類標記才好，雖然問過律師，但是沒有什麼幫助，只好自己查看食品藥物管理局（FDA）的規定，確定「只限於研究使用」的標記大概最合適。

東尼心裡想，這是一個未完成品，不可以讓人有「這是完成品」的印象。

| THREE |

蘋果情結！女版賈伯斯

年輕創業家在矽谷中心打造事業，很難逃離史帝夫・賈伯斯的影子。到了二〇〇七年，這位蘋果創辦人已經用 iMac、iPod、iTunes 音樂商店，把這家電腦製造公司從灰燼中拯救回來，鞏固了他在科技圈和美國社會的傳奇地位。就在同年一月，他在舊金山麥金塔世界大會（Macworld conference）滿場狂熱觀眾面前，揭開了他最新、最重要的天才之作——iPhone。

跟伊莉莎白相處過的人都看得出來，她很崇拜賈伯斯和蘋果。她喜歡把 Theranos 的血液檢測系統稱為「醫療界的 iPod」，預言這套裝置會跟無所不在的蘋果產品一樣，有朝一日會進入美國每一戶人家。

二〇〇七年夏天，她把對蘋果的景仰化為實際行動：網羅幾位蘋果前員工到公司。其中一位是安娜・艾里歐拉（Ana Arriola），iPhone 產品設計師。

安娜第一次見到伊莉莎白是在庫帕咖啡館（Coupa Café），帕羅奧圖一處享用咖啡和三明治的時髦處所，是伊莉莎白離開辦公室時最愛出沒的地方。伊莉莎白在說明自己的背景和亞洲之行後，和安娜談到自己的願景：用 Theranos 血液檢測繪出每個人的疾病地圖，然後 Theranos 能用數學模型分析血液數據、預測腫瘤的發展，以此反向拆解癌症等疾病。

對安娜這種醫療菜鳥來說，這聽起來是改變世界的大事業，而且伊莉莎白似乎聰明絕頂。不過，若她加入 Theranos 就得放棄一萬五千股蘋果股票，因此她想聽聽另一半柯琳（Corrine）的意見。她跟伊莉莎白約好在帕羅奧圖第二次會面，這次柯琳一同出席。柯琳對伊莉莎白留下極好的印象，安娜的疑慮一掃而空。

安娜加入 Theranos 擔任設計長，這意味著她要負責愛迪生的整體外觀和觸感。伊莉莎白希望有類似 iPhone 的軟體觸控螢幕，以及線條流暢的外殼。她指示外殼必須兩個顏色相間，以一條對角線分隔，就像一開始的 iMac 一樣，不過不能跟 iMac 一樣半透明，因為必須隱藏愛迪生的機器手臂等內部結構。

她把外殼設計外包給亦夫・畢哈（Yves Béhar）——瑞士出生的工業設計師，在矽谷名聲僅次於蘋果的強尼・艾夫（Jony Ive）。畢哈想出一個優雅的黑白設計，相當難打造，光是金屬片鑄模，東尼・紐金特和戴夫・尼爾森就不知道花了多少時間。

這個外殼並不能隱藏機器手臂製造的巨大噪音，不過安娜已經很滿意，至少伊莉莎白帶出去展示時，端得上檯面。

安娜覺得伊莉莎白本人也該徹底改頭換面，她的穿著打扮完全稱不上時髦，寬鬆的灰色長褲套裝和聖誕毛衣讓她像個邋遢過時的會計師。她告訴伊莉莎白，在她身邊的錢寧・羅伯森和唐納・盧卡斯等人，都開始把她比喻為史帝夫・賈伯斯，那她就應該穿出那個樣子。伊莉莎白把她的建議聽進去了，從那一刻開始，她大多穿黑色套頭上衣和黑色長褲來上班。

不久，賈斯汀・麥斯維爾（Justin Maxwell）和麥克・包爾利（Mike Bauerly）也加入安娜、來到Theranos，負責設計愛迪生的軟體以及其他須由病人操作的部分，譬如把卡匣裝進去。安娜和賈斯汀曾在蘋果共事，而兩人之所以結識麥克，是因為麥克的女友是他們在蘋果的同事。沒多久，來自蘋果的兩人開始發現伊莉莎白和 Theranos 的古怪之處。安娜每天很早進公司，七點半就跟伊莉莎白開會報告設計方面的最新進度。每當她把車停進停車場，便看到伊莉莎白坐在她黑色的 Infiniti 休旅車，車裡的嘻哈音樂震耳欲聾，她金色的頭髮隨著音樂狂野擺盪。

有一天，賈斯汀走進伊莉莎白辦公室，向她報告某個計畫的最新進度。她興奮地示意他過去，說有東西給他看。她指著自己桌上一個九英寸長的金屬紙鎮，上面刻了一句話：「如果不會失敗，你會想做什麼？」她把這句話面向自己，顯然深受啟發。

有個充滿理想的老闆並非壞事，不過在 Theranos 工作也有不怎麼愉快之處。其中之一是每天必須對抗ＩＴ主管麥特・畢叟以及他的副手內森・洛茲（Nathan Lortz）。畢叟和洛茲把電腦網路設定成：資訊切割得四分五裂，遏阻員工和部門之間的溝通，就連跟同事互通即時訊息都沒辦法，封鎖聊天通訊埠（chat port），全出於保護資訊與商業機密為由，結果卻是浪費好幾個小時的生產力。

這種情況令賈斯汀非常氣餒，某晚他甚至熬夜寫了封落落長的信給安娜。「我們已經忘了我們的目標。這家公司成立的目的是『把一堆人放在一個辦公室裡，然後防止他們做出不法的事』，還是『用最優秀的人盡快做出了不起的事』？」他憤怒質問。

賈斯汀和麥克明顯感覺到畢叟和洛茲在暗中監視他們，然後再向伊莉莎白報告。他們老是在打探他們的電腦裝了什麼程式，有時友善到令人滋生疑竇，表面故作公開透明，企圖誘導出煽動性的八卦流言。這種窺探行為不只限於IT人員，伊莉莎白的行政助理會在臉書（Facebook）跟員工成為好友，然後再向伊莉莎白報告他們發了什麼文章。

其中一位助理會追蹤記錄員工幾點到公司、幾點下班，所以伊莉莎白對每個人到底花了多少時間工作，一清二楚。為了誘使員工工作久一點，公司每晚供應晚餐，食物通常要到八點或八點半才會送達，也就是說，最快也要十點才能離開辦公室。

每逢一季一次的董事會召開時，Theranos的氣氛更加詭異。公司會指示員工擺出忙碌的樣子，董事們走過辦公室時，員工不可以跟他們有眼神接觸，伊莉莎白會把董事帶進一間有大玻璃的會議室，拉下捲簾，彷彿中情局（CIA）探員暗地聽取臥底密探的報告。

• • •

有一晚，安娜順路載賈斯汀和工程師亞倫．摩爾（Aaron Moore）回舊金山。亞倫中斷了他在麻省理工學院（MIT）的微流控博士課程，二〇〇六年九月在業界刊物看到一則小小的求才廣告，就這樣進入Theranos。安娜和賈斯汀加入公司時，他已任職將近一年。亞倫很聰明，大學念史丹佛，研究所念MIT，但並不自視甚高。他出身奧勒岡州波特蘭（Portland），有著波特蘭潮人的外表，頭髮蓬亂，鬍子三天沒刮，戴著耳環還很風趣詼諧，這些特質使他成為「前蘋果人」在Theranos唯一氣味相投的人。

安娜、賈斯汀、亞倫都住在舊金山，每天開車或搭火車通勤。那一晚開車回家的路上，三人坐在安娜的Prius車裡，亞倫跟這兩位新同事分享了他的抱怨。怕他們沒發現，亞倫告訴他們，公司不斷在開除員工。安娜和賈斯汀當然注意到了，艾德蒙．古裁員事件才剛發生，除了艾德蒙，還有二十個人也丟了飯碗，事情來得太快，艾德蒙有一堆工具來不及拿就走了，包括一組很棒的X-Acto精密裁切刀，被賈斯汀從垃圾桶撈出來據為己有。

亞倫提到，田納西的癌症病人研究也令他不安。他們做的微流控系統連可運轉的邊都還摸不上，更別說用在活生生的患者身上了，可是伊莉莎白卻一意孤行。東尼打造的新機器的確是一大進展，但是亞倫覺得機器效能還不夠好，工程和化學團隊缺乏溝通，各做各的測試，只做自己負責的部分，沒有人負責系統整體的檢測。

聽著聽著，安娜心裡的不安逐漸加深。她一直以為，既然要用在病患身上，就代表這套血液檢測技術已經成熟，而現在亞倫卻說還只是個半成品。安娜知道田納西研究對象有瀕死病人，她很擔心那些病人被當成白老鼠，用來測試一套有缺陷的醫療裝置。

安娜和亞倫不知道的是（而且可以稍稍減輕他們的憂慮），Theranos 用癌症病人血液所做出的檢測結果，並不會對病人的治療造成任何改變，只是用於研究，幫助輝瑞評估 Theranos 這套技術的成效。不過大部分員工永遠不會知道，因為伊莉莎白從未說明這項研究談定的條件。

隔天早上，安娜去找當初介紹她到 Theranos 的艾維．特凡尼安（Avie Tevanian）——以前在蘋果的同事。艾維是 Theranos 的董事，幾個月前他先探詢安娜的意願，然後才安排她跟伊莉莎白見面。安娜和艾維在帕羅奧圖的皮特咖啡（Peet's Coffee）碰面，她把亞倫．摩爾的話轉述給他聽，安娜擔心公司的田納西研究跨越了道德紅線。艾維專注聽著，他告訴安娜，自己也開始對這家公司產生懷疑。

艾維是賈伯斯最親近、認識最久的朋友之一，兩人曾在 NeXT 共事（賈伯斯一九八〇年代中期被逐出蘋果後所創辦的軟體公司），一九九七年賈伯斯重回蘋果，把艾維一起帶了過去，讓他掌管軟體工程團隊。辛苦了十年後，艾維辭掉工作，他賺的錢已經多到不知道怎麼花，希望多花時間陪妻小。退休幾個月後，一個替 Theranos 招募新董事的獵人頭找上他。

跟安娜一樣，艾維第一次跟伊莉莎白見面也是在庫帕咖啡館。她給他的印象是，這個對自己所做的事很有熱情的聰明年輕女子，完全就是你期待一個創業家必須有的特質。只要艾維提供些許從蘋果學來的經營智慧，伊莉莎白就會眼睛一亮，他跟賈伯斯長久的關係似乎很令她著迷。那次會面後，艾維同意加入 Theranos 董事會，在二〇〇六年底的募資，買進一百五十萬美元的股份。

前兩次他所參加的董事會都平靜無事，不過到了第三次，他開始發現有個固定模式。伊莉莎白提出的營收預估一次比一次亮麗，所憑依據只是她口中正與藥廠商談的交易，但那些營收從未實現。更糟糕的是，艾維擔任董事後不久，財務長亨利．莫斯利就遭到開除。上一次出席董事會時，艾維針對那些藥廠交易提出比較犀利的問題，得到的答案是「正由法務部門審核處理中」。當他要求看交易合約，伊莉莎白就說她手上剛好沒有。

產品推出的時間一再延後，而需要修改的地方又一變再變。艾維並沒有假裝自己很懂血液檢測這門科學，他的專業是軟體，但如果 Theranos 的系統真的如同他被告知的，已進入最後微調階段，為什麼每一季都會冒出完全不同的技術問題，變成延宕理由？在他聽來，這一點都不像是即將商品化的產品。

二〇〇七年十月底，艾維出席董事會薪酬委員會，董事長唐納．盧卡斯告訴委員會成員，為了節稅，伊莉莎白打算成立一個基金會，希望委員會同意撥部分股票給基金會。艾維已經注意到，唐納非常寵愛伊莉莎白，這位老人家待她如同孫女。唐納是位發福的紳士，一頭白髮，喜歡戴寬邊帽，即將步入八十歲，屬於老一輩創投，把創業投資當成私人俱樂部，他指導出賴瑞．艾利森這位知名創業家，顯然認為伊莉莎白是下一個。

艾維認為，放任伊莉莎白想做什麼就做並不是好的公司治理，除此之外，由於基金會由她掌控，所以基金會股份的表決權也會落入她手上，這等於增加了她手上所掌握的表決權。艾維認為賦予她更多權力並不符合股東利益，所以他反對。

兩週後他接到唐納約見面的電話，於是驅車前往老人家位於沙丘路的辦公室。一抵達，唐納就告訴他，伊莉莎白很不高興，她覺得艾維在董事會議上很不客氣，認為他不該繼續擔任董事，接著唐納詢問他是否願意辭職。艾維表達驚訝，認為自己只不過是行使董事的職責，而提問就是職責之一。唐納認同艾維的說法，還說他認為艾維做得很好。艾維告訴唐納，他要好好考慮幾天。

一回到位於帕羅奧圖的家，艾維決定把擔任董事一年來拿到的文件，全都看過一遍，包括他買進股份前拿到的投資資料。看完之後他才發現，這家公司在短短一年內無所不變，包括伊莉莎白整個經營團隊。他心想，必須讓唐納知道這些。

同一時間，安娜．艾里歐拉愈來愈坐立難安。她天生是個容易興奮的人，說話速度很快，行事疾如旋風。這在大多數情況是一股正面能量，有助於達到很好的工作成效，但有時也會變成壓力、焦慮及過激。

咖啡之約後，安娜繼續跟艾維保持聯絡，還從他口中得知，伊莉莎白希望他離開董事會。安娜並不知道他們的嫌隙是什麼，但這對她來說是個不祥的發展。

而安娜自己和伊莉莎白的關係，同樣愈來愈惡化。伊莉莎白不喜歡人家跟她說不，但安娜已經說過好幾次，只要她發現伊莉莎白的要求不合理，就會直接拒絕。另外，伊莉莎白凡事皆機密的態度也造成她工作延宕。設計師在這家小公司或許不如工程師或化學師重要，但她還是有必要被納入隨時掌握產品研發進度的「訊息圈」，才能做好份內工作，但是伊莉莎白卻把她歸類為「有需要才告知」的人等。

某次早晨會報，安娜當面向伊莉莎白提起亞倫・摩爾所說的系統問題。她告訴伊莉莎白，如果技術上的毛病還在設法解決，是不是應該暫停田納西研究，先專心解決問題比較好？等到機器能夠確實運作，到時再重啟研究還不遲。

伊莉莎白斬釘截鐵地駁回安娜的想法，她說，輝瑞和其他大藥廠都想要這套系統，Theranos 會成為很了不起的公司，如果安娜不高興，也許該認真思考這裡是不是真的適合她。

「妳想一想，再告訴我妳的決定。」她說。

安娜回到辦公室苦惱了好幾個小時。她無法拋開「執意繼續田納西研究是不對的」想法，而且伊莉莎白要艾維離開董事會也令人不安。安娜相信艾維、把他當朋友，如果他和伊莉莎白有嫌隙，她傾向站在艾維那一邊。

到了下午，安娜做出決定。她寫了封簡短的辭職信，印出兩份，一份給伊莉莎白，一份給人資部門。當時伊莉莎白已經離開辦公室，於是她把信塞進門下。離開公司時，她快速打了封電子郵件給伊莉莎白，讓她知道辭職信在哪裡。

半小時後伊莉莎白回了信，請安娜務必打手機給她。安娜不理會她的請求，她跟 Theranos 已經玩完了。

唐納．盧卡斯不用電子郵件。這些年來他已經受夠了官司，包括一九九〇年代初一波針對甲骨文的集體訴訟，所以不喜歡留下任何電子文件紀錄，以免日後在法庭上被拿來打臉。艾維如果希望唐納能看看自己的發現，就得當面拿給他，於是他聯絡唐納的兩位助理，安排了再次見面。

到了約定那天，艾維現身唐納的辦公室，把他擔任 Theranos 董事拿到的文件全部影印了一份帶來，共有幾百頁。他告訴唐納，從這些資料可看出一連串矛盾，董事會必須出面處理這個問題。Theranos 是可以修正的，但如果繼續讓伊莉莎白這樣管理是不可能修正的，他建議引進「大人監管」（adult supervision，編按：亦即較有經驗的管理者）。

「這個嘛……我想你應該辭職比較好，」唐納回答，接著很快又說了一句：「這堆文件你打算怎麼處理？」

艾維非常震驚，唐納甚至連聽他說完都不願意，這個老人家似乎只關心他會不會把事情鬧到整個董事會。思考了一會兒後，艾維決定辭職。他從蘋果退休本來就是為了過清閒生活，現在更沒有必要自找麻煩。

「好，我會辭職，這些文件就留給你。」他說。

當他起身要離開時，唐納說還有一件事需要討論。蕭內克・羅伊（Theranos 第一個員工，也是實質的共同創辦人）要離職，打算把他大部分的創辦人持股賣回給伊莉莎白。她需要董事會放棄購回這筆股票的權利。艾維雖然覺得這樣不妥，但還是告訴唐納請董事會投票決定，既然他要辭職了也沒必要參與投票。

「艾維，還有一件事，」唐納說：「我需要你放棄買回那些股票的權利。」

這下艾維惱火了，從頭到尾一直被要求忍讓的他，要唐納請 Theranos 法務長麥可・艾斯基維把必要文件寄給他。他會好好檢視，但沒有做任何承諾。

等到文件寄來，艾維仔細看完，得到的結論是：一旦公司放棄買回蕭內克股份的權利，艾維和其他股東就有權利認購那些股票。他還發現，伊莉莎白談到一筆極為有利的交易，蕭內克願意以五十六萬五千美元出讓他持有的一百一十三萬股，等於一股只要〇・五美元，是他和其他投資人一年多前在 Theranos 上一輪募資的購入價格打了一八折。打點折扣是應該的，因為艾維的股份是優先股，對公司的資產和盈餘有優先權，而蕭內克的股份是普通股，不過這麼大的折扣倒是前所未聞。

艾維決定行使他的權利。他告訴艾斯基維，他要按個人應得比例認購蕭內克的股份。不過，這項要求進行得並不順利，兩人不斷密集電郵往返，直到耶誕假期。

耶誕夜裡十一點十七分，艾斯基維寄給艾維一封電郵，指控他行為「惡意」。還警告他，Theranos 認真考慮要控告他違反董事的信託義務，以及公開詆毀公司。

艾維驚愕不已。他非但沒有做過這種事，在矽谷打滾這麼多年來，從未被人以訴訟要脅。在矽谷，他是出了名的好好先生、人見人愛，從未與人為敵，現在是怎麼了？他試著跟其他董事聯絡，但沒有任何人回電。

不知如何是好的艾維，請教了一位律師朋友。多虧他在蘋果所累積的財富，他個人的資產還高於 Theranos，不必擔心所費不貲的訴訟費用。不過，當他把事情的來龍去脈告訴朋友後，對方問了個一語驚醒夢中人的問題：「現在你對這家公司已經有了這些了解，真的還想認購更多股票嗎？」

他仔細一想，答案是否定的，更何況正值贈與和歡樂的耶誕時節，艾維決定讓這起事件就此平息，將 Theranos 拋諸腦後。不過在此之前，他寫了封告別信給唐納，用電子郵件寄給唐納的助理們，隨信附上 Theranos 逼他簽署的放棄認購權利書。

信中寫道，為了逼迫他簽署放棄權利書而採取的粗暴手法，更坐實了他向唐納所提起的，他對公司經營方式的「嚴重擔憂」。他還說，他不怪麥可．艾斯基維，因為這位律師很明顯只是奉命行事，信末他說：

我很希望你會把這一切發生的事完整告知其他董事們，他們有權利知道，如果不百分之百「乖乖順從」，就會有遭到公司／伊莉莎白報復的風險。

……

祝好

艾維．特凡尼安

| FOUR |

歡迎來到——最強大聯盟

二○○八年初，Theranos 搬進帕羅奧圖山景大道（Hillview Avenue）的一棟新大樓。以紐約來比喻，相當於從貧民區南布朗克斯（South Bronx）搬到繁華熱鬧的曼哈頓中城（Midtown Manhattan）。

在矽谷，門面是首要條件，而 Theranos 三年來一直座落於「貧窮」那一邊，分界線是一○一國道（Route 101），又稱灣岸高速公路（Bayshore Freeway）。國道的一邊是帕羅奧圖，美國最富裕的城鎮之一；另一邊則是貧窮的東帕羅奧圖（East Palo Alto），過去曾有個不光彩的特質：美國的殺人之都。

Theranos 舊址位於四線道國道的東帕羅奧圖一側，隔壁是間機械工廠，對街是屋頂整修包商，富裕的創投金主不會喜歡被人看到自己走進這種地方。相反地，新址座落於史丹佛校園隔壁，惠普（Hewlett-Packard）豪華總部就在不遠處，位處高價地段，代表 Theranos 升上了大聯盟。

唐納・盧卡斯對這次搬遷很高興。他有一次跟東尼・紐金特談話時，把他對舊址的鄙棄表露無遺，他告訴東尼：「終於把伊莉莎白救出東帕羅奧圖，真好。」

不過，對於負責搬家的人可不。這項工作落到 IT 主管麥特・畢叟頭上，畢叟是伊莉莎白最信任的副官之一，二〇〇五年加入 Theranos，是第十七個員工，認真負責。除了負責公司的 IT 架設，資安也是他的職責，麥可・歐康諾訴訟案的電腦證據鑑識分析就是他做的。

過去幾個月來，規畫搬遷事宜占掉麥特大半時間。二〇〇八年一月三十日星期三，一切看似終於就緒，搬家工人預定隔天一早會來把所有東西搬走。

但是到了下午四點，麥特被拉進會議室，麥可・艾斯基維和蓋瑞・法蘭佐也在裡面，伊莉莎白從瑞士打電話來跟他們開會（她去向諾華進行第二次展示，距離造成亨利・莫斯利離開的第一次造假展示，已相隔十四個月），她剛剛得知，如果午夜之前沒有清理乾淨，房東會收取二月份的租金，她說她絕對不允許這種事發生。

她指示麥特打電話給搬家公司，請搬家工人馬上來搬。麥特覺得可能性很低，不過同意試試。他走出會議室打電話，搬家公司的調度人員笑說，先生，不行，十一個小時前才重新安排搬遷時間是不可能的。

伊莉莎白不死心，她要麥特打電話給她以前用過的搬家公司，請他們來搬。跟第一家公司不同，這家沒有加入工會，伊莉莎白認為會比較有彈性。不過麥特打電話給第二家公司時，對方強烈建議他放棄這個念頭。對方說，有加入工會的搬家公司都掌控在黑道手裡，Theranos 這麼做有可能招惹上暴力。

就算聽到這麼嚴正的忠告，伊莉莎白還是不肯罷休。麥特和蓋瑞舉出其他窒礙難行之處，試圖說之以理。蓋瑞提出他們那一大堆血液樣本的問題，他指出，就算真的找到人搬家，也要等到第二天才能把所有東西卸到新址，在這之前要怎麼將血液樣本保存在適當溫度下？伊莉莎白說可以利用冷藏貨車，把車停在停車場過夜，不熄火。

鬼打牆幾個小時後，麥特終於成功說服她理性思考。他點出，就算午夜十一點五十九分前把大樓清空，還是得會同州政府官員全部巡一遍，證明他們有好好處理危險物品，畢竟 Theranos 是生物科技公司，而整個過程的安排需要花幾週時間，沒完成之前新房客無法搬進來。

最後還是按照原定計畫在隔天搬家，不過這段插曲成了壓垮麥特的最後一根稻草。他很佩服伊莉莎白，她是他見過最聰明的人之一，也是能激勵人、鼓舞人的領導者。他常開玩笑說，她能賣冰淇淋給愛斯基摩人。不過，他同時對她的不可預測，以及公司連續不斷的混亂感到厭煩。

麥特對自己某部分的工作也愈來愈反感。伊莉莎白要求員工絕對忠誠，要是她從某人身上感受不到忠誠，她會立刻翻臉攻擊。麥特在 Theranos 兩年半以來，已經看過她開除三十個人左右，這還不包括放棄微流控技術時，連同艾德蒙·古一起裁掉的二十幾個人。

每次伊莉莎白開除人，麥特就得從旁助刀。有時不只是將臨走同事的公司網路切斷、把人押送出大樓，她甚至會要求他把那個人的資料彙整成檔案，以便她可以「好好利用」。

麥特尤其後悔幫她做過一件事，跟前任財務長亨利．莫斯利有關。伊莉莎白開除莫斯利之後，麥特要將他筆電裡的檔案轉移到中央伺服器保管時，無意中發現一些不該存在的色情內容，伊莉莎白一得知，便對外宣稱莫斯利就是因此遭到解僱，並以此為由拒絕履行莫斯利的認股權。

莫斯利離開前一直是麥特的頂頭上司，麥特認為他十分稱職地協助伊莉莎白募到很多資金。沒錯，他確實不該用公司筆電看色情內容，但是麥特覺得罪不致死，不該以此做為要脅。更何況，那是事後才發現的，硬說是莫斯利被解僱的理由，有違事實。

此外，約翰．郝爾德受到的對待也令麥特不安。麥特把所有控告麥可．歐康諾的證據細看了一遍，看不出郝爾德有任何做錯之處。郝爾德確實一直跟歐康諾有聯絡，但他婉拒加入歐康諾的公司，可是伊莉莎白卻堅持把這些串連起來，一口咬定他，把他也告進去，完全不顧念郝爾德是她從史丹佛輟學時最早幫助她的人之一：當時公司剛成立，郝爾德大方出借家裡地下室給她做為實驗室之用（Theranos 後來撤銷對三位前員工的告訴，因為歐康諾簽字同意將他的專利權轉讓給 Theranos）。

麥特很早就想成立自己的 IT 顧問公司，他覺得離職去創業的時候到了。他把決定告知伊莉莎白時，她一臉不可置信看著他。她不懂怎麼會有人離開一家即將掀起醫療革命、改變世界的公司而決定自己創業。她以加薪升官來引誘麥特留下，但被他回絕。

待在 Theranos 最後那幾週，過去許許多多同事面臨的事開始降臨在麥特身上。伊莉莎白不再跟他講話，連正眼都不瞧。她要麥特的同事艾德．盧乙斯（Ed Ruiz）填補麥特的遺缺，前提是艾德必須答應把麥特的檔案和電郵好好挖個徹底，但是身為麥特好友的艾德拒絕了。就算要挖，也不會有任何發現的，麥特非常淨身自愛。麥特跟亨利．莫斯利的下場不同，他保住也行使了認股權。二〇〇八年二月，他離開 Theranos 去創業，幾個月後艾德．盧乙斯加入他的公司。

◆ ◆ ◆

位於帕羅奧圖的新辦公室相當不錯，不過，對於一家剛裁掉艾德蒙．古等人而縮水到五十人的新創公司，實在太大了。辦公室一樓是狹長的長方形空間，伊莉莎白堅持把員工集中在一邊，另一邊因而顯得又大又空曠。亞倫．摩爾曾善用這個空間一、二次，慫恿同事一起踢室內足球。

安娜．艾里歐拉突然離職後，亞倫和賈斯汀．麥斯維爾、麥克．包爾利愈走愈近。安娜沒有向他們任何一人提過辭職打算，某一天她就這麼大步走出去，沒有再回來。對這件事最焦慮不安的人是賈斯汀，因為是安娜說服他離開蘋果到 Theranos。不過，他還是保持正面態度，他告訴自己，如果都能搬到帕羅奧圖黃金地段，那就代表這家公司必定做對了什麼。

搬家後不久，亞倫和麥克決定拿東尼．紐金特和戴夫．尼爾森做的愛迪生原型機，進行非正式的「人因工程」（human factors）研究。人因工程是工程術語，意思是把機器交到人的手裡，看看一般人會如何跟機器互動。亞倫很好奇一般人會怎麼處理扎手指這件事，以及後續把血液放進卡匣的步驟，他在內部測試時扎過太多次手指，已經完全無感。

取得東尼同意後，他們把愛迪生放進亞倫的馬自達（Mazda）後車廂，往北開到舊金山，打算帶到朋友們服務的各家新創公司繞繞。首先，他們來到亞倫在舊金山教會區（Mission District）的公寓做點預演。他們把機器放在客廳的木頭咖啡桌上，一一確認每樣所需物品全都就緒：卡匣、取血用的刺血針，還有用來把血放進卡匣裡、被稱為「轉移筆」（transfer pen）的小小注射筒。

亞倫用數位相機把他們做的事一一記錄下來。亦夫．畢哈設計的外殼還沒完成，所以外觀仍很原始，暫時替代的外殼是用灰色鋁板拼接而成，正面鋁板像貓門一樣可往上傾斜，以便卡匣插入，一個簡陋的軟體介面歪歪斜斜放在貓門上。殼子裡面的機器手臂發出巨大摩擦聲響，有時還會撞擊卡匣，吸量管尖頭會啪一聲斷掉，給人感覺這是八年級學生的自然勞作。

亞倫和麥克抵達朋友的公司時，得到的迎接是竊笑和咖啡，儘管如此，大家都很好心，願意協助進行他們的小實驗。其中一站是Bebo，一家社交網路新創公司，幾個星期後被美國線上（AOL）以八億五千萬美元收購。

一整天下來愈看愈清楚，只扎一次手指通常不夠，把血液轉移到卡匣也不是最簡單的部分。受試者必須先用酒精擦拭手指，接著扎入刺血針，再用「轉移筆」把手指冒出的血吸進筆裡，然後按壓筆上的柱塞，把血滴進卡匣裡。很少人一次就做對，亞倫和麥克必須請受試者扎好幾次才行，現場搞得亂七八糟，到處血跡斑斑。

這些困難之處證實了亞倫的猜測：公司低估了這部分的流程。「假設一個五十五歲病人在家裡馬上就能熟練這套過程」是一廂情願的想法，而如果這個部分沒有做對，其他部分再怎麼運作順利都沒用，仍然不會得出有效結果。回到辦公室後，亞倫把自己的發現傳達給東尼和伊莉莎白，但他看得出來他們不覺得那是當務之急。

亞倫愈來愈失望、幻滅。一開始他很相信伊莉莎白的願景，覺得在 Theranos 工作是很興奮的事，但是將近兩年過去，他的熱情已經不再。跟東尼處不來是原因之一，東尼是他的上司，為了脫離東尼麾下，他請求從工程部門調到銷售部門，最近一個週六他甚至開車去逛街買西裝，為的就是希望伊莉莎白讓他一同前往瑞士（向諾華展示），結果並沒有，不過至少她似乎開始認真考慮他的請調。

舊金山之旅結束後幾天，亞倫在家裡啜飲著啤酒，一面下載自己拍的照片，腦海突然閃過一個玩笑念頭。他挑出一張照片（兩台愛迪生原型機並排放在咖啡桌的餐墊上），利用影像處理軟體 Photoshop 假造一則 Craigslist 廣告（譯按：Craigslist 是大型的免費分類廣告網站）。照片上方寫下標題「Theranos 愛迪生 1.0『讀卡機』，大致可用，一萬美元起」，然後下方寫著：

> 出售一組罕見的 Theranos 即時檢測診斷裝置：愛迪生。號稱「醫療界 iPod」的愛迪生，是一個半攜帶式免疫化學平台，只要扎手指取得人類或動物的血液樣本，便可執行多種蛋白質分析……。
>
> 這兩台裝置是我最近買進，因為我以為自己有敗血性休克死亡的風險，現在我檢測了我的蛋白 C，發現位於四微克／毫升安全範圍內，所以不再需要這種試驗性生產的血液分析裝置。我損失，你賺到！
>
> 兩台售價一萬美元、一台六千，若以未進入臨床測試的類似診斷裝置交換也可考慮

（譬如羅氏〔Roche〕、Becton-Coulter〔編按：原始內容將 Beckman Coulter 誤植為 Becton-Coulter；作者以原文照登方式呈現錯字〕、Abaxis、Biosite 等）。隨機附有一次性使用的卡匣、防護箱、直流變壓器、歐盟變壓器、各種集取血液的配件和吸血蟲等。

亞倫印出這則搞笑廣告，第二天帶去上班。賈斯汀和麥克在他桌上看到，覺得十分搞笑，麥克覺得應該讓更多人看到，於是貼到男廁牆上。

然後突然引來一陣騷亂。有人撕下廣告拿給伊莉莎白，她誤以為真，緊急召開會議，召集高階主管和律師。她把它當成一起預謀多時的產業間諜案，要求立刻調查，揪出主謀。

亞倫認為最好在事情一發不可收拾前招認。他一臉不好意思地站出來向東尼自首，他解釋，那只是個惡作劇，沒有惡意，他以為大家會覺得好玩。東尼似乎能理解，他在羅技工作時也參與過幾次惡搞，但他警告亞倫，伊莉莎白氣炸了。

那天稍晚，伊莉莎白把亞倫叫進辦公室，瞪著他，雙眼彷彿要射出箭來。她說對他很失望，絲毫不覺得他的廣告好笑，其他員工也是，他的玩笑對努力做出產品的人很不尊重，他別想調到銷售團隊了，她不能派他去面對客戶，他無法代表公司。亞倫走回自己的辦公隔間，心裡知道這下被伊莉莎白打入冷宮了。

反正，調到銷售部門大概也不是明智做法。亞倫不知道的是，有個麻煩正在銷售部門的角落醞釀著。銷售行銷部門來了一位主管塔德．瑟帝（Todd Surdey），以前這個角色是伊莉莎白自己擔任。

塔德是銷售方面十分出色的高階主管，進入Theranos前曾在幾家知名企業服務，包括上個公司是德國軟體巨擘思愛普（SAP）。他身材健美，長相俊帥，一身體面西裝，每天開著BMW豪華汽車到公司。到了午餐時間，他會從後車廂拖出一輛碳纖維公路車，騎到附近小山。亞倫也喜歡騎腳踏車，因為惡作劇而受罰前，曾經陪塔德騎過幾次，想跟他成為朋友。

塔德兩個銷售部門的部屬都在東岸，因為大藥廠的總部都在那裡。其中一位是蘇珊．迪吉莫（Susan DiGiaimo），工作地點在她紐澤西家中，她在Theranos做了將近兩年。蘇珊陪伊莉莎白向藥廠進行過多次推銷，每次聽到伊莉莎白向藥廠開空頭支票，她總感到不自在。藥廠高層詢問Theranos系統能不能依照他們的需求客製化時，伊莉莎白總是回答：「當然可以。」

塔德上任不久就問了蘇珊一堆問題，關於伊莉莎白跟藥廠交易的預估收入。伊莉莎白有一份詳細的預估營收試算表，上面的數字都很大，每一筆都是以千萬美元為單位。蘇珊告訴塔德，就她所知，那些數字膨風得太過分。

而且，除非Theranos向每家合作藥廠證明它的血液系統可行，不然是不會有大筆營收進帳的。為此，每筆交易都訂有一個初步試驗，就是所謂的「驗證期」，只要藥廠不滿意試驗結果便會掉頭走人，交易隨之告吹。

二〇〇七年的田納西研究就是與輝瑞簽訂的驗證期，目標是證明Theranos有能力測量三種蛋白質血液濃度（體內有腫瘤成長時所產生的過多蛋白質），協助輝瑞評估病人對藥物的反應。若Theranos無法找出病人的蛋白質濃度和藥物之間的關聯，輝瑞就會終止合作，而伊莉莎白根據交易所做的營收預估，就會變成虛構。

蘇珊還告訴塔德，她從未看過任何通過驗證的資料。她跟伊莉莎白一起去做展示時，裝置常常故障，他們才剛去諾華做的展示就是如此。二〇〇六年底去諾華做了第一次展示，那次提姆・坎普從加州傳了造假的結果到瑞士，之後伊莉莎白仍持續追求這家藥廠的青睞，安排二〇〇八年一月二度造訪諾華總部。

第二次展示的前一晚，蘇珊和伊莉莎白在蘇黎世一家飯店裡，扎手指扎了兩個小時，希望取得一致的測試結果，但徒勞無功。隔天早上他們現身諾華位於瑞士巴塞爾（Basel）的辦公室，情況更糟，在滿場的瑞士高階主管面前，三台愛迪生讀卡機都出現錯誤訊息，蘇珊尷尬到不行，但伊莉莎白還是冷靜沉著地歸因於技術上的小毛病。

根據蘇珊和帕羅奧圖員工得來的情報，塔德愈來愈相信Theranos董事會被誤導，他們誤信了這家公司的財務和技術現況。於是，他向與他友好的法務長麥可・艾斯基維提出自己的憂慮。

結果，麥可自己也開始起疑心。一次午餐時間，麥可和新辦公室一位同事一起跑步，跑到地標「史丹佛電波望遠鏡」（Stanford Dish）再回來。他向同事提到不要對公司與藥廠的合作太高興，他沒多做解釋，不過同事看得出有事情困擾著他。

二〇〇八年三月，塔德和麥可去找董事湯姆・布羅定（Tom Brodeen），告訴他，伊莉莎白向董事會宣傳的營收預估並非基於事實，而是過度誇大的數字。產品都還沒完成，怎麼可能有那麼亮麗的數字。

布羅定是老練的生意人，六十五歲左右，除了擁有幾家科技公司，一家知名顧問公司也是他的。他進入 Theranos 董事會並不久，二〇〇七年秋天在唐納・盧卡斯的邀請下才加入，基於新上任的身分，他建議塔德和麥可直接去找董事長盧卡斯。

幾個月前艾維・特凡尼安才提出同樣的顧慮，現在又有人來，盧卡斯這次可就嚴肅看待了。一方面他也不得不如此，因為塔德是創投金主布蘭登・卡森（B. J. Cassin）的女婿，而卡森是 Theranos 的投資人。盧卡斯和卡森是多年老友，兩人在同一時間入股，也就是二〇〇六年初 Theranos 進行 B 輪募資時。

盧卡斯在他位於沙丘路的辦公室召開緊急會議，董事們——盧卡斯、布羅定、錢寧・羅伯森，還有彼得・湯瑪斯（Peter Thomas，專門投資新創公司早期階段的「ATA 創投」創辦人）——在裡面開會，伊莉莎白被要求在門外等候。

經過一番討論，四人達成共識：免除伊莉莎白的執行長職務。她太年輕、經驗不夠，不足以擔任執行長。湯姆・布羅定會暫時介入主導公司，直到找到常任替代人選。

但是，事情出現了意想不到的轉折。

接下來兩個小時，伊莉莎白成功說服他們改變心意。她告訴他們，她承認自己的管理有問題，也承諾會改變，她以後會更透明、更快速回應，下不為例。

布羅定已經退休，其實並不想出來再經營一家新創公司，尤其還是自己不熟悉的領域，所以他採取中立立場，冷眼旁觀伊莉莎白恰如其分地端出懊悔，再搭配個人魅力，一步步贏回其他三位董事同僚的心。他覺得那是一場令人印象深刻的表演，擅長企業內鬥的執行長老手都不見得能像她一樣逆轉局勢，這令他想起一句古老諺語：「如果要對國王發動攻擊，務必一擊斃命。」塔德．瑟帝和麥可．艾斯基維對國王發動了攻擊（更精確來說是女王），但是她全身而退。

♦ ♦ ♦

女王一點時間都沒浪費，立刻出手鎮壓造反者。伊莉莎白先開除瑟帝，幾週後輪到艾斯基維。對亞倫．摩爾、麥克．包爾利、賈斯汀．麥斯維爾來說，這波新的整肅行動又是一次負面發展。他們不知道到底發生了什麼，但是知道 Theranos 失去了兩個好員工。塔德和麥可不只是跟他們合得來的好人，而且是聰明又有原則的同事，套用麥克．包爾利的話：他們都是好模子刻出來的人。

這次解聘事件，讓賈斯汀對 Theranos 更加失望了。員工流動率之高是他前所未見的，而不誠實的公司文化同樣令他苦惱再三。

罪魁禍首是提姆．坎普，軟體團隊主管。提姆是個應聲蟲，對於哪些可行、哪些不可行，他從不向伊莉莎白據實以告。舉個例子，他反駁賈斯汀的說法，向伊莉莎白保證用 Flash 寫愛迪生軟體的使用介面會比用 JavaScript 更快。隔天早上，賈斯汀就在自己桌上看到一本「學習 Flash」的書。

伊莉莎白從不責罵提姆，即使明知道他玩兩面手法也一樣。她重視的是他的忠誠，在她看來，提姆從不說「不」正代表他勇於任事，至於很多同事認為提姆是個庸才、是糟糕的經理人，就不是那麼重要了。

伊莉莎白有一件事也令賈斯汀很不以為然。某晚，他在電郵往返中向伊莉莎白要一份他寫軟體需要用到的資料，她回覆明天早上進公司再找給他，言下之意顯然是她已經回家，但幾分鐘後賈斯汀卻在東尼．紐金特辦公室撞見她，賈斯汀氣得奪門而出。

過了一會兒，伊莉莎白到賈斯汀辦公室，她說她能理解他為什麼不高興，但是她警告：「以後不准再這樣掉頭走人。」

賈斯汀告訴自己，伊莉莎白很年輕，在公司經營上還有很多需要學習。在他們最後一次郵件往返中，賈斯汀向她建議兩本管理書籍，一本是《拒絕混蛋守則》（*The No Asshole Rule*），另一本是《有話為何不直說？》（*Beyond Bullsh*t*），還附上亞馬遜網站的購書連結。

兩天後他辭職，辭職信寫著：

> 祝好運，請務必閱讀那兩本書，也看看電視影集《我們的辦公室》（*The Office*），請相信意見跟妳相左的人……說謊是很令人反感的習慣，但是這裡的言談卻充斥謊言，彷彿理所當然。這種文化疾病應該先治癒，才有資格去對付肥胖症……我對妳並無惡意，因為妳相信我所做的事，也希望我在 Theranos 有所成就，我覺得我有義務在離職前把這些告訴妳，

因為沒有人資（HR）可以做正式記錄。

伊莉莎白很不高興，把他叫進辦公室，告訴他，她不接受他的批評，要求他「有尊嚴的」辭職。賈斯汀同意協助工作順利移交，他寫了封信給同事們，詳細說明他所做的各件案子放在何處，但是他坐下來寫信時，忍不住還是把自己對那些案子的想法寫進去，惹來伊莉莎白最後一次斥責。

亞倫．摩爾和麥克．包爾利多留了幾個月，但是心早已不在。新辦公室的好處之一是，大樓門口上方有個大陽台，麥克搬來幾張躺椅和吊床，亞倫和麥克會躲到那裡喝咖啡休息許久，一面談笑，一面舒服地享受午後陽光溫暖他們的臉龐。

亞倫覺得必須有人去告訴伊莉莎白踩煞車，停止將還不能用的產品商品化，可是要能讓她聽得進去，必須由提姆、蓋瑞、東尼這三位資深主管出馬，而他們沒有一個人願意這樣做。東尼承受了很多來自伊莉莎白的壓力，也受夠了亞倫的抱怨，他要亞倫自己離開公司，「去找個地方能讓你當小池塘裡的大魚。」他這麼告訴亞倫。

亞倫同意是他離開的時候了。出乎他意料的是，伊莉莎白竟然說服他留下。原來，雖然他惡作劇，伊莉莎白仍然十分看重他。不過他心意已決，在二〇〇八年六月離職。麥克．包爾利在十二月跟進，蘋果小分隊至此已全數離開，結束了這家公司的混亂期。伊莉莎白從一場董事會流產政變存活了下來，重新緊握大權。留下來的員工期待平靜、安穩的日子，但是沒多久希望就破滅了。

| FIVE |

兒時鄰居的專利訴訟

伊莉莎白忙著發展事業的同時，遠方有個家族舊識對她的事業很感興趣。他的名字是理查・傅伊茲（Richard Fuisz），是位創業家兼醫療發明家，極為自負，出身背景多采多姿。

霍姆斯和傅伊茲兩家是二十年舊識。他們結識於一九八〇年代，同為住在 Foxhall Crescent 的鄰居，那是華盛頓特區一個蓊蓊鬱鬱的社區，家家戶戶尊貴不凡，四周森林環抱，緊鄰波多馬克河（Potomac River）。

伊莉莎白的媽媽諾兒和理查的太太蘿芮（Lorraine）建立起好交情。兩人當時都是全職媽媽，在家照顧年齡相近的兒女，蘿芮的兒子和伊莉莎白同班，就讀當地的聖派翠克主教私立小學（St. Patrick's Episcopal Day School）。

諾兒和蘿芮常出入彼此家中，兩人都偏愛中國菜，總是趁孩子上學時外出共進午餐。伊莉莎白和弟弟會去參加傅伊茲家小孩的生日派對，在傅伊茲家的游泳池嬉戲。有一晚，傅伊茲家停電，男主人又不在，霍姆斯家於是收留蘿芮和兩個孩子——賈斯丁（Justin）和潔西卡（Jessica）過夜。

不過，兩位人夫的關係就沒那麼溫馨了。相較於克利斯勤．霍姆斯必須靠政府薪水餬口，理查．傅伊茲是個成功生意人，也從不羞於炫耀。傅伊茲是領有證照的合格醫師，幾年前賣掉一家製作醫療訓練影片的公司，得手五千多萬美元，出門以保時捷和法拉利代步。他同時也是醫療發明家，透過授權自己的專利坐收權利金。有一次兩家人一起到動物園郊遊，賈斯丁．傅伊茲到現在還記得當時伊莉莎白的弟弟告訴他：「我爸說你爸是王八蛋。」賈斯丁事後轉述給媽媽，蘿芮認為那是嫉妒心理作祟。

金錢的確是霍姆斯家的痛處。克利斯勤的祖父克利斯勤．霍姆斯二世（Christian Holmes II）散盡家財，在夏威夷小島過著揮霍享樂的生活，而父親克利斯勤三世（Christian III）則是石油生意失敗，敗光剩餘的財產。

不管克利斯勤心裡有什麼憤恨，都無法阻止諾兒和蘿芮兩人成為好友。即使霍姆斯一家搬走（先搬到加州，接著搬到德州），她們仍保持固定聯絡。霍姆斯一家在那兩次搬家之間，回到華盛頓特區小住過一段時間，傅伊茲夫婦帶他們到一家高級餐廳，慶祝諾兒四十歲生日。這次是出自蘿芮的安排，為了補償克利斯勤沒有替太太辦慶生會。

後來，蘿芮到德州造訪過諾兒幾次，兩人也曾結伴到紐約市逛街購物、觀光。有一次她們把孩子也帶去，入住公園大道（Park Avenue）的麗晶飯店（Regency Hotel）。從那次旅行拍攝的一張照片中可以看到，伊莉莎白站在中間，左右兩臂各挽著媽媽和蘿芮，三人站在飯店前，伊莉莎白身穿淺藍色夏日洋裝，頭上繫著粉紅色蝴蝶結。後來幾次旅行，諾兒和蘿芮把小孩留在家，入住傅伊茲家在紐約買下的公寓，就位於西中央公園的川普國際飯店（Trump International Hotel）大樓。

二〇〇一年，克利斯勤．霍姆斯的事業遇到困境。他離開天納克公司，任職於休士頓最知名企業安隆（Enron，編按：破產之前，是世界上最大的電力、天然氣以及電訊公司之一），直到安隆的詐欺行徑曝光，並在同年十二月宣告破產之後，他跟其他數千名員工一起丟了工作。事件過後，他去拜訪理查．傅伊茲尋找工作機會，同時徵詢做生意的建議。傅伊茲根據自己的一項發明（一種細長薄片，可在嘴裡溶化，比傳統藥丸更能快速將藥物送進血液），和上一段婚姻所生的兒子喬（Joe）共同開了家新公司，父子兩人在維吉尼亞大瀑布市（Great Falls）的辦公室一起經營管理。

喬．傅伊茲回憶，克利斯勤．霍姆斯上門時一臉憔悴、悶悶不樂，若有所思地說他想嘗試顧問業，還說他和諾兒很想搬回華盛頓。理查．傅伊茲剛在麥克林地區（McLean）富裕的環城公路郊區買下新房子，於是向克利斯勤提議住進他和蘿芮剛搬離的對街房子，不收房租，他們因為嫌麻煩遲遲未招租。克利斯勤用嘴型說出「謝謝」二字，但沒有接受這份好意。四年後克利斯勤拿到世界自然基金會（World Wildlife Fund）的工作，這才真的跟諾兒搬回華盛頓。一開始他們跟朋友一起住在大瀑布市，一邊尋找落腳處。諾兒到處看房子時，常常打電話給蘿芮報告最新找房進展。

有一天兩人共進午餐，話題聊到伊莉莎白以及她正在做的事。諾兒得意地告訴蘿芮，她的女兒發明了一種戴在手腕的裝置，可以分析血液，還成立公司要將產品商品化。其實，當時 Theranos 已經捨棄伊莉莎白最初的貼片點子，不過比起諾兒透露的一連串大事，細節稍微有誤無傷大雅。

回家後，蘿芮把諾兒的話轉述給丈夫，心想同為醫療裝置發明人的丈夫可能會感興趣，只是她應該沒料到他會有何反應。

理查・傅伊茲是個虛榮自負又高傲的人，一想到老鄰居的女兒在他專精的領域成立公司，卻沒來向他求助，甚至連徵詢意見都沒有，他覺得強烈被冒犯。後來，他在一封電郵中提到：「想到霍姆斯一家那麼欣然接受我們的招待（紐約大樓公寓、晚餐等），更叫我無法釋懷他們連來問個意見都沒有。基本上這背後的意思就是：『我要喝你的酒，但不徵詢你的專業意見，而酒錢還是從那個專業賺來的。』」

傅伊茲曾有一段對他人的輕視耿耿於懷甚至懷恨在心的歷史。不管時間過了多久，他都要向惹到他的人報一箭之仇，最好的例子就是他跟韋能・洛克斯（Vernon Loucks）——百特醫療用品製造商（Baxter International）執行長——一段歹戲拖棚的長久宿怨。

從一九七〇年代到一九八〇年代初，傅伊茲常去中東，那裡是他的醫療教育影片公司梅德康（Medcom）最大的市場。回程時，他通常會在巴黎或倫敦停留一晚，再從那裡搭協和客機（英國航空和法國航空聯營的超音速客機）回紐約。一九八二年有一次，他在巴黎雅典娜廣場飯店（Plaza

Athénée Hotel）偶遇洛克斯，當時百特公司急於打入中東市場。共進晚餐時，洛克斯提出以五千三百萬美元收購梅德康的意願，傅伊茲接受了。

原本說好，納入百特旗下後傅伊茲繼續留任三年，但洛克斯在收購完成後就解僱他，於是傅伊茲上法院控告百特非法解僱。他宣稱，洛克斯之所以解僱他，是因為他不願以二百二十萬美元賄賂沙烏地阿拉伯一家公司，好讓百特從阿拉伯的黑名單（因為與以色列有生意往來而上榜）除名。

雙方在一九八六年達成和解，百特同意給傅伊茲八十萬美元，不過事情並沒有就此結束。傅伊茲飛到百特位於伊利諾州迪爾菲爾德（Deerfield）總部簽署和解書時，洛克斯不願與他握手，此舉激怒了傅伊茲，他準備再次反擊。

一九八九年，百特從阿拉伯杯葛的企業名單中除名，這給了傅伊茲一個報仇的機會。當時傅伊茲過著兩面生活，不為人知的那面是中情局臥底探員，幾年前他在《華盛頓郵報》（*The Washington Post*）看到中情局招募廣告，自願加入。

他的情報工作是運用中情局的資產到中東各地設立空殼公司，以非大使館為掩護來運作，以免受到當地情報機關監視。其中一家空殼公司是，供應鑽油平台工人給敘利亞國營石油公司（他在敘利亞的人脈關係尤其廣泛）。

傅伊茲猜想，百特必定是以詭計欺騙才重獲阿拉伯國家喜愛，於是決定動用敘利亞的人脈來拆穿。他派出他招募的女性情報員取得一份備忘錄，備忘錄存檔於阿拉伯國家聯盟委員會（負責執行杯葛的單位）位於大馬士革的辦公室。上面寫著，百特已提供詳細的文件給該委員會，證明百特已於最近售出以色列工廠，並承諾不會在以色列進行新投資，也不會賣新技術給以色列。百特此舉違反了美國的反杯葛法，反杯葛法制訂於一九七七年，明文禁止美國公司參與任何外國杯葛行動，也不可向黑名單上的官員提供任何證明配合杯葛行動的資料。

傅伊茲將這份爆炸性備忘錄一份影本寄給百特董事會，另外還寄了一份給《華爾街日報》（*The Wall Street Journal*），後者以頭版篇幅刊出。傅伊茲並不想讓事件就此平息，接著，他取得百特法務長寫給敘利亞軍隊將領的信，並且將信洩漏出去，信中證實備忘錄確實不假。

美國司法部於是展開調查。一九九三年三月，百特不得不俯首承認違反反杯葛法，付出民法與刑法總計六百六十萬美元的罰款，同時不得承包聯邦政府標案四個月、禁止在敘利亞和沙烏地阿拉伯做生意兩年，此外，商譽受損也連帶使它失去一家大醫院集團五千萬美元的合約。

對大多數人來說，這樣的正義已經足矣，但對傅伊茲可不夠。洛克斯居然能從這起醜聞全身而退、繼續當百特執行長，這令他很不爽，他決定讓敵人嘗嘗尊嚴掃地的滋味。

洛克斯是耶魯大學校友，擔任耶魯社團法人（該校的治理機構）董事，同時也是募款主席，身為董事的他每年固定會出席畢業典禮。一如以往，那年五月他來到耶魯大學所在的康乃狄克州紐哈芬市（New Haven）。

傅伊茲透過兒子喬（他前一年才剛從耶魯畢業），跟一個名叫班．戈登（Ben Gordon）的學生搭上線，他是「耶魯以色列之友」組織的會長。他們共同籌畫了畢業日抗議行動，散發「洛克斯是耶魯之恥」的標語和傳單，最高潮的戲碼是，傅伊茲雇了渦輪螺旋槳發動機飛越校園上空，機尾拖著一條長長的旗幟上面寫著：「洛克斯下台！」

三個月後，洛克斯辭去耶魯董事職位。

不過，若以傅伊茲對洛克斯的復仇來類推他會對Theranos採取的行動，那就太過簡化了。雖說傅伊茲被霍姆斯的「忘恩負義」給惹惱了，但他同時是個機會主義者。他會先預測其他公司日後需要的東西，早一步發明出來申請專利，再透過授權賺大錢。其中獲利最豐的發明是利用棉花糖機的原理，將藥物變成快速溶解的膠囊，這個點子發想自一九九〇年代初，他帶女兒去賓州園遊會時。後來，他把根據此項專利成立的上市公司賣給加拿大的藥廠，售價一億五千四百萬美元，他個人入袋三千萬美元。

聽完蘿芮轉述諾兒的話之後，傅伊茲坐在電腦前上網搜尋「Theranos」。他這棟位於麥克林的豪宅有七個房間，占地廣闊，就連書房都是好大一間，有挑高的拱形天花板和一個超大石頭壁爐，他的傑克羅素㹴犬（Jack Russell）喜歡在他工作時躺在壁爐前。

傅伊茲找到了那家新創公司的網站，首頁大略介紹了Theranos正在開發的微流控系統，「新聞」欄目下有個網頁連結到一場廣播訪談，是幾個月前（二〇〇五年五月）伊莉莎白上公共廣播電台（NPR）的《生技美國》（BioTech Nation）節目片段。訪談中，她對她的血液檢測系統做了更詳細的說明，也解釋她預見的應用：在家監控藥物不良反應。

傅伊茲把訪談內容反覆聽了好幾次，同時凝視著窗外院子的鯉魚池。他斷定伊莉莎白的願景有其優點，不過身為科班出身的醫師，他同時也看出一個能好好利用的潛在弱點：病人要能夠在家用Theranos裝置監控他們對藥物的耐受性，就必須有個內建機制可以在異常結果出現時警示醫生。

他看到一個商機，只要取得那個必要環節的專利權，日後勢必有錢可賺，不是從Theranos那裡賺來，就是從其他人身上。三十五年的醫療發明專利經驗告訴他，這類專利的獨家授權可拿到四百萬美元之多。

二〇〇五年九月二十三日星期五晚上七點半，傅伊茲寄了封電郵給他長期合作的專利律師艾倫・司基維利（Alan Schiavelli），他隸屬於Antonelli, Terry, Stout & Kraus法律事務所，主旨欄是「血液分析——異常（個人）」：

艾倫：

我和喬要申請以下專利。檢查血糖、電解質、血小板活性、血容比（hematocrit）等各種血液指數，是一種已知的技術。

我們想透過記憶體晶片或其他類似儲存裝置再予以改進，記憶體晶片可用電腦或類似裝置來內建程式，並且輸入該病患的「正常參數」，如此一來，若結果偏離正常參數太多，就會對使用者或健康專業人士發出警告，以便他們再度取樣測試。若再次測試仍得出偏離正常的結果，這個裝置便會透過現有已熟知的技術聯繫醫師、醫療中心、藥廠等。

請於下週告知能否處理，謝謝。

理查．傅伊茲

司基維利忙於其他事，一連幾個月都沒回覆，傅伊茲在二〇〇六年一月十一日終於收到回音，因為他又寄了封電郵表示要修改原本構想：他的示警機制要改成用「條碼或無線電標籤」，附在病患所服用藥物的藥品說明書，血液檢測裝置裡的晶片會掃描條碼，如此就完成設定。如果病患血液呈現對藥物產生副作用，裝置就會自動發出警告給主治醫師。

接下來他們又往返了幾封電郵、修改構想，最後寫成十四頁的申請書，二〇〇六年四月二十四日正式向美國專利商標局（USPTO）提出申請。這份申請書並未宣稱是發明了開創性新技術，而是把現有技術結合成一個向醫師示警的機制，可嵌入其他公司生產的家用血液檢測裝置。申請書裡並沒有掩飾它所針對的公司，在第四段直接點名Theranos，並且引述其網站說法。

專利申請提出後，要經過十八個月才會對外公開，所以伊莉莎白跟父母起初對他的所作所為一無所知，蘿芮．傅伊茲和諾兒．霍姆斯仍然固定見面。霍姆斯一家入住他們在威斯康辛大道（Wisconsin Avenue）買的新公寓，距離海軍天文台（Naval Observatory）不遠，蘿芮有幾次開車從麥克林過去，穿著一身慢跑服陪諾兒在住家附近散步。

有一天諾兒到傅伊茲家吃午餐，理查也一起坐在由石頭砌成的戶外大露台，聊天話題談到伊莉莎白。她剛登上《企業》（*Inc.*）雜誌，跟其他幾位年輕創業家同列榜上，包括臉書的馬克・祖克伯（Mark Zuckerberg）。女兒開始躍上媒體，諾兒非常引以為傲。

三人小口吃著蘿芮從麥克林一家美食餐廳買來的佳餚，這時，傅伊茲用施展魅力時慣用的甜膩嗓音對諾兒說他可以協助伊莉莎白，他說，Theranos 這種小公司很容易被大公司占便宜。他沒有透露任何他的專利申請，不過這番話已經足以引起霍姆斯夫婦的戒心。從那次開始，兩對夫妻的互動充滿緊張。

二〇〇六年最後幾個月，傅伊茲和霍姆斯兩對夫婦吃過兩次晚餐。一次在日本餐廳「壽司好」（Sushiko），就在克利斯勤和諾兒新家的路口。那晚克利斯勤吃得不多，他告訴傅伊茲夫婦，他去帕羅奧圖看伊莉莎白時，最近剛動的手術引發併發症，他不得不特別繞到史丹佛醫院。還好伊莉莎白的男友桑尼幫他安排了醫院的 VIP 套房，而且付清了醫藥費。

話題聊到那年稍早剛結束 B 輪募資的 Theranos。克利斯勤提到，這次募資吸引到矽谷幾位最有分量的投資人，他說這是個好兆頭，因為他和諾兒也投資了三萬美元，那是他們準備支付伊莉莎白史丹佛學費的錢。

接著不知為什麼，這頓晚餐明顯火氣愈來愈大。理查和克利斯勤本來就不對盤，可能理查說了什麼話惹毛克利斯勤，根據蘿芮的說法，反正克利斯勤開始批評她身上的香奈兒（Chanel）項鍊。後來他們付完帳單，漫步走到威斯康辛大道，克利斯勤說出有威脅意味的話，他提到約翰・傅伊茲（John Fuisz，傅伊茲第一段婚姻另一個兒子）在他好友的公司上班。約翰・傅伊茲的確是 McDermott

Will & Emery 法律事務所（簡稱 McDermott）的律師，而克利斯勤最好的朋友恰克．沃克（Chuck Work）正是 McDermott 事務所資深合夥人。

事後，諾兒和蘿芮的情誼也開始磨損。她們兩人是很奇怪的組合，蘿芮出身紐約皇后區勞工階級，從她粗俗的紐約市口音就可略知一二，而諾兒是華府名門世家之女的典型，青春歲月有段時光在巴黎度過，當時她父親奉派到美國歐洲司令部（EUCOM）總部。

接下來幾個月，兩位女性又一起喝了幾次咖啡，不過，克利斯勤因為懷疑理查．傅伊茲有所圖謀而堅持同行，搞得雙方互動更顯尷尬緊張。其中有一次在喬治城的 Dean & DeLuca 咖啡館，聊到蘿芮的兄弟剛過世，留下一隻貓，蘿芮苦於不知如何處理。一旁的克利斯勤似乎被惹惱，他告訴蘿芮直接丟掉就好，還做出把貓抓進袋子裡的動作，一邊語出不耐地說：「貓又不是什麼重要的事。」

霍姆斯夫婦搬回華盛頓之後，諾兒便開始光顧蘿芮常去的那家髮廊，就在維吉尼亞泰森角（Tysons Corner）。他們是同一位髮型師克勞蒂雅（Claudia），有一次為蘿芮剪髮時，克勞蒂雅問她是不是跟諾兒有什麼不愉快，顯然諾兒常跟克勞蒂雅吐苦水，尷尬不已的蘿芮說，她不想談這件事，便轉移了話題。

二〇〇七年耶誕節左右，蘿芮和諾兒又見了一次，當時蘿芮帶著蛋糕造訪霍姆斯家，伊莉莎白正好回去度假，想必知道父母跟傅伊茲家出現裂痕的她，沒多說什麼，還用斜眼偷瞄媽媽的朋友。

一週後，二〇〇八年一月三日，傅伊茲的專利申請開始對外公開，只要透過美國專利商標局的線上資料庫就能查到，不過 Theranos 並不知道這項專利的存在，直到五個月後蓋瑞．法蘭佐（Theranos

的化學團隊主管）看到並告訴伊莉莎白。這時霍姆斯夫婦和傅伊茲夫婦已經互不理睬，傅伊茲跟太太閒聊時還把自己的專利稱為「Theranos 殺手」。

那年夏天，克利斯勤・霍姆斯前往 McDermott 事務所，探訪老朋友恰克・沃克，其華府辦公室就距離白宮東邊兩個街區。克利斯勤和恰克是多年老友，兩人相識於一九七一年，當時恰克開車載他到美國陸軍預備隊（Army Reserve）開會。雖然恰克年長五歲，但兩人很快就發現彼此有很多共同點，兩人都來自加州，念同一所高中和大學：加州克萊蒙特（Claremont）的韋伯中學（Webb Schools），以及康乃狄克州米德鎮（Middletown）的衛斯理安大學（Wesleyan University）。

多年來，恰克常助克利斯勤一臂之力。安隆垮台後，他讓克利斯勤在他事務所的訪客辦公室找工作；伊莉莎白的弟弟（也叫克利斯勤），因為所謂的惡作劇（跟電影放映機有關）而不得不離開休士頓聖約翰高中時，恰克幫忙把他弄進韋伯中學，因為他是該校董事；伊莉莎白後來從史丹佛休學、必須申請第一個專利時，恰克幫她找上他在 McDermott 專門處理專利的同事。

克利斯勤在二〇〇八年那個夏日正是為此而來。克利斯勤很焦躁，他跟恰克說，有個叫理查・傅伊茲的人偷了伊莉莎白的點子，搶先取得專利。克利斯勤還特別提到，傅伊茲有個兒子也在 McDermott 工作，叫做約翰。恰克依稀知道約翰・傅伊茲是誰，他們曾經因為某個案子而有交集，在公司碰過一、二次，他也知道 McDermott 擔任 Theranos 的專利律師好幾年，因為當初就是他牽的線，但其他事他就毫無頭緒了，他不知道理查・傅伊茲是誰，也不知道克利斯勤所說的專利是什麼，不過為了幫幫老朋友，他還是答應跟伊莉莎白碰面。

幾週後，二〇〇八年九月二十二日，伊莉莎白上門會見恰克以及律師肯・凱吉（Ken Cage）。McDermott 事務所搬到十三街的羅伯特・斯登（Robert A. M. Stern）石灰岩大樓時，恰克是執行合夥人，因此八樓最大、最好的角落辦公室留給了他。伊莉莎白把她的血液檢測機器也運了過來，坐進緊鄰灣景大窗的兩張小沙發之一，她並沒有說要展示這台裝置，不過恰克覺得第一眼令人印象深刻，那是個閃亮、黑白相間的大立方體，有個明顯很像 iPhone 的數位觸控螢幕。

伊莉莎白直接切入重點，她想知道 McDermott 是否願意代表 Theranos 控告理查・傅伊茲。肯・凱吉說他們可以研究提起「專利衝突」訴訟，如果伊莉莎白要的話。專利衝突訴訟是指，如果同一個發明有兩人提出專利申請，會由專利商標局判定是誰先想出該發明，由勝者取得專利，即使比較晚提出申請仍無礙其取得專利。肯・凱吉專門處理這類案件。

但是恰克對此有所遲疑。他告訴伊莉莎白他得考慮一下，還得跟幾個同事談談，同時提及傅伊茲有個兒子在這裡工作，情況很尷尬。聽到恰克提起約翰・傅伊茲，伊莉莎白沒有放過，她等很久了，立刻開口問，有沒有可能是約翰取得 McDermott 內部的 Theranos 機密檔案，洩露給他父親。

恰克覺得不太可能，這種事是會造成律師被開除、取消律師資格的。約翰是專利訴訟律師，他在 McDermott 並不屬於負責草擬、提出申請的專利申請團隊，沒有理由可以取得 Theranos 檔案，更何況他還是事務所的合夥人，有什麼理由要做這種自掘事業墳墓的事？沒有道理。

再者，Theranos 兩年前（二〇〇六年）已經把所有專利工作，轉給矽谷的 WSGR 法律事務所，恰克記得當時克利斯勤還打電話給他，充滿歉意地說是賴瑞·艾利森堅持要伊莉莎白用那家事務所，McDermott 基於義務已經把所有資料移交給他們，什麼都沒留，就算是內部律師也沒有任何東西可取得。

伊莉莎白離去後，恰克徵詢了專利申請團隊和專利訴訟團隊的負責人，後者正是約翰·傅伊茲的上司，他們告訴恰克，看起來 Theranos 向理查·傅伊茲提起專利衝突是有理有據的，但是約翰·傅伊茲是公司優秀的合夥人，公司提出專利訴訟跟旗下合夥人的父母打對台，未免太混亂。於是，恰克決定回絕伊莉莎白的請求，幾週後，他透過電話把決定告訴伊莉莎白，恰克和 McDermott 以為這件事會就此打住，不會再聽到任何相關訊息。

| SIX |

桑尼

雀兒喜・布爾克（Chelsea Burkett）操到累壞了。那是二〇〇九年夏末，她在帕羅奧圖一家新創公司上班，每天工時很長，一個人的工作量在較大型公司是五個人在做。不是她不肯努力，她跟多數二十五歲史丹佛畢業生一樣，血液裡流著「努力」基因，但她渴望激勵，卻無法從現在的工作得到。她服務於Doostang，金融人才求職網站。

雀兒喜是伊莉莎白在史丹佛最好的朋友之一。她們大一住在學校的威爾伯宿舍（Wilbur Hall，校園最東邊的一個大型集合住宅），比鄰而居，結識後便一拍即合。初次見面時，伊莉莎白身穿紅白藍相間、寫著「別惹德州人」字樣的T恤，臉上掛著大大微笑，雀兒喜覺得她很甜美、聰明又風趣。

兩人都是喜歡社交、外向的人，有一樣的藍眼睛，一起喝酒、一起跑趴、一起宣誓加入姐妹會（部分原因也是為了得到較好的住宿）。不過，雀兒喜是個還在找尋自我的一般女孩，而伊莉莎白似乎很清楚自己想成為什麼、做什麼，大二開學返校時，她就拿著自己寫好的專利申請，雀兒喜佩服得五體投地。

伊莉莎白休學去創辦 Theranos，接下來五年兩人仍保持聯絡，不常見面，但偶爾傳傳簡訊。有次傳訊時，雀兒喜提到她工作倦怠，伊莉莎白回她，「要不要乾脆來我這裡工作？」

於是雀兒喜來到伊莉莎白在山景大道的辦公室找她，沒多久就被這位朋友說動了。伊莉莎白熱情地描繪一個未來，她公司的技術可以救人性命，對雀兒喜來說，這聽起來比協助投資銀行家找工作有趣也崇高多了。更何況伊莉莎白極富說服力，她講話時會認真專注看著你，讓你不知不覺想要相信她、跟隨她。

他們很快就決定雀兒喜的角色：隸屬於「客戶端解決方案」團隊，負責驗證研究，也就是 Theranos 為了延攬藥廠生意而進行的研究。雀兒喜第一項任務是策畫和 Centocor（嬌生旗下的製藥公司）合作的研究。

幾天後做新工作報告時，雀兒喜才知道自己並不是伊莉莎白唯一雇用的朋友，幾週前拉梅許·桑尼·包汪尼（Ramesh "Sunny" Balwani）才剛加入陣容，擔任 Theranos 資深高階主管。雀兒喜見過桑尼一、二次，但對他所知不多，只知道他是伊莉莎白的男友，兩人一起住在帕羅奧圖一處大樓公寓。伊莉莎白完全沒提過桑尼也來這家公司的事，而雀兒喜現在卻得跟他共事，或者應該說在他手下做事？她不知道到底該向桑尼報告還是伊莉莎白。桑尼的頭銜「執行副董事長」聽起來很威，但也很模糊，不管他的角色到底為何，他一進來就忙著確立自己的地位，一點時間都不浪費，從一開始就凡事參與，無所不在。

桑尼是一股不可抗力，而且是不好的那種。雖然身高只有一六五公分又中年發福，但是他用好鬥、咄咄逼人的管理方式來彌補短小身材，在他的濃眉和杏仁眼下方，掛著下垂的嘴角和方下巴，散發迫人氣息。他對待員工非常傲慢，喜歡羞辱人，常常大呼小叫使喚他人，厲聲開罵。

雀兒喜馬上就不喜歡桑尼，即使他顧及雀兒喜和伊莉莎白的友誼而刻意對雀兒喜比較好。雀兒喜實在不明白伊莉莎白看上他哪一點，他足足比伊莉莎白年長將近二十歲，連基本的風度和禮貌都沒有。直覺告訴雀兒喜，桑尼是個討人厭的傢伙，但伊莉莎白似乎對他極為信賴。

從伊莉莎白上大學前的那個夏天開始，桑尼就沒有離開過她的生活。他們相識於北京，在伊莉莎白第三年參加史丹佛中文班時。當時伊莉莎白交不到朋友，又被同行幾個學生霸凌，而桑尼是一群大學生當中唯一的成年人，他跳出來英雄救美。伊莉莎白的媽媽諾兒是這樣跟蘿芮．傅伊茲描述兩人的關係緣起。

桑尼在印度孟買出生成長，一九八六年到美國念研究所，畢業後在Lotus（編按：美國軟體公司，已被IBM併購）和微軟做了十年軟體工程師。一九九九年，他加入以色列創業家李仁．皮崔許卡

（Liron Petrushka）的創業，進入加州聖塔克拉拉（Santa Clara）新創公司 CommerceBid.com。當時，皮崔許卡在開發一套軟體程式，讓供應商透過即時線上拍賣相互競爭，以利企業達到規模經濟和價格降低的目的。

桑尼加入 CommerceBid 時，網路狂熱達到最高點，CommerceBid 所處的市場是當紅炸子雞（也就是 B2B 電子商務），分析師激動到上氣不接下氣地預測，公司跟公司之間高達六兆美元的交易，很快就會轉移到網路平台進行。

網路競標龍頭第一商務（Commerce One）股票才剛上市，交易首日股價就大漲三倍，那年最後以超過十倍的漲幅作收。同年十一月，桑尼出任 CommerceBid 總裁和技術長，短短幾個月後，第一商務以二億三千二百萬美元的現金和股票收購 CommerceBid，這對一家只有三個客戶測試其軟體、幾乎沒有任何營收的公司，是令人咋舌的天價。桑尼身為 CommerceBid 第二號高層，有超過四千萬美元入袋，時機剛剛好，因為五個月後網路泡沫就破掉，股市一瀉千里，第一商務最後宣告破產。

然而桑尼並不覺得這一切是幸運，他自認是有天分的生意人，第一商務那筆意外之財正是他天縱之才的證明。幾年後伊莉莎白認識他時，也沒有理由質疑他，當時伊莉莎白只是個容易被牽著鼻子走的十八歲女生，在他身上只看到自己想要的東西——成為成功富有的創業家。於是，桑尼成為她的導師，教她矽谷的生意之道。

他們究竟是何時變成戀人，不得而知，不過顯然是她從史丹佛休學後不久。他們二〇〇二年夏天在北京認識時，桑尼已經是人夫，另一半是日本藝術家藤本螢子（Keiko Fujimoto）。到了二〇〇四年十月，在他購於帕羅奧圖錢寧大道（Channing Avenue）的公寓所有權契約上，他註明為「單身」；根據其他公開資料，伊莉莎白在二〇〇五年七月搬入那棟公寓。

在CommerceBid短暫且賺進大把鈔票的工作後，桑尼有十年之久什麼都不做，只是盡情享用他的金錢，在幕後提供伊莉莎白意見。他在第一商務擔任副總裁直到二〇〇一年一月，然後進入柏克萊大學商學院就讀，後來又到史丹佛上電腦科學課程。

二〇〇九年九月加入Theranos時，桑尼已經至少有一次不良的法律紀錄。為了規避CommerceBid所得的稅負，他聘請立本會計事務所（BDO Seidman）替他安排避稅投資，製造出四千一百萬投資虧損，抵銷掉他的CommerceBid所得，幾乎不必繳稅。美國國稅局（Internal Revenue Service）二〇〇四年全面取締這種行為，逼得他不得不與國稅局達成協議，補繳數百萬美元的稅。接著，他回頭控告立本，宣稱他不熟悉稅務問題，立本蓄意誤導他。這起官司在二〇〇八年和解，和解條件不公開。

撇開稅務困擾，桑尼對於自己的財富很自豪，喜歡用車子炫富。他有一輛黑色藍寶基尼Gallardo，還有一輛黑色保時捷911，兩輛的車牌都很虛榮，保時捷的車牌是DAZKPTL，模仿馬克思的《資本論》（譯按：《資本論》的德文為Das Kapital）；藍寶基尼那台則是VDIVICI，玩弄名言Veni, vidi, vici（我來，我見，我征服），是凱撒（Julius Caesar）在澤拉戰役出師告捷後，寫給羅馬元老院（Roman Senate）的用語。

他的穿著打扮同樣是以炫富為目的，只是未必有品味。他會穿有泡泡袖的名牌襯衫，搭配酸洗牛仔褲，腳踩藍色古馳（Gucci）樂福鞋，襯衫最上方三個扣子總是不扣，藏不住胸毛及脖子上細細的金項鍊。身上隨時散發刺鼻古龍水香味，再加上顯眼浮誇的車子，整體給人感覺這個人是去夜店，而不是去上班。

桑尼的專業是軟體，這也是他應該為 Theranos 貢獻的價值。剛進公司時，他在一次會議上誇口他總共寫了百萬行程式，有些員工覺得他的說法荒謬可笑。以他工作過的微軟來說，軟體工程師團隊是以每年寫一千行程式的速度，在寫 Windows 作業系統，假設桑尼的速度比微軟工程師快二十倍，要寫出他所宣稱的百萬行也要花上五十年。

桑尼喜歡自吹自擂，老愛在員工面前擺出高人一等的樣子，但有時又很詭異地隱遁消失。每個月有一、二次，唐納．盧卡斯會現身辦公室來看看伊莉莎白，這時桑尼會突然不見人影。有個員工曾在辦公室印表機看到一張便條紙，是伊莉莎白傳真給盧卡斯的，便條紙上針對桑尼的能力和經歷多所讚美，代表伊莉莎白並沒有隱瞞雇用桑尼的事實。不過，戴夫．尼爾森（協助東尼．紐金特做出愛迪生原型機的工程師，現在的座位就在雀兒喜對面）等人開始懷疑，伊莉莎白刻意對董事會淡化桑尼的角色。

她是如何對董事會交代他們的關係，也是個諱莫如深的問題。伊莉莎白把桑尼加入 Theranos 的消息告訴東尼時，東尼直截了當問她，他們是否仍是情侶，她回答他們結束了，未來純粹是公事往來。但事實證明並非如此。

二〇〇九年秋天，雀兒喜因為工作任務而前往比利時安特衛普（Antwerp），丹尼爾・楊（Daniel Young）陪同前往。頭腦很好的丹尼爾，擁有MIT生物工程博士學位，半年前才進公司，任務是為Theranos的血液檢測系統增加一個新功能：預測模型（predictive modeling）。

現在伊莉莎白向藥廠高層推銷時都會說，Theranos能夠預測病人對藥物的反應，患者檢測結果會輸入Theranos所開發的電腦程式，輸入的檢測結果愈多，程式的預測能力會愈來愈好。

看似很尖端的技術，但其中有個蹊蹺：血液檢測結果必須是可靠的，電腦程式的預測才有價值可言。而雀兒喜抵達比利時不久就開始對此產生懷疑。本來Theranos應該測量病人血液中的免疫球蛋白E（IgE），以協助Centocor評估病人對某種氣喘藥物的反應，但是公司裝置在雀兒喜看來卻錯誤百出，機械故障頻繁，不是卡匣插不進讀卡機，就是讀卡機裡有東西故障，就算裝置沒壞，要它吐出個結果還是百般困難。

每次桑尼都說是無線通訊的問題，有時候他說的沒錯。要能產生檢測結果，需要將1和0的數位訊號來回穿越大西洋：血液檢測一完成，讀卡機上的行動通訊天線，會將光線訊號產生的電壓數據傳到帕羅奧圖的伺服器，伺服器分析數據後，再把結果回傳到比利時的手機，如果無線通訊信號很弱，數據傳輸就會失敗。

除了無線通訊，還有其他因素會干擾檢測結果的產生。幾乎所有血液檢測都需要一定分量的稀釋，以便降低血中有礙檢測物質的濃度，以愛迪生執行的化學發光免疫測定來說，稀釋血液是必要的，才能過濾掉會吸收光線的血液色素，以及會干擾光線訊號發射的成分。

然而，Theranos 系統所需的稀釋量高於一般，這是因為伊莉莎白堅持血液樣本要很小，所以為了讓讀卡機有足夠液體可運作，血液樣本的分量必須增加很多，唯一的方式是把血液稀釋成更多，而這又會導致光線訊號變弱，更難以精準測量。簡單說，做點稀釋是好的，但是稀釋太多就不好。

此外，愛迪生對周遭溫度也非常敏感，必須在攝氏三十四度的環境才能正常運作，不能多也不能少。讀卡機內建了兩個十一伏特的加熱器，以便機器運轉時保持在三十四度。但是戴夫發現，在比較寒冷的環境（譬如歐洲某些醫院），小小的加熱器無法使讀卡機保持夠暖的溫度。

桑尼對這些一無所知也不了解，因為他沒有醫學背景，更缺乏實驗室科學的知識，也沒耐心聽取科學家們的解釋，直接把責任推給行動通訊連線比較容易。雀兒喜對這方面的知識並不比桑尼多，但她跟化學團隊主管蓋瑞．法蘭佐處得很不錯，從他們的對話可以推知困難絕不僅於連線問題。

雀兒喜當時不知道的是，有家合作藥廠已經棄 Theranos 而去。那年稍早，輝瑞藥廠告知 Theranos 要終止合作，因為他們覺得 Theranos 的驗證研究結果並無過人之處。伊莉莎白寄了二十六頁報告給那家位於紐約的製藥大廠，試圖搬出一套最好的說詞來粉飾那十五個月的研究，不過報告內容有太多明顯前後矛盾之處。Theranos 的研究無法證明病人體內的蛋白質含量，跟抗癌藥物有任何明顯關聯，報告中也出現了雀兒喜在比利時目睹的混亂，機器故障、無線傳輸失敗等，只是報告把無線傳輸失敗歸咎於「枝葉太過茂盛濃密、金屬屋頂，以及距離遙遠導致訊號品質不好」。

報告中提到，有兩位田納西患者打電話到帕羅奧圖 Theranos 辦公室，抱怨讀卡機因為溫度問題而無法啟動。根據報告內容，「解決方法」是要求病人把讀卡機搬離「空調和可能產生氣流之處」，於是，一個病人把裝置搬進露營車，另一位移到「很熱的房間」，而這樣的高溫「導致讀卡機無法維持在希望的溫度」，報告裡面是這麼說的。

那份報告從未給雀兒喜看過，她甚至不知道有輝瑞研究的存在。

* * *

結束在安特衛普三個星期的工作回到帕羅奧圖，雀兒喜發現伊莉莎白和桑尼的注意力，已經從歐洲轉移到地球另一個地方：墨西哥。豬流感（swine flu）疫情從四月開始肆虐墨西哥，伊莉莎白認為這是愛迪生大顯身手的好機會。

讓伊莉莎白萌生這個念頭的人是賽斯．麥克森（Seth Michelson），Theranos科學長。賽斯是個數學奇才，曾經在太空總署（NASA）飛行模擬器實驗室工作，專長是生物數學，就是用數學模型來了解生物現象。他在Theranos負責預測模型，是丹尼爾．楊的上司。

賽斯的外表，會令人聯想到一九八五年米高．福克斯（Michael J. Fox）主演的《回到未來》（*Back to the Future*）裡面的布朗博士（Dr. Emmett Brown）。他並沒有布朗博士一頭亂糟糟的白髮，但是留著鬈曲灰白大鬍子，一副瘋狂科學家的模樣。雖然已年近六十，卻常把年輕人用語「dude」掛在嘴邊，解釋科學概念時會異常興奮。

賽斯跟伊莉莎白提到數學模型SEIR（SEIR代表「易受感染」、「暴露」、「感染」、

「復原」），他認為可用來預測豬流感病毒接下來會在哪裡蔓延。為此，Theranos 必須檢測最近感染的病患，然後將其血液檢測結果輸入模型中，也就是說，必須把愛迪生的卡匣和讀卡機帶到墨西哥。根據伊莉莎白的設想，把愛迪生裝進小貨車，直接開拔到疫情前線的墨西哥村落。

雀兒喜能說流利西班牙語，所以奉派和桑尼一起南下墨西哥。要在外國取得某項實驗性醫療裝置的使用許可，通常不容易，不過伊莉莎白動用史丹佛一個有錢墨西哥學生的家族人脈，雀兒喜和桑尼因而見到了掌管公衛體系的墨西哥社會保險機構（IMSS）高層官員。IMSS 核准他們把二十四台愛迪生讀卡機運到墨西哥市某家醫院：占地遼闊的墨西哥總醫院（Hospital General de México），位於科洛尼亞多克托瑞斯（Colonia Doctores），墨西哥市犯罪案件最多的地區之一。他們不被准許自行往返醫院，每天早上會有司機把他們載到醫院大門裡，一天結束後再去接他們。

一連幾個星期，雀兒喜整天關在醫院一個小小房間，一面牆的架子上堆滿愛迪生讀卡機，存放血液樣本的冰箱則是排排站在另一面牆。血液樣本是取自在那家醫院接受治療的感染病患，雀兒喜的工作是把樣本加熱後放進卡匣裡，再將卡匣插入讀卡機，看看是否對病毒呈陽性反應。

情況再次不順利。讀卡機常亮出錯誤訊息，不然就是帕羅奧圖傳回的結果是陰性反應，但明明應該是陽性才對。有些讀卡機甚至完全不能用，桑尼還是把責任推給無線通訊傳輸。

雀兒喜的氣餒和難受與日俱增，開始懷疑自己到底在這裡幹嘛。蓋瑞・法蘭佐和 Theranos 其他科學家早跟她說過，診斷 H1N1（豬流感病毒的名稱）的最佳方法是用鼻咽拭子採集檢體，用血液檢測的可行性值得商榷。雀兒喜在出發前向伊莉莎白提過這點，但她置之不理，她是這麼說那些科學家的：「別聽他們的，他們老是抱怨。」

雀兒喜和桑尼跟ＩＭＳＳ的公衛官員開過幾次會，報告他們的工作進度。桑尼完全聽不懂西班牙語，也不會說，全程都由雀兒喜發言。會議如果開得沒完沒了，桑尼會露出惱怒擔憂的臉色，雀兒喜猜想，他八成是擔心她會把系統不能用的事告訴墨西哥人。她很喜歡看他侷促不安的模樣。

而在帕羅奧圖，辦公室盛傳伊莉莎白正在談一筆交易，要賣四百台愛迪生給墨西哥政府。這筆交易預計可帶進公司迫切需要的現金挹注，頭兩輪募到的一千五百萬美元早就沒了，亨利・莫斯利在二〇〇六年底Ｃ輪募到的三千二百萬也所剩不多。

同一時間，桑尼又到泰國設立另一個豬流感檢測站。疫情已蔓延到亞洲，泰國是受創最嚴重的亞洲國家，有上萬個病例，兩千多人死亡，不過不同於墨西哥，Theranos在泰國的行動有沒有獲得當地主管機關核准不得而知。員工之間盛傳，桑尼在當地的人脈靠不住，病患的血液樣本是他用錢行賄取得。二〇一〇年一月，雀兒喜的部門同事史蒂芬・瑞斯圖（Stefan Hristu）和桑尼一起從泰國返回後立刻辭職走人，很多人以此證明傳言不假。

當時雀兒喜已經從墨西哥回來，那則泰國八卦令她毛骨悚然。她知道有一條反海外行賄法（Foreign Corrupt Practices Act），違者以重罪論處，會有牢獄之災。

每當靜下心思考，Theranos 總有許多事情令雀兒喜感到不舒服，尤以桑尼為最，他用威脅恐嚇營造出一種恐懼文化。解僱在 Theranos 向來司空見慣，但是在二〇〇九年底到二〇一〇年初，劊子手的角色由桑尼擔任。雀兒喜甚至聽到一種新用語：被消失，這是員工用來形容有人遭到解聘的說法，他們會說：「他被桑尼消失了。」一九七〇年代，黑手黨橫行紐約布魯克林的畫面不禁油然而生。

科學家們尤其恐懼桑尼，賽斯．麥克森是少數敢起身反抗他的人之一。耶誕節前幾天，賽斯外出替他的團隊買了 polo 衫，衣服顏色跟公司商標的綠色相同，上面印有「Theranos 生物數學」字樣，他覺得這是凝聚團隊的好方法，自掏腰包購買。

桑尼一看到那些 polo 衫就大發雷霆，他不喜歡沒事先徵詢他的意見，他還說，賽斯送禮物給部屬會顯得其他人不是好主管。賽斯早期曾在瑞士大藥廠羅氏工作，帶過七十人的團隊，掌管的年度預算有二千五百萬美元之多，他決定不讓桑尼教他怎麼當主管，他做出反擊，兩人開始你一言我一語大聲吼罵。

那次事件過後，桑尼似乎老想找賽斯麻煩，常常騷擾他，搞到賽斯決定另謀高就。幾個月後，賽斯找到工作，是間位於紅木城（Redwood City）的公司，叫做基因組健康（Genomic Health），於是他手拿著辭職信走進伊莉莎白辦公室，正好桑尼當時也在那裡，桑尼打開信念出來，接著用力往賽斯臉上扔。

「我不接受！」桑尼大吼。

賽斯立刻面無表情地大吼回去：「這位先生，我要提醒你，林肯總統早在一八六三年就解放黑奴了。」

桑尼的回應是立刻把他轟出大樓，過了幾週，賽斯才有機會取回他的數學書籍、科學期刊、擺在辦公桌上與太太的合照。不得已，他只能趁著週末深夜桑尼不在時，找公司的新律師裘蒂・撒登（Jodi Sutton）和警衛幫他打包物品。

某週五的晚上，桑尼也槓上了東尼・紐金特。桑尼繞過東尼，直接命令他手下一位年輕工程師，還給工程師很大壓力，導致他不堪負荷而崩潰。東尼當面去質問桑尼，兩人的爭執很快就愈演愈烈。桑尼整個人暴怒，破口大罵說他自願奉獻自己的時間到這裡是好心幫忙，大家應該多點感激。

「我賺的錢已經夠多，七代都吃不完，我不需要在這裡！」他對著東尼的臉大吼。

東尼也用愛爾蘭口音怒嗆回去：「我一毛都沒有，我也不需要在這裡！」

伊莉莎白不得不介入緩和局面。戴夫・尼爾森以為東尼會被開除，下星期一早上他就會有新上司，結果東尼從這場衝突倖存下來。

雀兒喜想跟伊莉莎白投訴桑尼，但是不得其門，他們兩人的關係似乎緊密到無可撼動。每當伊莉莎白走出辦公室（她和桑尼的辦公室中間隔著玻璃會議室），桑尼馬上就從自己的辦公室蹦出來，走到她身邊，通常會一路陪她走到大樓後面的洗手間，有些員工半開玩笑說，不知道他們是不是在那裡吸幾管古柯鹼。

二〇一〇年二月，在Theranos做了半年後，雀兒喜的工作熱忱已經消磨殆盡，考慮不如歸去。她很討厭桑尼，再加上墨西哥和泰國專案隨著豬流感疫情平息，似乎頓失動力，這家公司像個過動兒一般，從一個思慮欠周的計畫換到另一個。最重要的是，她的男友住在洛杉磯，她每週末要往返洛杉磯和灣區（Bay Area，舊金山灣區簡稱），來回奔波累壞了。

正盤算著該怎麼做的時候，發生了一件事加速她做出決定。某天，那位在墨西哥有家族人脈的史丹佛學生，和父親順路來到 Theranos。雀兒喜當時不在現場，沒能親眼目睹，不過事後同事都在傳。那位父親擔心自己得了什麼癌症，伊莉莎白一聽到他對於自己的健康憂心忡忡，立刻和桑尼說服他接受 Theranos 檢測，檢驗血液中的癌症生物標記（cancer biomarkers）。當時，東尼・紐金特也不在現場，那天事後才聽蓋瑞・法蘭佐轉述。

「很有意思，」蓋瑞告訴東尼，語帶困惑：「我們今天竟然扮演了醫生。」

雀兒喜很驚恐。比利時的驗證研究、墨西哥和泰國的實驗是一回事，那些只是為了做研究，無關病人的治療，但是鼓勵他人仰賴 Theranos 檢測來做重要的醫療決定，就是另外一回事了。她認為這是草率又不負責任的行為。

過沒多久，又有件事加深她的警戒心：桑尼和伊莉莎白開始分發醫生委託實驗室代行血液檢驗的表格，同時興奮大談一般消費性檢測的龐大商機。

我受夠了，雀兒喜心想，這跨越太多條紅線了。

她向伊莉莎白表明辭職之意，但是決定把內心的疑慮按捺不說，改以週末通勤太辛苦為由，說她想搬到洛杉磯，反正這也是實話。她提出可以協助過渡期轉手，但伊莉莎白和桑尼不願意，他們告訴她，如果要走，最好馬上走。他們要求她不可向她手下同事透露任何離職的事，雀兒喜反對，覺得自己不該像個小偷半夜逃走，但是他們十分堅持，不准她說。

雀兒喜走出公司大樓，踏進帕羅奧圖的陽光下，心裡五味雜陳。最主要的感覺是鬆了一口氣，但也很難過沒能好好跟團隊同事道別、說明辭職理由。她會給他們一個冠冕堂皇的理由——她要搬到洛杉磯——無奈桑尼和伊莉莎白不相信她會這麼做，他們想控管有關她離職的說詞。

雀兒喜也擔心伊莉莎白：在她持續不斷衝向成功創業家的路上，她給自己造了個大泡泡，把自己隔離於真實之外，只願讓一個人進入，而那個人卻是個可怕的榜樣。她這個朋友怎麼看不透呢？

| SEVEN |

J博士

月曆從二〇〇九年翻到二〇一〇年，美國仍然陷於經濟不振的深淵。過去兩年來，在這場大蕭條以來最慘烈的衰退中，有將近九百萬人失業，還有數百萬人收到房貸斷頭通知而備受打擊，但是，在舊金山南邊幅員一千五百平方英里的矽谷，動物本能再次蠢蠢欲動。

位於沙丘路上全新開幕的瑰麗豪華飯店（Rosewood）總是一房難求，縱使一晚要價上千美元。進口棕櫚樹加上鄰近史丹佛校園的地利，使得瑰麗飯店迅速成為創投、新創公司創辦人、外地投資人的入住首選，他們聚集在飯店內的餐廳、泳池旁的酒吧討論交易，刷存在感，賓利（Bentley）、瑪莎拉蒂（Maserati）、麥拉倫（McLaren）一輛輛排在由石塊砌成的停車場。

當美國其他地方還在舔拭金融危機的嚴重傷口，一股新的科技榮景在幾個因素推波助瀾下，正要開始，其中一個因素是臉書的瘋狂成功。二〇一〇年六月，這個社群網站的估值增加到二百三十億美元，半年後再躍升到五百億。矽谷每個創業家都想成為下一個馬克・祖克伯，每個創投都想搶到下一班通往財富的火箭船席位，推特（Twitter）的出現（在二〇〇九年底估值超過十億美元），為這一片興奮情緒又增添幾分。

同一時間，iPhone 和敵對陣營（使用谷歌 Android 作業系統的智慧手機），正要開始帶動行動計算，因為行動網路愈來愈快速，能夠處理的數據愈來愈大。憤怒鳥（數百萬 iPhone 用戶只要付一美元就可下載）等手機遊戲的大受歡迎，衍生出一個想法：手機應用程式（app）的生意大有可為。二〇一〇年春天，一家默默無聞的新創公司 UberCab（譯按：優步初創時的名稱），在舊金山試營運其黑頭車叫車服務。

不過，要不是有低到谷底的利率，以上這些可能並不足以點燃這股新榮景。為了拯救經濟，美國聯準會（Federal Reserve）把利率砍到趨近於零，債券等傳統投資變得一點也不美麗，投資人於是轉向其他地方尋找更高的報酬率，其中一個地方就是矽谷。

突然間，本來只投資上市股票的東岸避險基金經理人，紛紛來到西岸朝聖，到這個未上市新創世界尋找前景看好的新商機。傳統大企業高層同樣不落人後，指望著搭上矽谷的創新，替受創於經濟衰退的自家公司打一劑回春針。後者當中，有位來自費城的六十五歲男性，他打招呼的方式不是握手而是擊掌，綽號為「J博士」（Dr. J）。

他的真名是傑・羅森（Jay Rosan），其實是位醫生，只是職業生涯大多為大企業作嫁。他是沃爾格林藥局（Walgreens）創新團隊的一員，任務是找出新點子、新技術，重啟這家一百零九年老字號藥局連鎖商的成長。他的工作據點在費城近郊的康修霍肯（Conshohocken），原是前東家——照護健康系統（Take Care Health Systems）賣場門診（In-Store Clinics，編按：在連鎖藥局或賣場提供快速的門診治療）業者所在地，在二〇〇七年被沃爾格林收購。

二〇一〇年一月，Theranos寄給沃爾格林一封電郵，表示他們開發了一種小裝置，只須在手指上扎幾滴血就能即時進行任何檢測，成本只需傳統實驗室的一半不到。兩個月後，伊莉莎白和桑尼來到沃爾格林芝加哥總部，座落於伊利諾州迪爾菲爾德近郊。他們向沃爾格林的高層進行簡報，J博士也從賓州飛過去參加，他立刻看出Theranos這項技術潛力。若把這家新創公司的機器搬進沃爾格林門市，將為沃爾格林帶進新的大筆營收，達到其長久追求的目標——成為改變市場遊戲規則的人。

J博士不只是從商業角度思考才感興趣，也因為他是個健康達人，對飲食小心謹慎，很少喝酒，堅持每天游泳，熱中於幫助別人過較健康的生活。他對伊莉莎白在會議上描繪的前景很有共鳴：只要血液檢測變得更無痛、更普及，就能成為疾病早期預警系統。那天晚上，他跟沃爾格林兩位並不知道Theranos來訪的同事在酒吧吃晚餐，按捺不住興奮的他，先要求同事保守機密後，接著壓低聲音說，他發現了一家會改變藥局產業面貌的公司。

「想想看，還沒做乳房攝影就測出乳癌。」他對聽得入迷的同事說，還停頓下來吊人胃口。

二〇一〇年八月二十四日早上接近八點，一群租賃汽車停在帕羅奧圖山景大道三二〇〇號，戴著眼鏡、寬扁鼻子上有凹洞的矮壯男子從其中一輛下車，他是凱文・杭特（Kevin Hunter），小型實驗室顧問公司 Colaborate 的老闆，同時是J博士領軍的沃爾格林代表團成員，他們飛到加州跟 Theranos 進行兩天會議，沃爾格林幾個星期前聘請他來協助評估、安排與 Theranos 洽談的合作。

杭特對於沃爾格林所做的生意有特殊情感：他的父親、祖父、曾祖父都是藥劑師，從小到大的暑假都在幫爸爸看顧櫃台，不然就是進貨到紐約、德州、新墨西哥州的藥局。雖然對藥局運作如此熟稔，他真正的專業卻是臨床實驗室。取得佛羅里達大學（University of Florida）MBA學位後，他在奎斯特診斷公司（Quest Diagnostics，實驗室服務產業的龍頭）工作了八年。接著自己成立 Colaborate，提供顧問服務，客戶從醫院到私募股權公司都有，只要涉及到實驗室問題都是他服務的範圍。

關上車門，正要往 Theranos 大門走去時，杭特第一眼注意到的是停在旁邊閃閃發亮的黑色藍寶基尼，他心想，看來有人想讓我們留下深刻印象。

伊莉莎白和桑尼站在樓梯上迎接他和沃爾格林團隊，引導進入兩人辦公室中間的玻璃會議室，裡面已有丹尼爾・楊等候，他接替賽斯・麥克森成為生物數學團隊主管。而沃爾格林團隊除了有杭特、J博士外，還有另外三人同行——比利時籍高層瑞納・范丹胡福（Renaat Van den Hooff）、財務高層丹・道伊爾（Dan Doyle），以及杭特在 Colaborate 的同事吉姆・桑伯格（Jim Sundberg）。

J博士先跟桑尼、伊莉莎白擊掌打招呼，便坐下開始會議，他搬出每次自我介紹所用的台詞：

「嗨，我是J博士，以前打籃球。」（譯按：美國職籃NBA球星朱利葉斯・厄文〔Julius Erving〕綽號也叫J博士。）共事這幾個星期以來，杭特已經聽他用了不下十幾次，不再覺得好笑，不過他似乎覺得這個笑話永遠不嫌老。現場一陣尷尬竊笑。

「我好高興我們開始了！」J博士接著大聲說。他指的是兩家公司已經同意的試驗計畫：最晚到二〇一一年中，Theranos的讀卡機會進駐沃爾格林三十至九十家門市，消費者只要扎手指就能做血液檢測，一個小時內就能知道結果。初步合約已經簽妥，沃爾格林承諾除了預購價值五千萬美元的讀卡機，再借二千五百萬給Theranos。若試驗計畫進行順利，雙方合作將擴大到全國範圍。

沃爾格林動作如此快迅十分不尋常，創新團隊發現的商機往往會在公司內部會議遭到攔截，然後被龐雜的官僚程序給延宕，這次J博士直接找上財務長魏德・密克隆（Wade Miquelon）背書，才得以加快速度。魏德・密克隆預計當天晚上會飛過來參加明天的會議。

針對試驗計畫的討論進行了半小時後，杭特詢問洗手間在哪裡。伊莉莎白和桑尼兩人明顯僵硬起來，他們說，維安是最高指導原則，任何人離開會議室都必須有人護送。於是桑尼陪杭特前往洗手間，在外頭等著，然後再陪他走回會議室。這些舉動在杭特看來沒有任何必要，簡直疑神疑鬼到詭異的地步。

從洗手間走回會議室的路上，杭特目光匆匆掃過辦公室，想看看實驗室，但是看不到有哪個像。「那是因為在樓下，」他們這麼告訴他。杭特表明希望此行能看看實驗室，伊莉莎白的回答是：「好，如果有時間的話。」

Theranos 跟沃爾格林提過，他們有個隨時可商用運轉的實驗室，還提供了份清單，上面列了一百九十二種血液檢測項目，說是他們專屬機器可處理的檢測。實情則是：樓下雖然有個實驗室，但只是蓋瑞．法蘭佐和生化團隊做研究的研發實驗室；而清單所列的檢驗，有半數不能採用化學發光免疫測定（這是愛迪生系統仰仗的檢測方法），需要動用其他各種不同方法，而這非愛迪生能力所及。

會議持續開到下午，這時伊莉莎白提議到附近提早吃個晚餐。眾人從椅子上起身時，杭特再度要求看看實驗室，伊莉莎白輕拍J博士的肩頭，示意他隨她走出會議室。幾分鐘後J博士回來告訴杭特，今天沒辦法，伊莉莎白還不願意讓他們參觀實驗室，反倒是桑尼領著眾人去參觀他的辦公室。他的辦公桌後方地上有個睡袋，洗手間裡有淋浴設備，他還隨時準備一套換洗衣物。他得意洋洋地告訴訪客們，他的工作時間太長，晚上常常在辦公室倒頭就睡。

前往用餐地點時，桑尼和伊莉莎白要眾人錯開出發時間，不希望所有人同時到達餐廳，理由是避免惹人注意。他們還吩咐杭特一夥人不要用名字相稱。杭特一抵達餐廳——位於王者之道（El Camino Real）的小壽司店「富貴壽司」（Fuki Sushi）——就被領進後方帶有拉門的隱密包廂，伊莉莎白已經在裡頭等候。

在杭特看來，這種故作神祕的戲劇性演出很愚蠢。當時是下午四點，餐廳空無一人，有什麼好閃躲的。更何況，若要說有什麼會招來注意，也一定是桑尼停在停車場的藍寶基尼。

杭特的猜疑愈來愈強烈。黑色高領上衣、低沉嗓音，還有她整天不停啜飲的手搖綠色蔬菜汁，伊莉莎白不遺餘力在模仿賈伯斯，但是對血液檢驗各個種類的明顯差異卻似乎不甚了解，而且 Theranos

並沒有做到他提出的兩個基本要求：讓他看看實驗室，以及用其裝置現場示範維他命D檢測。

杭特原本計畫請Theranos檢測他和J博士的血液，然後當晚他們再去史丹佛醫院檢測，比對兩份結果。他甚至安排了病理師在醫院待命，隨時可填寫檢測單並替他們抽血，但是伊莉莎白卻宣稱這項要求太晚提出，來不及準備，可是他明明兩週前就已提出。

還有一件事令杭特困惑：桑尼的態度，他一副高高在上又漫不經心的樣子。沃爾格林提出想將IT部門引進試驗計畫中，桑尼立刻駁回，他說：「IT跟律師一樣，能免則免。」在杭特聽來，這種處理事情的態度勢必會引來大亂子。

不過，J博士似乎沒有杭特這些猜疑，他顯然迷倒在伊莉莎白的光環下，也陶醉於矽谷的氛圍之中。他讓杭特想起追星族，大老遠從美國東岸來到西岸，只為了參加喜愛樂團的演唱會。

隔天早上，他們再度來到Theranos辦公室開會，這次沃爾格林財務長魏德．密克隆一同與會。魏德曾經跟伊莉莎白直接洽談試驗計畫的合約，似乎也變成她的大粉絲。會議開到一半，伊莉莎白演了場大戲，送給密克隆一面美國國旗，她說這面國旗曾經飄揚於阿富汗戰場，她在上面簽名獻給沃爾格林。

杭特認為整件事詭異到不行。是沃爾格林要他來審查Theranos的技術，但是他卻處處受到掣肘。此行唯一成果是一面親筆簽名的旗子，而J博士和密克隆卻不以為意，就他們而言，此行很圓滿順利。

一個月後，二〇一〇年九月，沃爾格林高層在總部會議室會見伊莉莎白和桑尼。氣氛很歡樂，印有沃爾格林商標的紅色氣球漂浮在擺滿小點心的桌子上方，魏德．密克隆和J博士正式向沃爾格林高層揭開「貝塔計畫」（與Theranos合作的試驗計畫代號）。

站在寫著「顛覆實驗室產業」的大螢幕投影片前，一位沃爾格林高層隨著〈想像〉（Imagine）的音樂聲開始唱和。為了慶賀結盟，創新團隊想出一個點子：改寫約翰．藍儂（John Lennon）這首名曲的歌詞，做為這次合作的主題歌。等到尷尬的卡拉OK時間結束，伊莉莎白和桑尼慫恿沃爾格林高層接受血液檢測，他們帶了幾台黑白相間的機器，沃爾格林高層一個個排在總裁克米特．克勞佛（Kermit Crawford）以及創新團隊主管柯林．華茲（Colin Watts）後方，準備扎手指取血。

在沃爾格林全職擔任創新團隊駐點顧問的杭特，並沒有參與那場會議。不過，一聽聞沃爾格林幾位高層做了血液檢測，他就盤算這是個好機會，終於可以知道Theranos的技術表現如何。他提醒自己下次跟伊莉莎白開會時，要向她索取檢測結果。

帕羅奧圖之旅結束後，杭特整理了一份報告，他在上面提出警告：Theranos可能「賣空或過度誇大……他們的卡匣（裝置）在科學研發上的進展」。此外，他也建議沃爾格林派人到Theranos參與試驗計畫的啟動，並且毛遂自薦他Colaborate的同事——君．斯瑪特（June Smart），一位嬌小的英國女子，她剛結束掌管史丹佛實驗室的短暫工作。而Theranos回絕了這項提議。

幾天後的視訊週會上（兩家公司主要的溝通方式），杭特問起檢測結果，伊莉莎白回答Theranos只能把結果交給醫生。從康修霍肯撥電話進來開會的J博士，提醒大家他是科班出身的醫生，Theranos何不把檢測結果寄給他？大家一致同意，桑尼後續會跟J博士個別聯絡。

一個月過去，還是沒有結果。

杭特的耐心快要消磨殆盡。那個星期的例行視訊會議上，雙方談到Theranos突然變更其因應政府監管的作法。Theranos一開始的說法是，他們的血液檢測會符合「臨床實驗室改進修正案」（CLIA，一九八八年頒布的聯邦法律，用於監管實驗室）認定的「豁免」（waived）標準。CLIA認定的「豁免」檢測，通常是食品藥物管理局——FDA認定可在家自己做的檢測，只涉及簡單的實驗室流程。

現在Theranos改口表示，他們在沃爾格林門市提供的檢測項目是「實驗室自行研發的檢驗」（LDT，譯按：是指醫學實驗室自行研究發展、製造、驗證且僅供該實驗室使用的檢測方法）。這前後改變的差異很大：LDT正好介於FDA和另一聯邦醫療監管單位「聯邦醫療保險和醫療補助服務中心」（CMS）的灰色地帶。CMS是根據CLIA來監管臨床實驗室，而FDA監管的是實驗室購買用來檢測的診斷儀器，但是，沒有任何單位監管實驗室用自行研發方法所進行的檢測。針對這項重大改變，伊莉莎白和桑尼跟杭特有一段火爆對話，他們堅持所有大型實驗室最常用的檢測就是LDT，杭特知道那不是事實。

在杭特聽來，這項變更代表更迫切需要檢查Theranos檢測的準確性。他當場建議進行五十個病人的研究，比較 Theranos 和史丹佛醫院的檢測結果，他跟史丹佛醫院合作過，那裡有認識的人，要安排很容易。透過電腦螢幕，杭特注意到伊莉莎白的身體語言立刻改變，明顯變成防禦戒備狀態。

「不好，我們不希望在這個時候做這件事，」她說，很快把話題轉移到其他議程。

會議結束後，杭特把瑞納（Renaat，沃爾格林負責這項市場測試者）拉到一旁，告訴他事有蹊蹺，警訊愈來愈多。首先，伊莉莎白不讓他進入實驗室，接著拒絕他派人到帕羅奧圖跟他們共事，現在連個簡單的比對研究都不肯做。更重要的是，Theranos 已經採集沃爾格林藥局事業總裁（沃爾格林最資深的高層之一）的血液，卻給不出檢測結果！

瑞納聽著，臉上露出痛苦表情。

「我們不能對檢測結果窮追猛打，」他說：「如果對手 CVS（編按：美國最大的藥妝店連鎖企業）半年後跟他們談成交易，而最後證明 Theranos 來真的，我們承受不起這樣的結果。」

CVS 的大本營在羅德島（Rhode Island），營收比沃爾格林多三分之一。沃爾格林跟 CVS 的敵對競爭，幾乎左右了沃爾格林的一舉一動，這種短視世界觀是杭特這種局外人很難了解的，Theranos 很巧妙地利用這種不安全感，結果造成沃爾格林深陷於嚴重的 FoMO 症候群（fear of missing out）——害怕錯過的恐懼。

杭特懇求瑞納至少讓他偷看一下 Theranos 那台黑白讀卡機的內部，那是 Theranos 在貝塔計畫啟動派對結束後所留下的，他很想撕掉外殼上的保密膠布，一探究竟。Theranos 確實送來一些檢測套組，但都是用於很少人做的檢測，像是「流感感染性」，就他所知沒有實驗室有提供這種檢測，所以不可能拿 Theranos 的結果跟其他實驗室比對。多麼順理成章啊，杭特心想，更何況那些檢測套組還過期了。

瑞納說不行，他們不只簽了保密同意書，Theranos 還嚴厲警告不可更動讀卡機，雙方簽訂的合約明文規定沃爾格林同意：「不拆解也不對裝置或任何零組件進行反向工程」。

杭特努力壓抑內心的失望，做出最後一個請求。Theranos 老是拿兩個東西證明他們的技術接受過審查，一個是他們替大藥廠做的臨床試驗，他們提供給沃爾格林的文件上表示：Theranos 系統「過去七年已廣泛獲得十五家大藥廠其中十家驗證有效」。另一個是針對 Theranos 技術的審核書，是J博士委託約翰霍普金斯大學醫學院（JHUSOM）所做。

杭特打過電話到各大藥廠，電話那頭沒有任何人能證實 Theranos 所言不假，不過這並不能證明什麼。現在，他要求瑞納拿出約翰霍普金斯大學的審核書給他看，瑞納遲疑了一陣子後，心不甘情不願地拿出兩頁文件給他。

杭特看完文件後，差點笑出來。那是一封日期為二〇一〇年四月二十七日的信件，大致說明了伊莉莎白、桑尼、J博士以及五位大學校方代表，在巴爾迪摩（Baltimore）霍普金斯校園進行的會議。信上說，他們出具「證明檢測效力的獨家數據」給霍普金斯團隊，而且霍普金斯校方等人認為此種技術「新穎且合理」。不過信裡也清楚表明，霍普金斯大學本身並未獨立做過驗證工作，甚至第二頁底下還附上免責聲明：「以上內容，絕不代表約翰霍普金斯醫學院對任何產品或服務背書」。

杭特告訴瑞納這封信毫無意義，從這個比利時人的表情看來，杭特意識到他終於開始得分，瑞納的信心似乎開始動搖。杭特知道丹・道伊爾（負責創新團隊財務的高層）跟他有一樣的懷疑，若能讓瑞納轉而認同他們的看法，瑞納和丹・道伊爾就有可能讓J博士和魏德・密克隆大夢初醒，避免一場可能的災難。

♦ ♦ ♦

沃爾格林不是Theranos唯一追求的大型零售夥伴，同一時期，Theranos員工開始注意到，有位戴著無框眼鏡、穿西裝打領帶、一臉誠摯的年長紳士，常常造訪山景大道辦公室。他是史帝夫・博德（Steve Burd），喜互惠（Safeway）執行長。

博德掌舵喜互惠（美國最大的連鎖超市之一）已長達十七年，這一路走來一直堅持專注於雜貨本業（在他初擔任執行長十年，這樣的堅持為他贏得華爾街的讚譽），但逐漸不敵他對醫療業的強烈興趣。

當他發現，如果再不控制喜互惠節節高漲的醫療成本，有朝一日公司將有倒閉之虞，從此他就迷上了這個議題。他首開先河為員工提供創新的健康與預防醫療計畫，大力提倡全民納入健保，成為少數擁抱歐巴馬健保（Obamacare，患者保護與平價醫療法案）的共和黨籍執行長。跟J博士一樣，他也很重視自己的健康，每天早上五點在跑步機上健身，晚餐後舉重。

在博德邀請下，某天伊莉莎白來到喜互惠位於普萊森頓（Pleasanton，在舊金山灣另一邊）的總部做簡報。博德和手下高層聽得很入迷，伊莉莎白娓娓道出她對針頭的恐懼如何帶領她開發突破性技術，不僅使血液檢測更便利，也更快速、更便宜。她把那台黑白裝置帶來，示範如何運作。

這場簡報給喜互惠執行副總蘿莉．蘭達（Larree Renda），很大的衝擊。她的先生正在跟癌症搏鬥，必須常常驗血，以便醫生調整用藥。每次抽血都是折磨，因為他的血管逐漸萎陷，而 Theranos 以手指取血的方式，對他來說是及時雨，她心想。

蘭達十六歲開始在喜互惠兼差擔任裝袋人員，一路往上爬到博德最信任的高階主管之一，可見老闆對她非常賞識。Theranos 的主張完美契合博德的健康哲學，也提供一個機會，讓這家連鎖超市能改善停滯不前的營收和微薄利潤。

不用多久，喜互惠也跟 Theranos 簽下合約。喜互惠同意貸款三千萬美元給這家新創公司，並且承諾大量改裝門市，騰出空間改裝成雅緻的新診所，以利消費者使用 Theranos 裝置檢測血液。

博德對此結盟欣喜若狂，他認為伊莉莎白是早慧的天才，以罕見的尊重對待她。通常非不得已絕不離開辦公室的他，唯獨對伊莉莎白例外，他會固定開車到舊金山灣另一頭的帕羅奧圖，有一次帶了株白色大蘭花送她，還有一次買了架私人飛機模型，並且預告下一次就是真的飛機。博德知道 Theranos 同時在跟沃爾格林談合作，伊莉莎白告訴他，喜互惠是連鎖超市裡頭獨家取得 Theranos 授權的公司，而藥局連鎖的獨家則給了沃爾格林。兩家公司並不高興這樣的安排，但也都認為這總好過錯失一個龐大新商機。

而在芝加哥，杭特試圖讓瑞納正視其猜疑的努力，在二〇一〇年十二月中旬化為泡影。因為瑞納告訴同事他將在年底離職，紐澤西一家替藥廠製造溫度計的公司聘請他擔任執行長，他不能放棄這個機會。

接替瑞納的人選由內部升任，是位女性高階主管——翠許．李賓絲基（Trish Lipinski）。她有實驗室領域的經驗，進入沃爾格林前曾服務於實驗室科學家所組成的美國病理學會（College of American Pathologists）。杭特完全沒浪費時間，馬上就讓她知道他對 Theranos 合作案的看法，他告訴她：「我必須阻止這件事，不然以後這會成為某個人的汙點。」

他也直接把他的疑慮告訴J博士，只是沒什麼用。J博士是 Theranos 堅定忠實的擁護者，若真要說有意見的話，他只會覺得沃爾格林的動作太慢。一得知史帝夫．博德送伊莉莎白私人飛機模型，他立刻跑去跟翠許抱怨公司應該向伊莉莎白表達更多愛意才對。令杭特大為驚奇的是，J博士甚至不再向伊莉莎白和桑尼索取啟動派對的檢測結果，顯然打算放過他們。

J博士有個有力的盟友是魏德．密克隆。一身俐落穿著，喜歡高價西裝和名牌眼鏡的魏德，非常善於交際，在沃爾格林廣受喜愛。不過，《芝加哥論壇報》（*Chicago Tribune*）刊出一篇報導後，很多同事開始懷疑他的判斷能力。報導中指出他那年秋天酒駕被捕，是短短一年內的第二次，他甚至根本不該坐上駕駛座，因為他的駕照仍處於第一次被捕後的吊銷期。更糟糕的是，他拒絕接受酒測儀檢測，也沒通過現場的清醒測試。事件過後，沃爾格林總部走廊上開始給他一個新綽號：密克羅（Michelob，譯按：為啤酒品牌，發音近似魏德・密克隆〔Wade Miquelon〕的姓）。

魏德的酒駕以及J博士對Theranos的盲目相挺，並沒有讓人相信貝塔計畫託付在對的人手中，不過這不屬於杭特的權限範圍，他只能專注於自己能掌控的事，繼續在每週的視訊會議提出犀利問題。直到二〇一一年初某天，翠許告訴他，伊莉莎白和桑尼不希望他再參加兩家公司的視訊或當面會議，他們覺得他製造太多緊張，干擾事務推展。沃爾格林沒有選擇，只能乖乖照辦，不然Theranos就不玩了，她補充說明。

杭特想說服她回絕這種要求。沃爾格林一個月付他二萬五千美元，請他謀求公司最大利益，現在竟然要求他不要插手，阻撓他做分內工作？這毫無道理。結果，他的抗議遭到禮貌性忽視，伊莉莎白和桑尼得其所願。杭特雖然仍繼續待在創新團隊，必要時提供自身專業，但因為被排除後續會議之外，他的角色逐漸邊緣化，能參與的部分有限。

同一時間，沃爾格林持續大力推動貝塔計畫。為了該計畫，杭特和創新團隊到幾英里外的工業區參觀一個隱密倉庫，在倉庫裡，公司以原尺寸複製了一間門市，裡面有血液檢驗實驗室，架子還特別依照Theranos的黑白讀卡機尺寸來設計，以方便容納。

看到模擬門市和小實驗室，杭特更清楚意識到這一切都是真的。再過不久，真的會有病人在這些地方抽血、驗血，他不安地想著。

| EIGHT |

迷你實驗室

有了沃爾格林和喜互惠兩家零售商結盟，伊莉莎白突然得面對自己造成的問題。她已經跟兩家公司說，她的技術只需很小的血液樣本，就能做數百種檢測。但事實上愛迪生只能做一種：免疫測定法（immunoassay），用抗體來量測血中物質的檢測方法。實驗室常見的檢測都會用到免疫測定法，譬如檢測維他命D或攝護腺癌，但是還有很多例行檢測（從膽固醇到血糖的檢測），需要動用其他不同的實驗室技術。

伊莉莎白需要新裝置，一個不只能做一種檢測的裝置。二〇一〇年十一月，她聘請年輕工程師肯特．法蘭維奇（Kent Frankovich），請他負責設計新裝置。肯特剛從史丹佛取得機械工程碩士，曾在帕薩迪納（Pasadena）的NASA噴射推進實驗室（JPL）工作兩年，協助建造「好奇號」火星探測車。接著，肯特網羅了葛雷．貝尼（Greg Baney），葛雷是在他在ＮＡＳＡ認識的朋友，後來去了伊隆・馬斯克（Elon Musk）在洛杉磯的太空探索科技公司（SpaceX）。一百九十五公分高、一百一十八公斤重的葛雷，體格有如美式足球前鋒，但是壯碩身材下藏著聰明腦袋與敏銳觀察力。

有好幾個月，肯特和葛雷成為伊莉莎白的新寵。她會坐在他們的動腦會議上，建議他們採用哪種機器人系統；她把公司的信用卡交給他們，不管想要什麼儀器或設備，直接刷卡付帳就是。

伊莉莎白把要他們打造的機器取名為迷你實驗室（miniLab）。從名稱就看得出來，尺寸是首要考量，她仍然懷抱同樣的願景，希望有朝一日進入民眾家裡，而且尺寸小到可以放在書桌或架上。這是工程上很大的挑戰，因為裡面的零組件勢必比愛迪生多很多，才能執行她所希望的種種檢測。除了愛迪生的光電倍增管，還得把另外三種實驗室儀器塞進小小空間裡：光譜儀（spectrophotometer）、血細胞計數器（cytometer）、等溫放大器（isothermal amplifier）。

這三種儀器都不是新發明。第一台商用光譜儀在一九四一年由美國化學家阿諾・貝克曼（Arnold Beckman）所研發，阿諾・貝克曼是實驗室器材製造商貝克曼庫爾特（Beckman Coulter）創辦人。其運作原理是對著血液樣本發射彩色光線，測量樣本吸收了多少光線，再根據光線吸收的多寡來推斷血液中的分子濃度，這種方法可用於檢測膽固醇、葡萄糖、血紅素等物質。血細胞計數器則是計算血球數量的方法，發明於十九世紀，用於診斷貧血症和血癌等疾病。

這些儀器在全球各地實驗室已使用數十年，換句話說，Theranos 並沒有開創什麼新方法。「迷你實驗室」的價值只在於將現有技術微型化。話又說回來，雖然稱不上開創性科學，但是以伊莉莎白的願景脈絡來看——把血液檢測從實驗室帶出來，引進藥局、超市，最終進入家庭——仍然很有意義。

沒錯，市場上已經有可攜式血液分析儀，其中一個外型類似ＡＴＭ裝置，稱為Piccolo Xpress，可執行三十一種血液檢測，十二分鐘就有結果，其中有五、六種常見檢測只需要三、四滴血液就能進行。不過，Piccolo Xpress和其他現有可攜式分析儀並不能執行實驗室所有檢測，伊莉莎白認為這是「迷你實驗室」的賣點。

葛雷花了很多時間研究診療設備廠商所製造的商用儀器，以反向工程拆解研究，再設法縮小。他向海洋光學（Ocean Optics）訂購了一台光譜儀，然後將它拆解開來了解內部運作，這變成很有趣的工作，但也讓他開始質疑他們的方法。

葛雷認為，與其從無到有打造新儀器來滿足伊莉莎白任性訂下的規格，不如把他們現在費盡心思要微型化的現成零組件組合起來，測試看看能不能用，等到做出能用的原型機，再來傷腦筋如何縮小。先強調尺寸再研究能不能用，是本末倒置的做法。但是伊莉莎白不會讓步。

當時，葛雷剛跟住在洛杉磯的女友分手，為了轉移心思，他每週六都會進公司。他看得出來伊莉莎白很喜歡他週末上班，她視之為忠誠和投入的表現，她跟葛雷說希望肯特也能跟進，無奈他的朋友並沒有。這點很令她惱怒，工作和生活取得平衡對她似乎是個外來觀念，她隨時在工作。

跟多數人一樣，葛雷第一次見到伊莉莎白也很驚訝她低沉的嗓音，但沒多久他就開始懷疑那是裝的。剛加入公司不久的某天晚上，他們剛結束在她辦公室的會議，她不知不覺用起年輕女子較自然的嗓音說「很高興你加入」，一面從椅子上起身，聲音比平常高了好幾個八度。

由於太過興奮，她似乎暫時忘了換上男中音嗓音。對此，葛雷認為她的行為背後有一定的邏輯。矽谷畢竟是男性主導的世界，創投清一色是男性，他也想不出有哪位傑出創業家是女性，伊莉莎白想必在某個時刻做了決定，必須這樣做才能引人注意、被當一回事。

嗓音事件過了幾週後，葛雷注意到另一個跡象，透露出 Theranos 並非尋常公司。當時，他和蓋瑞・法蘭佐已經成為好友。蓋瑞雖然外表邋遢，拖著一百三十六公斤的龐大身軀，穿著大一號的 T 恤、鬆垮牛仔褲和布希鞋（Crocs）在辦公室晃來晃去，但葛雷發現他是這家公司最聰明的人之一。

蓋瑞有嚴重的睡眠呼吸中止症，葛雷不只一次在會議上看到他前一秒還打起瞌睡，下一秒就突然醒來反駁某個人提出的笨點子，甚至提出聰明的替代方案。

某天他們一同走出辦公室，蓋瑞壓低嗓音用鬼鬼祟祟的語氣跟葛雷說了一件事，令這位小老弟驚訝不已：伊莉莎白和桑尼是戀人。葛雷覺得彷彿被人偷襲，他認為公司執行長和第二號高層相擁而眠是不妥的，不過他們的隱瞞用心更令他不舒服，他覺得這種重要訊息應該跟新進同事透露才對。對葛雷來說，這次發現給了他一個新角度來看 Theranos：如果伊莉莎白對這件事並不坦誠，那她是不是還瞞著其他事？

• • •

二〇一一年春天，Theranos 的裙帶關係來到新境界，伊莉莎白雇用弟弟克利斯勤擔任產品管理部副理。克利斯勤大學畢業剛兩年，學經歷明顯不夠資格在血液診斷公司工作，不過這對伊莉莎白並不重要，重點是弟弟是她可以信任的人。

克利斯勤英俊年輕，跟姊姊一樣有著湛藍雙眼，不過兩人相似之處僅止於此。克利斯勤絲毫沒有姊姊的野心和動力，他是個很普通的男生，喜歡看運動比賽、把妹、跟朋友跑趴。二〇〇九年從杜克大學（Duke University）畢業後，在華盛頓特區一家企管顧問公司做過分析師。

剛進 Theranos 時，克利斯勤沒有什麼事可做，上班時間都在看運動報導。他會將ＥＳＰＮ網站的文章剪貼在空白電郵裡，遠遠看好像在專心閱讀工作相關信件。過沒多久，他把杜克大學兄弟會的四個哥兒們找進來，分別是傑夫．布里曼（Jeff Blickman）、尼克．曼秋（Nick Menchel）、丹．艾德林（Dan Edlin）、薩尼．海吉梅托維奇（Sani Hadziahmetovic），後來又來了第五個杜克大學朋友麥斯．佛斯克（Max Fosque）。

他們在帕羅奧圖鄉村俱樂部附近共同租了房子，在公司內部開始被戲稱為「兄弟幫」。跟克利斯勤一樣，這幾個杜克寶寶也沒有任何血液檢測、醫療裝置的相關經驗或訓練，不過，他們跟伊莉莎白弟弟的友誼，把他們地位拱到高於其他員工之上。

這時葛雷已成功說服幾個朋友加入 Theranos，其中兩位是他念喬治亞理工學院（Georgia Tech）的麻吉喬登．卡爾（Jordan Carr）和泰德．帕斯寇（Ted Pasco），第三位是崔．郝爾德（Trey Howard），是他服務於ＮＡＳＡ時在帕薩迪納認識的，崔剛好也是杜克大學畢業，早兄弟幫幾年。

喬登、崔、泰德都被派到產品管理團隊，跟克利斯勤和他的朋友一起，只是可接觸的機密資料等級不同。伊莉莎白和桑尼召開的許多祕密會議（跟沃爾格林、喜互惠的合作策略有關），他們禁止入內，而克利斯勤和他的兄弟們則受邀與會。

兄弟幫用拉長工時的方式，贏得桑尼和伊莉莎白的歡心。桑尼老是在質疑員工對公司的投入，上班時間長短、是不是有生產力，都是他衡量工作是否投入的指標。有時他甚至會坐在玻璃大會議室，往外盯著一排排辦公隔間，試圖揪出誰在打混摸魚。

由於常在辦公室待到很晚，沒有時間運動，於是克利斯勤和他一幫朋友利用白天偷偷上健身房。為了避開桑尼的監視，他們會錯開時間、壓低身子從不同出入口步出大樓，也很小心絕不同時回來。泰德・帕斯寇當時剛到公司幾個月（他離開華爾街的工作到矽谷碰運氣），還沒有明確的職務在身，閒來無事便自得其樂地記錄他們的進出時間。

有一天，幾個兄弟幫成員、葛雷和他兩個工程部同事，在俯瞰停車場的大露台吃午餐，話題聊到世界頂尖足球員有些人智商很低。接著眾人辯論起一個問題：聰明但窮、有錢但蠢，你想選哪一個？三個工程師都選擇「聰明但窮」，而兄弟幫一致投「有錢但蠢」一票。葛雷很驚訝兩組人的選擇如此涇渭分明，大家的年齡都是二十五到三十歲之間，受過良好教育，但是價值取向卻大相逕庭。

克利斯勤和他一幫朋友隨時準備好，樂意聽候伊莉莎白和桑尼差遣。二〇一一年十月五日晚間，賈伯斯去世的消息傳來時，他們極力討好的心態更是表露無遺。伊莉莎白和桑尼想在公司大樓掛上蘋果旗幟，並以降半旗的方式致哀，第二天早上，傑夫・布里曼（一頭紅髮的高個子，杜克大學棒球校隊）自告奮勇擔起這項任務。他找不到販售合適旗幟的店家，索性訂做一幅，塑料旗幟上用黑底襯著白色蘋果商標。店家花了點時間才完成，所以布里曼當天很晚才帶著旗幟回到公司。在這之前，公司所有工作完全停擺，因為伊莉莎白和桑尼無精打采地在辦公室亂晃，滿腦子只惦記著蘋果旗幟的找尋。

葛雷早就察覺伊莉莎白對賈伯斯的迷戀，她提到賈伯斯時會直呼名字「史帝夫」，彷彿是他的好朋友。有一次伊莉莎白告訴他，某部講述九一一陰謀論的紀錄片，之所以能在 iTunes 上架，一定是因為「史帝夫」認同片中論點。葛雷認為這種說法很蠢，他很確定賈伯斯不可能親自審查過 iTunes 所有待租或待售影片，看來伊莉莎白把他誇大為全知、全能的存在。

賈伯斯過世一、二個月後，葛雷的工程部同事注意到，伊莉莎白開始仿效賈伯斯的行為和管理方式，明顯是看了華特．艾薩克森（Walter Isaacson）所寫的賈伯斯傳記。他們同樣看了那本書，連她在模仿哪個時期的賈伯斯、取自書裡哪個章節，都一清二楚。伊莉莎白甚至替「迷你實驗室」取了個來自賈伯斯的代號：4S，從 iPhone 4S 而來（iPhone 4S 剛好在賈伯斯過世前一天發表）。

◆ ◆ ◆

葛雷在 Theranos 的蜜月期，隨著妹妹來應徵這家公司而畫下句點。二〇一一年四月，伊莉莎白和桑尼面試了他的妹妹，同意她下個月加入產品管理部門，但她最後決定留在原任職的會計事務所普華永道（PwC）。第二天是星期六，葛雷到公司上班，伊莉莎白也在，但卻當他不存在。他覺得很奇怪，因為平常她都會刻意跟他打招呼，尤其是週末。接下來那個星期，葛雷不再受邀參加她和肯特的動腦會議，他這才恍然大悟，她對他妹妹的決定耿耿於懷，還要他為此付出代價。

過沒多久，肯特和伊莉莎白的關係也陷入急凍。實際上，肯特是「迷你實驗室」的總工程師，天資聰穎的他，喜歡動手做東西，私下空閒時也有設計案在進行：可照亮車輪和道路的腳踏車燈，增強夜間騎士的能見度和安全。他把這個概念推銷到 Kickstarter 群眾募資平台，四十五天就募到二十一萬五千美元，是 Kickstarter 那一年募資金額第七高，令他又驚又喜，原本只是一個嗜好，卻突然有可能成為一項生意。

肯特把他成功募資的消息告訴伊莉莎白，以為她不會介意，沒想到他嚴重錯估。伊莉莎白和桑尼氣炸了，他們認為這是嚴重的利益衝突，要求他把腳踏車燈的專利移轉給 Theranos。他們堅決主張，肯特進公司時簽了文件，同意他任職期間產出的智慧財產全部授予他們。肯特不認同，他的小事業是利用空閒時間做的，沒有任何不對，更何況，他看不出一種新的腳踏車燈會對血液檢測儀器製造商產生什麼威脅。但是伊莉莎白和桑尼不肯罷手，經過一次又一次會議，他們不斷試圖要他交出專利權，甚至有幾次會議還請來公司新聘任的資深律師大衛．道伊爾（David Doyle），加大施壓力道。

一路看著這場僵局的演變，葛雷愈來愈相信：表面是為了專利，骨子裡其實是為了懲罰肯特的不忠。伊莉莎白期待員工為公司奉獻所有，尤其是肯特這種她委以重任的人，不料肯特不僅沒獻出所有，還把部分時間精力拿去做其他工程設計案，難怪週末不肯如她所願來加班。在她眼中，肯特背叛了她。最後，雙方達成脆弱的妥協：肯特暫時離開去嘗試他的腳踏車燈事業，等他嘗試夠了，雙方再討論是否讓他重返公司，以及在什麼條件下重返。

肯特的離去使伊莉莎白情緒低劣，現在她只能指望葛雷等人接手繼續。葛雷也意識到，伊莉莎白和桑尼的行為舉止有愈來愈強烈的急迫感，他們似乎要壓榨工程團隊在某個期限前完成，但又不跟他們明講時間。他心想，他們必定承諾了某人某件事。

伊莉莎白對「迷你實驗室」的進度愈來愈不耐，葛雷首當其衝。工程團隊每週開會討論最新進度時，她開啟會議的方式就是直盯著他，不出聲，眼睛也不眨。等到他禮貌性開口說：「嗨！伊莉莎白，今天好嗎？」才打破沉默。他開始一一記下每次會議討論內容與同意事項，方便下週開會追蹤後續，以此避免把情緒帶進會議中。

有好幾次，伊莉莎白下樓來到工程師工作區，在葛雷工作時徘徊他四周，他禮貌性地跟她打招呼，然後繼續沉默埋首工作。那是一種奇妙的權力展示，他決心不要受到影響。

某天下午，伊莉莎白把他叫進辦公室告訴他，她感覺他渾身散發不屑、負面情緒。接著兩人陷入長長的沉默，他內心交戰著要不要跟她說她說得沒錯，最後還是決定把逐漸幻滅、失望的情緒留在心中，撒了點小謊：他是因為桑尼拒絕了幾個他覺得不錯、公司應該雇用的求職者而不高興。

伊莉莎白想必相信了這個說詞，因為她明顯鬆了口氣，「早說嘛，」她說。

◆ ◆ ◆

二〇一一年十二月週間某個晚上，Theranos 租了好幾輛巴士，把已經超過百人的員工，載到林邊的湯瑪斯佛格第酒莊（Thomas Fogarty Winery）。伊莉莎白很喜歡在那裡舉辦公司活動，酒莊的主建築體以及毗連的活動場地建於山腰高台上，綿延起伏的葡萄園和遠方的矽谷盡收眼底。

這次活動是公司一年一度的耶誕派對。入座享用晚餐前，同事們在酒莊主建築的露天酒吧啜飲水酒，由伊莉莎白發表談話。

「『迷你實驗室』是人類歷史上最重要的創建，如果你不這麼認為，現在就應該離開，」她宣布，並用冷峻嚴肅的表情掃視眾人，「每個人都必須盡人類最大努力把它做出來。」

崔・郝爾德（葛雷在帕薩迪納認識並網羅到 Theranos 的朋友）輕拍葛雷的腳，兩人會心地互看一眼，她剛剛的話坐實了他們對這個老闆進行過的心理分析：她把自己視為名留青史的世界級人物，現代版的居禮夫人（Marie Curie）。

六週後，他們再次來到佛格第酒莊，這回是慶祝和喜互惠結盟。站在露天活動小屋的平台上，伊莉莎白對著員工滔滔不絕講了四十五分鐘，雲霧慢慢飄來，彷彿巴頓將軍（General Patton）在盟軍登陸前對部隊精神講話。她說，眼前這片居高臨下的遼闊景色再適合不過，因為 Theranos 即將成為高踞矽谷的主導力量，末了她誇口：「我什麼都不怕，」停頓一會兒又說：「除了針頭。」

至此，葛雷已經完完全全幻滅，決心頂多再留兩個月，做滿一年股票入袋。他前一陣子回母校（喬治亞理工學院），參加就業博覽會，發現自己不敢向駐足 Theranos 攤位的學生開口介紹這家公司，反而把重點轉到在矽谷工作的優點。

問題之一是，伊莉莎白和桑尼似乎無法（或不願意）區別原型機和完成品的差別。葛雷協助建造的「迷你實驗室」是原型機，僅此而已，還需要徹底周全的測試和微調，這需要時間，很多時間。大多數公司會經過三輪原型機階段，才將產品上市，但是桑尼卻已經下單購買零組件，打算以第一台未經測試的原型機為藍圖，製造一百台「迷你實驗室」。這就好像波音公司建造出一架飛機，連一次試飛都沒有就告訴乘客：「來登機吧！」

必須透過大量測試解決的問題之一是：熱度。把那麼多儀器塞進小小的密閉空間裡，勢必會出現預料不到的溫度變化，干擾化學作業，導致整個系統的效能出錯。桑尼似乎以為只要把所有東西放進盒子裡，然後啟動，機器就會好好運作。要是那麼簡單就好了。

有一次，桑尼把葛雷和年紀較大的工程師湯姆・布拉米（Tom Brumett），拉進玻璃大會議室，質疑他們的工作熱情。葛雷很自豪於從未發火，但這次他沉不住氣了，他斜倚著會議桌，略帶威脅地前傾身子，滿是肌肉的高壯體格壓向桑尼。

「去你媽，我們做到累斃了，」他大聲咆哮。

桑尼嚇得後退，連忙道歉。

桑尼是個暴君，太常炒人魷魚，導致樓下倉庫逐漸養成一種小小日常。平易近人的供應鏈經理約翰・分吉歐（John Fanzio）在樓下倉庫工作，那裡逐漸成為員工可以安心吐苦水或閒聊八卦之地。每隔幾天，保全團隊主管艾格・巴斯（Edgar Paz）就會帶著惡作劇的表情走下來，手上藏著一個名牌，看到他出現，約翰和物流部門會興奮地靠攏，大家都知道接下來會發生什麼事。等到巴斯愈走愈近，他會慢慢把名牌轉過來、露出正面的頭像，然後大夥兒一陣驚呼，那是桑尼最新的刀下亡魂。

約翰和葛雷、喬登、崔、泰德結為好友，五個人形成公司唯一頭腦清醒的理智島。約翰大概是灣區唯一講究策略的供應鏈經理，他的工作地點就在卸貨區鐵捲門幾英尺處，但他很滿意，因為可以遠離桑尼的監視，又能避開他一心盯著每個人工作時數的騷擾。

很遺憾，倉庫的工作最終卻把約翰帶向結束。二〇一二年二月某個早上，和約翰一起在倉庫工作的收發人員，開了輛嶄新的 Acura 汽車來上班，他得意洋洋地秀給約翰看，約翰對他的新車讚美了幾句。第二天，那輛車卻出現一個大凹洞，是在公司停車場被撞的，約翰檢查停車場其他車輛，尋找擦撞跡象，結果找到了罪魁禍首，是桑尼介紹進來協助軟體開發的印度顧問。

看到那位顧問跟朋友出來抽菸休息時，約翰上前質問，但對方一口否認，儘管約翰已用卷尺比對 Acura 的凹洞大小和他車上的刮痕一致（這招是約翰從警察那邊學來的）。約翰建議收發同事去報警，把證據交給警察，這時情勢逐漸升高，印度軟體顧問上樓跟桑尼抱怨，桑尼立刻氣沖沖下來，氣到雙手明顯發抖。

「你想當警察是嗎？」桑尼對約翰大吼，語氣滿是挖苦，「那就去當警察！」

接著桑尼轉向附近站著的警衛，指著約翰向警衛說：「把他帶離這裡。」過去一年看多了艾格・巴斯開玩笑揭曉被桑尼開除的人名，沒想到現在輪到自己了。

葛雷不能認同朋友被開除的理由，更堅定離開的決心。一個月後，和他共事的年輕工程師不小心毀了部分電路板，桑尼把葛雷和湯姆・布拉米叫進辦公室，大發雷霆要他們供出是誰做的，他們拒絕，心裡都很清楚，如果交出那個年輕人的名字，他一定會被開除。

沒有意外，葛雷的股票順利入袋，當天稍晚他就到桑尼辦公室遞交辭職信。桑尼冷靜地收下，但等葛雷前腳一走，他馬上把崔、喬登、泰德一個個叫進去，調查他們的意向。三人都向他保證，葛雷的決定不會影響他們，他們會留在公司長長久久、賣力工作，他們知道這是桑尼想聽的話。

葛雷離職前最後一個週六依然到公司加班，桑尼對他表達感謝，還邀請他下週參加伊莉莎白舉行的會議，地點在紐華克（Newark），舊金山灣另一頭跟帕羅奧圖對望的小城市。Theranos剛在那租下一個大廠房，準備大量生產「迷你實驗室」。伊莉莎白正式向員工公布這塊廣大、空曠的空間，當她在台上講話時，在人群中看到了葛雷，立刻把目光鎖定在他身上。

「如果有誰認為自己不是在做人類歷史上最優秀的創建，或者抱著不屑、負面的態度，那你就該離開，」她把耶誕演說的主題再重複一次。接著，她仍然直視著葛雷，一面點名讚揚崔、喬登、泰德。在場有一百五十多個員工，有這麼多人可以點名，她卻偏偏稱讚葛雷三個朋友。這是最後的公開指責。

葛雷離開後的幾個月，Theranos 的旋轉門依舊瘋狂快速旋轉，人員流動極大，其中有一起荒誕事件跟大塊頭軟體工程師戴爾・波維（Del Barnwell）有關。人稱「大戴爾」的戴爾・波維，以前是海軍直升機駕駛，桑尼以他工作時數不夠長找他麻煩。甚至檢視保全監視影片追蹤他幾點上班、幾點下班，然後拿到會議上質問，宣稱影片顯示他一天只工作八小時。「我要修理你。」桑尼對他說，彷彿他是個壞掉的玩具。

不過，大戴爾可不想乖乖讓他修理。會議後不久，大戴爾就把辭職信寄給伊莉莎白的助理，沒有收到任何回音，於是他盡責地做完最後兩週。到了週五下午四點，大戴爾拿起個人物品往大樓門口走去，桑尼和伊莉莎白突然從樓上跑下來追他，說他沒簽保密切結書不能離開。

大戴爾拒絕，自己到任時早就簽過保密切結書，更何況他們有兩個星期的時間，可以安排離職面試，現在只要他高興就有離開的自由，而他剛好打算這麼做。他把黃色豐田（Toyota）FJ Cruiser 越野車開出停車場時，桑尼派警衛在後頭追，試圖攔下，但大戴爾不理睬警衛，自顧自揚長而去。

桑尼打電話報警，二十分鐘後，一輛警察巡邏車靜靜停在大樓旁，車頂的燈沒亮。氣急敗壞的桑尼告訴員警，有個離職員工拿走公司財產，員警問拿走什麼，桑尼用口音很重的英文脫口說出：

「他偷走放在他腦袋裡的財產。」

| NINE |

一場「健康布局」

喜互惠的業績很差。這家連鎖超市剛公布二〇一一年最後一季獲利，下滑六個百分點，表現叫人失望。面對參加視訊法說會的十幾位分析師，在位多年的執行長史帝夫・博德很難辯解。

其中，瑞士信貸銀行（Credit Suisse）分析師艾德・凱利（Ed Kelly）溫和地酸了一下博德，說他是用買回公司股票的方式來粉飾糟糕業績。從股市買回自家股票可減少在外流通的股票數量，等於用人為方式拉抬公司每股盈餘（EPS）——投資人最看重的數字——而實際盈餘其實是下滑的。這是老花招，熟悉企業操作手法的華爾街精明分析師一看便知。

大感不悅的博德表示不認同。他有信心喜互惠即將時來運轉，屆時就可證明現在買回自家股票是聰明的投資。為了證明自己的樂觀其來有自，他列舉了喜互惠正在進行的三大計畫：前兩個計畫在這群難以取悅的觀眾耳裡聽來了無新意，沒人當一回事，直到他細數到第三個時，分析師們個個豎起耳朵。

「我們在慎重考慮一個重大……呃……現在只能透露那是個健康布局。」他語帶神祕地說。這是博德第一次公開談及此事，他並沒有詳細說明，但分析師接收到的訊息是：這家高齡九十七、古板遲緩的雜貨連鎖有個祕密計畫，企圖重振停滯不前的業績。在喜互惠內部，這項祕密計畫的代號是「暴龍計畫」，指的不是別的，正是與 Theranos 的合作，而這項合作到現在（二〇一二年二月）已經醞釀兩年。

博德對這項合作案寄予厚望。他下令改裝喜互惠一千七百家門市中的半數，以便挪出空間增設高檔門診處，鋪上豪華地毯、訂做木工櫥櫃、裝設花崗岩工作檯、平面電視。在 Theranos 指示下，這些門診處要稱為健康中心，必須看起來「比 spa 中心更高級」。雖然三億五千萬美元的改裝成本全由喜互惠獨自承擔，但根據博德預期，只要開始提供 Theranos 新穎的驗血服務，成本就能回收。

法說會結束後幾週，博德和高階主管帶領一群分析師參觀喜互惠一家門市，距離總公司數英里，位處奧克蘭（Oakland）東邊風景秀麗的聖拉蒙谷（San Ramon Valley）。分析師們參觀了門市新設立的健康中心，但博德對於健康中心的服務仍然閃爍其詞，就連門市經理也被蒙在鼓裡。Theranos 堅持正式推出前要絕對保密。

自從兩家公司同意合作以來，已有多次拖延紀錄，伊莉莎白有一次甚至告訴博德，二〇一一年三月重創東日本的地震也妨礙到 Theranos 的生產能力，延誤卡匣的生產。喜互惠有些高層覺得這個理由太牽強，但博德仍不疑有他，他把這位史丹佛輟學生以及她的革命性技術（這項技術正好跟他對預防醫療的熱情不謀而合）想得太美好。

伊莉莎白有直通博德的熱線，也只回覆他一人。喜互惠位於普萊森頓的總公司已成立「戰情室」，一小撮知道暴龍計畫的高階主管每週在此開會一次，討論最新進度，博德每次開會必定到場，若人在外地就透過視訊。每當有疑問或議題需要詢問Theranos，博德就會大聲說：「我再跟伊莉莎白談談。」蘿莉．蘭達（一九七四年進入喜互惠時才十幾歲，從裝袋人員做起，一路按部就班往上爬，如今已是博德的左右手之一）和其他參與計畫的主管，都很驚訝於博德對這個年輕女子的寬容，他通常很要求副手和生意夥伴嚴守期限，但卻容許伊莉莎白一次又一次延後。有些同事知道博德有兩個兒子，他們開始懷疑他是不是把她當成女兒，不管是不是，他已經成了她的奴僕。

⧫ ⧫ ⧫

經過多次延宕後，好不容易合作案終於要在二〇一二年頭幾個月啟動：正式推出前先進行試營運，雙方同意由Theranos接手員工健康診所（喜互惠設立於普萊森頓總部的診所）的驗血工作。這個診所是博德的策略之一，希望鼓勵員工重視健康，以達到控制公司健保成本的目的。診所提供了免費健康檢查，檢查結果良好的員工可獲得健保費用折扣。診所位於公司園區的健身房旁邊，十分方便，人員編制有一位醫生和三位護士，設有五間檢查室，另外還有間小小的實驗室，櫃檯有個新招牌寫著：「Theranos 血液檢測」。

員工診所是蘭達的管轄範圍。除了其他職責，她還得監管喜互惠健康事業（Safeway Health），這是博德創設的附屬事業，把該公司的醫療保險專業賣給其他公司。蘭達的丈夫已輸掉跟肺癌的搏鬥（伊莉莎白第一次來到普萊森頓做簡報，已是兩年前的事），但她希望 Theranos 的無痛扎指檢測，可以幫助其他人免於丈夫所受的折磨——他在生命最後幾個月一再飽受針痛之苦。

蘭達剛聘請了喜互惠第一位醫療長，出身美國陸軍的肯特・布萊德利（Kent Bradley）。他從西點軍校與馬里蘭州貝塞斯達（Bethesda）軍事醫學院畢業後，進入陸軍服役超過十七年。布萊德利在軍中最後的任務是負責三軍醫療照護（Tricare）歐洲分部，Tricare 是提供給現役和退役軍人的醫療照護方案。蘭達把總公司內部診所，交由這位話語溫和的前軍醫掌舵。

布萊德利在軍隊處理過很多複雜的醫療技術，所以十分好奇 Theranos 系統的運作，可是他很驚訝得知，Theranos 竟不打算把它的裝置放在普萊森頓的診所內，反而派駐兩個抽血人員到診所抽血，再將採集的血液樣本用快遞送到舊金山對岸的帕羅奧圖檢測。他還注意到，每個員工必須抽血兩次，一次是用刺血針扎食指取血，一次是用傳統方式，用皮下注射針插入手臂抽血。為什麼需要用靜脈穿刺（venipunctures，用針抽血的醫療術語）？Theranos 的扎指技術，不是已經成熟到可用於消費者身上了嗎？他感到不解。

檢測報告出爐所需的時間，更加深布萊德利的猜疑。根據他的了解，檢測應該是幾乎即時進行，但有些喜互惠同仁卻得等上兩週才能拿到報告。而且，不是所有檢測都由 Theranos 執行。Theranos

雖從未提過會把部分檢測外包，但布萊德利卻發現，它把部分檢測外包給鹽湖城（Salt Lake City）一家大型參考實驗室ARUP。

不過，真正令布萊德利心中警鈴大作的，是開始有健康員工對檢測報告的「異常」結果感到擔憂而跑來找他。為了預防起見，他請他們到奎斯特或美國控股實驗室公司（LabCorp）再檢測一次，新的檢測結果每次都是正常，這代表Theranos的檢測結果不對。

某天，一位喜互惠資深高層拿到他的「攝護腺特異抗原」（PSA）報告，數值非常高，代表他幾乎確定罹患攝護腺癌。PSA是攝護腺細胞製造的一種蛋白質，男性血液中如果這種蛋白質的濃度愈高，罹患攝護腺癌的可能性愈大。可是布萊德利很存疑，他照例請憂心忡忡的同事到另一家實驗室重新檢測，果不其然，檢測結果也是正常的。

布萊德利把結果分歧的報告一一比對，Theranos的數值和實驗室的數值有些差距大到令人擔憂，而如果Theranos的數值跟其他實驗室數值一樣，又往往是出自ARUP的檢測。

布萊德利把他的擔憂告訴蘭達和布雷德．沃夫森（Brad Wolfsen，喜互惠健康事業總裁）。早因為過去兩年一再拖延而信心動搖的蘭達，鼓勵布萊德利去跟博德報告，布萊德利去了，可是博德禮貌性地置之不理，他向這位前軍醫保證，Theranos的技術已接受過仔細審核，沒有問題。

從喜互惠員工身上抽取的血液樣本，被送到帕羅奧圖東草地圈（East Meadow Circle）一棟單層石砌建築中。在二〇一二年春天，Theranos 暫時把剛起步的實驗室搬到這裡，公司其他逐漸擴大的營運則從山景大道搬到附近更大的大樓，前身是臉書所在地。

幾個月後，實驗室取得合格證書，證明符合 CLIA 規定（CLIA 是管理臨床實驗室的聯邦法律），但是這類證書並不難取得。雖然，CLIA 的最終執法單位是隸屬於聯邦政府的 CMS（聯邦醫療保險和醫療補助服務中心），但 CMS 把大部分例行的實驗室稽查工作下放給州政府，在加州則是由衛生局的「實驗室領域服務」（LFS）單位負責，而 LFS 的稽查工作因極度欠缺資金，難以履行監督職責。

要是史帝夫．博德獲准進入東草地圈實驗室（幾個房間串成一個網絡，座落在這棟低矮大樓的中央），他就會發現裡面連台 Theranos 的裝置都沒有，因為「迷你實驗室」還在研發，距離用在患者身上還早得很，實驗室有十幾台商用血液體液分析儀，都是其他公司所生產，像是芝加哥的亞培實驗室（Abbott Laboratories）、德國的西門子（Siemens）、義大利的代所潤（DiaSorin）。實驗室負責人是個難相處的病理學家阿諾．蓋普（Arnold Gelb），人稱阿尼（Arne），人員編制是幾位臨床實驗人員（又稱 CLS），他們是經過州政府認證可處理人體樣本的實驗室技術人員。雖然在這個階段只使用商用儀器，但還是有不少環節可能出錯，也真的出了錯。

主要問題在於：實驗室欠缺有經驗的人員。其中有位 CLS 叫柯索．利姆（Kosal Lim），非常懶散又缺乏訓練，跟他共事的黛安娜．杜普伊（Diana Dupuy）認為他會危及檢測結果的準確性。杜普伊來自德州休士頓，曾在聞名全球的安德森癌症中心接受訓練，成為CLS後的七年間，大多擔任輸血專業人員的職務，這個角色讓她得以大量接觸CLIA法規。她嚴格遵守規章，看到違規情事也絕不遲疑立刻舉報。

在杜普伊看來，利姆犯的錯誤不可原諒，其中包括：無視製造商對試劑處理方式的指示、把過期試劑和現用試劑放在同一個冰箱、用尚未校準的實驗室儀器為病患做檢測、對分析儀的品質控管不當、執行他未受過訓練的任務、汙染一瓶賴德染料（Wright's stain，一種混合染劑，用於區別血球種類）。個性火爆的杜普伊常當面質疑利姆，甚至跟他說過她要去當實驗室稽查員，杜絕他這種拙劣的實驗室技術人員。直到種種事實證明他達不到她的標準後，她開始記錄他不良的操作，固定用電郵寄給蓋普和桑尼，通常會附上照片做為證據。

杜普伊也擔心Theranos派駐喜互惠那兩位抽血人員的能力。一般來說，血液進行檢測前要用離心機旋轉，以便分離血漿和血球，那兩位抽血人員沒學過離心機的使用方式，並不知道要旋轉多久、用多快速度旋轉，血液樣本送達帕羅奧圖時，血漿常常已受到懸浮微粒汙染。此外她發現，Theranos使用的採血管很多已經過期，裡面的抗凝血劑已失效，樣本的完整性大打折扣。

某次又做了投訴後不久，杜普伊被派到德拉瓦州受訓，學習如何使用Theranos購買的一台西門子分析儀。一週後她回來，發現實驗室一塵不染。看來已等候她多時的桑尼，把她叫進會議室，用威嚇的語氣說，他趁她不在時巡視了實驗室一圈，沒發現任何一件她所投訴的事。接著他反而提起，杜普伊前往德拉瓦那天，讓男友進入公司幫她拿行李，嚴重違反公司的安全政策，因此決定開除她。給杜普伊時間消化這件事的嚴重性後，桑尼把蓋普叫進來，問他是否認為杜普伊是實驗室重要成員、要不要她繼續留下。蓋普說希望她留下，這時桑尼才不甘願地改變決定，杜普伊終究還是留了下來。

受到震撼的杜普伊，恍恍惚惚回到自己座位，直到ＩＴ部門一位同事輕拍她的肩膀，這才回過神。那位同事要她隨他到走廊借一步說話，他要重新建立她在公司的手機連線，需要她的個人資料。原來，桑尼在改變心意前早就下令切斷她的連線，連同公司電郵、網路權限全都斷了。

有話直說的杜普伊，註定在 Theranos 待不久。三個星期後某個週五晚上，桑尼回到東草地圈大樓，再次開除她，這次真的成定局。她隨即被押解送出大樓，連收拾私人物品的機會都不給，解僱理由是她到處嚷嚷讓大家知道，實驗室某個主要供應商因為公司貨款未付而暫緩公司訂單。

不高興遭到如此對待的杜普伊，那個週末發了封信給桑尼，堅持應該讓她取回私人物品——除了實驗室書籍外，還包括一個化妝包，裡面放著太陽眼鏡和加州的ＣＬＳ證照。那封信對桑尼的管理方式、實驗室的狀況，提出了強烈控訴（她同時傳了副本給伊莉莎白）：

有不只五個人警告過我，你是個自走砲，會不會爆炸全憑心情而定。也有人告訴我，任何跟你打交道的人都不會有好下場。

……

由柯索主導，又沒有人監督他或阿尼，這個ＣＬＩＡ實驗室註定要惹上麻煩。你請了平庸的實驗室主管，放任不夠格的ＣＬＳ亂搞，我百分之百跟你保證，柯索總有一天會在實驗室犯下大錯，給病人造成負面後果。其實我覺得他已經犯了好幾次錯，只是他把責任全推給試劑，就如同你說過的，只要是他碰過的東西就是災難！

我只希望讓你知道，你製造了一個人人因為恐懼而隱瞞你的工作環境，用恐懼和威嚇是沒辦法經營公司的……只會短暫有效，最後必然垮台。

桑尼同意派人和她在東草地圈大樓門口碰頭，還她的私人物品，但同時警告她會收到公司的律師函。過去這幾天，杜普伊收到大衛．道伊爾（Theranos 資深律師）一連串措辭嚴厲的信，要求她簽署一份聲明，保證將她任職期間所有資料交回公司或「永久銷毀」，並遵守保密義務。

杜普伊一開始拒絕，還聘請了奧克蘭一位律師向 Theranos 揚言提起不當解僱訴訟，但等到 Theranos 找來 WSGR 事務所的王牌律師，杜普伊的律師就轉而勸她放棄，簽下聲明了事，他告訴她，跟矽谷頭號法律事務所槓上，必輸無疑。她很不甘願地接受了律師的建議。

♦ ♦ ♦

喜互惠當然對此一無所知，仍然繼續讓 Theranos 經手普萊森頓診所的驗血工作，從二〇一二一整年到二〇一三年。另外，喜互惠也開始聘請抽血人員，進駐北加州數十家門市增設的健康中心，但是一個月又一個月過去，Theranos 還是繼續拖延推出日期。

二〇一二年四月底第一季法說會上，博德被問到喜互惠神祕的「健康布局」現況，當時他回答「時機尚未成熟」，但只要一上路就會對喜互惠的財務業績「產生實質影響」。到了七月法說會，他主動提到「極有可能在第四季推出」，然而第四季來了又走了，仍然沒有下文。

到這裡，部分喜互惠高層已經愈來愈生氣，他們因為公司沒達到業績目標而拿不到獎金，而業績目標是把Theranos合作案所帶來的額外營收和獲利算進去。健康中心的營收是由財務部高層麥特．歐瑞爾（Matt O'Rell）負責估算，他樂觀推估每個中心平均一天可帶進五十個病人，據此估計每年有二億五千萬美元額外營收，現在不只那二億五千萬連個影子都沒有，光是興建那些中心就花了一億多。

健康中心不僅閒置，還占據了門市寶貴空間，而那些空間原本可以用於營利的。受不了枯等，蘭達和布萊德利提出幾種空間利用的點子，其中一個是請營養師進駐健康中心提供飲食建議；還有把健康中心改成完整的醫療診所，由護理人員負責管理；另外還建議提供遠距醫療服務。他們遊說博德答應讓他們執行這些計畫，無奈他跟伊莉莎白討論後回絕了，他說，她不想讓出那塊空間。

喜互惠董事會也漸漸失去耐心。這份工作做了二十年，博德顯然已失去華爾街對他的信心。出任執行長的前十年，他非常成功，喜互惠股價一路上漲，然而近幾年來，他對健康醫療的熱情讓他看不到公司的核心仍然是不光鮮亮麗的雜貨銷售生意，而投入健康中心的大筆資金，以及無止盡延宕、看不到成果，是壓垮駱駝的最後一根稻草。

二〇一三年一月二日股市收盤後不久，喜互惠發出新聞稿，宣布博德將在五月年度股東會後退休，對外說詞是他主動提出的決定，但蘭達和其他高層都猜想是董事會要求他下台。即使人都要走了，博德對至今仍未公開的 Theranos 合作案還是樂觀以對。新聞稿上洋洋灑灑列出他在執行長任內的成就，其中還引述他的話：喜互惠很快就會「推出一項健康計畫，公司有可能從此改頭換面」。

博德離開後，跟伊莉莎白溝通的管道就斷了，想跟 Theranos 聯絡就得透過桑尼或兄弟幫。每次喜互惠高層問到最新進度，桑尼總是一再推遲，彷彿他的時間很寶貴、浪費不得，不然就是一副他們不懂這種規模的創新很花時間的態度。他的傲慢令人火大，但喜互惠仍遲遲不敢棄守這項合作。要是 Theranos 的技術真的能顛覆市場呢？那喜互惠接下來十年可能就得在懊悔中度過。害怕錯失機會，是一種威力強大的嚇阻力量。

至於博德，他顯然還沒準備退休。離開喜互惠短短三個月後，他就成立了一家顧問公司「博德健康」（Burd Health），為企業提供如何縮減醫療健保成本的建議。以同為醫療新創創業人的新身分，他試圖與伊莉莎白重新聯絡，但是她已讀不回。

| TEN |

「休梅克中校是哪個傢伙？」

大衛・休梅克（David Shoemaker）中校一直禮貌地聆聽，會議桌主位上這位年輕自信女子解釋她的公司打算怎麼做，聽了十五分鐘後，他終於忍不住開口。「你們在法規上的做法無法通過監管，」他打斷她。

伊莉莎白怒看一眼這位身穿迷彩服的四眼軍官，他繼續一一列舉她的方法會觸犯哪些法規，但這可不是她想聽的，邀請休梅克和他帶領的小小軍方代表團，在二〇一一年十一月某個早上來到帕羅奧圖，是要他們祝福 Theranos 順利將裝置部署到阿富汗戰場，而不是請他們來對 Theranos 的法規策略提出異議。

把 Theranos 的裝置應用於戰場上，是去年八月萌生的構想。當時，伊莉莎白在舊金山海軍紀念俱樂部飯店（Marines' Memorial Club）認識詹姆士・馬提斯（James Mattis）——時任美軍中央司令部（CENTCOM）部長——伊莉莎白即席推銷她的血液檢測新方法，只要扎一下手指就能快速診斷、治療受傷士兵，甚至可以救命，擄獲了這位四星上將的心。

詹姆士・馬提斯人稱「瘋狗」，極為重視部隊的防護安全，是最受愛戴的美軍指揮官之一。這位硬頸將領對科技的追求抱持開放態度，只要能讓部下在沒完沒了、殘暴的阿富汗戰爭，與塔利班搏鬥時更安全，他一律張開雙臂歡迎。認識伊莉莎白後，他要求中央司令部的部屬安排，讓 Theranos 的裝置可在戰事前線進行現場測試。

根據軍方規定，這類請求必須經過陸軍在馬里蘭州狄崔克堡（Fort Detrick）的醫療部門核准，通常會落到休梅克中校桌上。身為法規監督管理局（Division of Regulated Activities and Compliance）副局長的休梅克，職責是確保陸軍在進行醫療裝置試驗時，有確實遵守所有法律和規定。

休梅克並不是普通的軍隊官僚，他是微生物學博士，曾多年從事腦膜炎和兔熱病（tularemia）疫苗的研究（兔熱病是一種發現於棉尾兔體內的危險細菌，美蘇冷戰期間被用於武器），他是第一位在 FDA（食品藥物管理局）完成一年研究的陸軍軍官，等於是常駐陸軍的 FDA 法規專家。

他有著親切微笑以及南俄亥俄州的長尾音口音，是個冷靜、謙遜的人，但如有必要他也會單刀直入。他向伊莉莎白提出警告，Theranos 企圖採取完全繞過 FDA 的策略，是不可能成功的。尤其如果如同她所宣稱，打算明年春天在美國全面推出裝置的話，FDA 絕對不可能未審核程序就准許她這麼做。

伊莉莎白強烈不認同，引用律師給她的建議進行反駁。眼見她如此固執、防備心如此之強，休梅克很快就明白，繼續爭執下去只是浪費時間，她顯然聽不進任何抵觸她觀點的話。他環顧桌子四周，發現她竟然沒有帶法規專家與會，他懷疑這家公司甚至連法規專家都沒有，如果他猜得沒錯，那這家公司實在天真到不可置信的地步，健康醫療是美國規範最嚴格的產業，背後的理由非常簡單：人命關天。

休梅克告訴伊莉莎白，她必須先取得ＦＤＡ為她的立場背書的書面文件，他才能同意把她的機器用於軍事人員身上。伊莉莎白的臉色極為不悅，她繼續進行簡報，但接下來的一整天都沒有給他好臉色看。

• • •

十八年從軍生涯中，休梅克遇過很多人總認為軍隊可免受民間法規的規範，只要喜歡就可進行醫療研究，事實並非如此。不過，倒也不是說這種事以往沒發生過，二次大戰時國防部曾在美國大兵身上測試芥子毒氣（mustard gas），一九六〇年代也曾在犯人身上測試橙劑（Agent Orange），但軍方進行這種無人監督、為所欲為實驗的日子早已遠去。

舉個例子，一九九〇年代塞爾維亞衝突中，國防部先取得了ＦＤＡ的同意，才將仍在試驗階段的蜱媒腦炎（tick-borne encephalitis）疫苗，提供給部署於巴爾幹半島的部隊，而且只有願意接種疫苗的士兵施打。同樣地，二〇〇三年陸軍跟ＦＤＡ密切合作，才讓駐伊拉克美軍有試驗階段的肉毒桿菌疫苗可施打——當時外界擔心海珊（Saddam Hussein）囤積這種致命生物製劑，而狄崔克堡研發的疫苗卻還沒獲得ＦＤＡ許可。

上述兩例中，陸軍都諮詢過人體試驗委員會（ＩＲＢ）——軍方內部的委員會，負責監督醫療研究，確保研究在安全、符合倫理的條件下進行。只要經過ＩＲＢ認定沒有重大風險的研究，ＦＤＡ通常會放行，前提是必須根據ＩＲＢ審核通過的嚴謹流程來進行。

疫苗如此，醫療裝置也是如此。如果 Theranos 想在阿富汗的美軍身上測試其血液檢測機器，休梅克很確定 Theranos 必須提出一份獲得ＩＲＢ許可的試驗計畫流程。但眼看伊莉莎白如此固執，而他也會受到中央司令部事後調查，所以他決定引進耶利米．凱利（Jeremiah Kelly，曾服務於ＦＤＡ的陸軍律師）的意見。

休梅克跟伊莉莎白安排了另一次會議時間，以便凱利能直接聽取她的說法並提供第二意見。他們同意於二〇一一年十二月九日下午三點半見面，地點在華盛頓特區，Theranos 的律師事務所 Zuckerman Spaeder 辦公室。

伊莉莎白獨自赴會，帶的文件只有一頁，內容概述幾週前休梅克在帕羅奧圖聽她講過的那套法規做法。他不得不承認，她那套方法很有創意，甚至可說是偷偷摸摸。

文件上說明，Theranos 的裝置只是遠端採樣工具，真正的血液分析工作會在 Theranos 的帕羅奧圖實驗室進行，會在實驗室用電腦分析 Theranos 裝置傳回的數據，再由合格的實驗室人員檢驗、解讀結果，因此只有帕羅奧圖實驗室需要取得合格證明，裝置本身等於是一台「啞巴」傳真機，可以不受法規約束。

休梅克發現還有一個問題很難視而不見：Theranos堅持其裝置所做的血液檢測是LDT（實驗室自行研發的檢驗），因此不在FDA監督範圍。

當時Theranos的立場是：它在帕羅奧圖的實驗室取得CLIA合格證明就已足夠，便可在任何地方使用其裝置。這種論述很聰明，但是休梅克不買單。Theranos的裝置絕不只是啞巴傳真機而已，它們是血液分析儀，跟市場上其他血液分析儀一樣，最終勢必得通過FDA的檢驗、許可。在取得FDA許可前，Theranos必須諮詢IRB（人體試驗委員會），提出一套FDA可接受的試驗流程，而這個過程一般需要六至九個月。

雖然有陸軍律師在場，伊莉莎白還是不認同，她的身體語言已不像在帕羅奧圖那麼充滿敵意，比較願意好好討論，但仍然陷入僵局。奇怪的是，Zuckerman Spaeder法律事務所並沒有派人到場，休梅克原以為她會在事務所好幾個合夥人陪同下現身，但卻只看到她獨自一人。她繼續搬出律師給她的建議，但卻沒有半個律師在旁證明。

會議最後，休梅克重申，他必須先看到FDA替Theranos的法規見解背書的書面文件，才能簽署放行在阿富汗的試驗。伊莉莎白同意去取得這樣的信件，她表現得好像那只是個例行手續罷了，休梅克強烈不以為然，但至少態勢很清楚，現在球落到Theranos那一邊了。

此後，休梅克再也沒有聽到任何相關消息，直到二〇一二年春末中央司令部再度來函詢問。他忍不住發起火來。Theranos不僅沒有提出他要求的信件，甚至自從十二月他和凱利到華盛頓見過伊莉莎白之後，就無消無息。

取得上司同意後，休梅克決定自己聯繫FDA。二〇一二年六月十四日，他寄了封電郵給莎莉．霍薇特（Sally Hojvat），FDA微生物裝置部門主管，休梅克二〇〇三年在FDA進修時曾與她共事，恰巧在上週一場會議上不期而遇。休梅克向霍薇特解釋了Theranos的情況，還說這家公司的法規做法「相當新穎」，請求FDA指點一二。他原以為這封信只是尋求建議的非正式信件，沒想到卻引發後續一連串事件，如果早知會如此，他發信前一定會慎重三思。

霍薇特把他的詢問信轉寄給五個同事，其中一個是艾貝托．古鐵雷斯（Alberto Gutierrez），體外診斷暨放射線健康部門（Office of In Vitro Diagnostics and Radiological Health）主管。古鐵雷斯是普林斯頓大學化學博士，在FDA二十年的工作生涯中，剛好有不算短的時間思考LDT相關問題。

FDA早就考慮要把LDT納入規範，不過實務上並沒有這麼做，因為一九七六年聯邦食品、藥品和化妝品法案（Federal Food, Drug, and Cosmetic Act），將規範範圍從藥品擴大到醫療裝置時，LDT並不普遍，只是地方性實驗室碰到罕見醫療案件才偶一為之。

到了一九九〇年代，情況有所改變，各家實驗室開始做比較複雜的檢測供大量使用，包括基因檢測。根據FDA自己的估計，市場上出現許多有瑕疵、不可靠的檢測，檢測項目從百日咳、萊姆病（Lyme disease）到各種癌症都有，對病患造成的傷害不可勝數。FDA內部逐漸形成共識，有必要開始監督實驗室這方面的業務，而最極力擁護此主張的人就是古鐵雷斯。當他看到霍薇特轉寄來的休梅克信件，不可置信地搖了搖頭，信中所提的迴避FDA監督巧門，正是他想遏阻的。

古鐵雷斯雖然認為LDT的監管該由FDA負責，而不是CMS（聯邦醫療保險和醫療補助服務中心），但這不代表他跟CMS的同事處不好，相反地，他們有很好的合作關係，常透過兩個機關的熱線溝通，試圖彌補過時法令所衍生的法規落差。他把那封信轉寄給裘蒂絲．祐絲特（Judith Yost）和潘妮．凱勒（Penny Keller），CMS內部負責監管實驗室的單位成員，前面還加了幾句話：

> 看看這個!! CMS會把這個認定為LDT嗎？我看不出我們會對此案行使自由裁量權。
>
> 艾貝托

經過幾次信件往返，古鐵雷斯、祐絲特、凱勒得出相同的結論：Theranos的做法並未遵守聯邦法令。祐絲特和凱勒決定，派人去帕羅奧圖走一趟也沒什麼損失，去看看這家他們沒人聽過的公司到底在做什麼，順便糾正他們錯誤的觀念。

這項工作落到蓋瑞．山本（Gary Yamamoto）頭上，他是CMS舊金山分處的資深稽查員。兩個月後，二〇一二年八月十三日，山本未事先通知就抵達Theranos位於帕羅奧圖的辦公室，當時Theranos已經搬到臉書舊址：南加州大道（South California Avenue）一六〇一號，距離原本在山景大道的據點不到一英里。

桑尼和伊莉莎白把山本帶到會議室，山本說明因為接到投訴而來一探究竟，話才剛說完便驚訝發現，他們竟然知道投訴信是哪裡來、誰寫的，顯然有人已通風報信，把休梅克寄給FDA的信告訴他們。伊莉莎白很不高興，情緒清楚寫在陰沉的臉上，她和桑尼都假裝不知道休梅克信裡所說的事。沒錯，她和那位陸軍軍官見過面，但從未告訴他Theranos打算在CLIA合格證明的掩護下，四處部署其血液檢測機器。

那Theranos申請CLIA證明是做什麼用呢？山本問道。桑尼回答，他們想知道實驗室的運作方式，也想知道除了自己成立實驗室之外，是不是有更好的方法。山本覺得這個回答有點可疑也沒道理，他要求看看他們的實驗室。

他們不能像拒絕凱文．杭特一樣拒絕他進入，他可是聯邦監管機構的代表人，不是他們可以藐視的民間實驗室顧問，於是桑尼很不甘願地把他帶進二樓一個房間。杜普伊遭到開除後，Theranos就把實驗室從暫時的東草地圈搬到此處。

山本看到的情況並沒有多好，但也沒有什麼大問題，那是個小空間，裡面有幾個人穿著白色實驗服，還有少數幾台商用診斷儀器閒置一旁，跟其他實驗室沒有什麼兩樣，看不出有特別或新奇的血液檢測技術。當他指出這點，桑尼馬上說Theranos的裝置還在研發，沒獲得FDA許可前沒打算部署使用——跟伊莉莎白不只一次向休梅克說的內容明顯矛盾。山本不知道該相信哪個，那位陸軍軍官為什麼要編造出這些呢？

不過，Theranos目前運作沒有明顯的違規事實，所以山本搬出實驗室法規告誡一番，就放過桑尼了。山本還特別強調，休梅克寫給莎莉·霍薇特的信中所描述的假想情況——憑著一份CLIA證明，就可遠端使用仍在試驗階段的血液分析儀——是不可能的，如果Theranos打算把裝置推展到其他地點，那些地方同樣必須取得CLIA證明才行，不然就是裝置本身通過FDA許可，若能這樣最好。

覺得公司受到攻擊時，伊莉莎白不是那種坐著不動、默默承受的人。她寫了封極為憤怒的信給馬提斯上將，強力反擊那個膽敢阻擋她去路的人。她寫道，休梅克傳達「刻意造假的訊息」給FDA和CMS。接著，她用好幾段篇幅大肆蔑視那位中校，還說「在我們律師協助下」列出七點據說是他跟FDA和CMS傳達的錯誤說法，信中最後提出一個要求：

> 我們要立即採取行動糾正這些誤導言論，懇請協助向兩個主管機關修正這些錯誤訊息，感激不盡。休梅克中校向FDA表示他要「提醒」他們注意「Theranos在做的事」，還提供不正確訊息給FDA，讓我們看起來好像違法。這些錯誤訊息來自國防部內部，因此，若由國防部適當的人正式予以糾正比較有用。謝謝您的關心以及撥冗。

敬祝萬安

伊莉莎白

幾個小時後，馬提斯看了伊莉莎白的信，勃然大怒。他把信轉寄給艾林・艾格（Erin Edgar）上校——中央司令部的外科醫師指揮官，同時是馬提斯指派促成 Theranos 戰場檢測的副官——隨信寫下他的憤怒：

艾林：

休梅克中校是哪個傢伙？到底發生了什麼？……我一直想盡快讓這個裝置可以在戰場進行檢測，在合法且合乎倫理的情況下。我需要知道以下信件所說的稽查是否真有其事，還有這個新出現的障礙該如何克服……重點是，我需要知道以下說法的正確性。如果需要我跟休梅克中校和曼恩中校（LTC Mann）見面，聽他們解釋我所追求的東西到底哪裡不合乎倫理或不合法，請安排他們在我回到坦帕（Tampa）時與我見面（我會在戰區耽擱，原訂回來的時間會往後延）。

謝謝，馬。

CMS 稽查員的突擊檢查，促使伊莉莎白就戰鬥位置，她打了通電話給艾格上校，揚言要控告休梅克。艾格把她的威脅轉述給他這位在狄崔克堡的同事，也提了稽查事件，此外，還把伊莉莎白寫給馬提斯以及馬提斯的回信轉寄給休梅克。

看完這些信，休梅克一臉慘白。馬提斯是軍中最有權勢、最令人畏懼的人物之一，這位直率不諱的四星上將，曾告訴駐伊拉克海軍陸戰隊：「要有禮貌，要專業，但也要有見一個殺一個的計畫。」如果你的軍階比較低，他絕對不是你想對立的人。

休梅克真心抱歉他的行為導致 Theranos 遭到稽查，他很清楚這種稽查會多麼令人不爽。他上一個任務是在陸軍傳染病醫學研究所（USAMRIID），接手擔任生物安全部門主管——這個部門負責確保軍中研究所使用的生物威脅（biothreat）製劑是安全的。上任兩週後，二〇〇八年七月就發生布魯斯・埃文斯（Bruce Ivins）自殺，隨著這起自殺，揭露了埃文斯可能就是二〇〇一年炭疽攻擊犯案者，導致政府各機關排山倒海而來的稽查，持續兩年之久，而休梅克正是接受稽查單位的軍官。

在艾格上校的鼓勵下，休梅克試圖化解危機。他寫信給 CMS 官員，表示他從未暗示 Theranos 已經執行那套法規策略，而是說 Theranos 正在考慮，另外也表達了他的驚訝，CMS 竟然告訴 Theranos 他就是要求稽查的人。結果他收到的回信又帶來另一個驚訝：CMS 並沒有告訴 Theranos 這件事，稽查員抵達時，對方手上已經握有他跟 FDA 往返的信件。

休梅克拿著這個訊息去質問艾格上校，艾格不好意思地承認是他把休梅克寫給莎莉・霍薇特的信轉給伊莉莎白，他認為自己是在盡監督之責。他向休梅克道歉，並邀請他下週到佛羅里達坦帕的中央司令部總部，向馬提斯解釋這整起法規事件的來龍去脈。聽到要面對面跟上將開會，休梅克很緊張，但還是接受了邀請。休梅克去問艾貝托．古鐵雷斯能不能陪同，他心想有個ＦＤＡ高層背書，會讓他的說法更具分量。儘管臨時才知會，但古鐵雷斯仍然答應一同前往。

二〇一二年八月二十三日下午三點整，艾格上校護送兩人走進馬提斯在坦帕馬克迪爾空軍基地（MacDill Air Force Base）的辦公室。這位六十一歲將領的模樣十分令人畏懼，一身健壯肌肉和寬肩，雙眼的黑眼圈代表這個人連睡覺都嫌麻煩。他的辦公室滿是長期軍旅生涯的紀念物，在成堆的旗幟、徽章、硬幣中，休梅克的視線短暫停留在一套陳列於玻璃櫃的華麗刀劍。等他們在辦公室另一邊鑲有木板的會議室入坐，馬提斯立刻開門見山切入重點：「兩位，我努力想部署這個東西已經一年，到底發生了什麼？」

休梅克已經再次跟古鐵雷斯把整件事細究過一遍，有信心自己站得住腳。他先開口，簡短概述這件起因於 Theranos 技術用於戰場的事件，古鐵雷斯接著說他這位同袍的法律見解是正確的：Theranos 絕對必須受到ＦＤＡ的規範，而由於ＦＤＡ尚未檢驗、核准其商業使用，所以只能在ＩＲＢ設定的嚴格條件下才可用於人體試驗，而條件之一就是受試者必須在知情的情況下簽署同意書——眾所皆知，這在戰區很難取得。

馬提斯不願輕易放棄，他想知道他們有沒有什麼可行的建議，如同他幾個月前寫給伊莉莎白的信中所寫，他很相信她的發明對軍中部屬將有「顛覆性的影響」。古鐵雷斯和休梅克提出一個解套方法：「有限目標試驗」（limited objective experiment），利用剩餘的、去除身分識別（de-identified）的軍人血液樣本進行，如此就不必事先取得同意，也只有這種方法能如馬提斯所願最快速推展，他們同意往這個方向進行。短短十五分鐘後，休梅克和古鐵雷斯就跟馬提斯握手並走了出來，休梅克馬上大大鬆了口氣，總的來說，馬提斯雖然板著一張臉但是講道理，而且達成了可行的妥協方案。

「有限試驗」不若馬提斯腦中所想的戰區現場試驗那麼宏大，Theranos 的血液檢測不會用於了解受傷士兵的治療情況，只會使用事後剩餘的血液進行檢測，看看檢測結果跟軍隊一般檢測方法是否一致，但也算是邁出了一大步。休梅克早期曾有五年時間，負責監管生物威脅製劑的診斷檢測開發，很贊成使用戰區軍人的匿名樣本，這種方法所取得的數據對於申請 FDA 許可很有幫助。

不過，Theranos 卻沒有在接下來幾個月善用這個機會，令人百思不得其解。二〇一三年三月馬提斯上將退伍，這項用去除身分識別的剩餘樣本來進行的研究卻尚未開始；幾個月後艾格上校接手新任務，出任陸軍傳染病醫學研究所（USAMRIID）指揮官，研究仍然尚未開始。Theranos 似乎就是成不了事。

二〇一三年七月，休梅克中校退伍，歡送典禮上，他在狄崔克堡的同僚頒給他「倖存證書」，表彰他有勇氣親自面對馬提斯，而且活著走出來。他們還送了一件 T 恤，正面寫著：「從一場向四星上將的簡報中倖存之後，你會做什麼？」答案在背面：「退休，揚帆航向落日。」

| ELEVEN |

點燃引信！訴訟戰爭即將開始

二〇一一年十月二十九日上午十點十五分，比佛利山冷水峽谷街（Coldwater Canyon Drive）一二三八號的門鈴響起，這棟覆蓋於棕櫚樹下、大門深鎖的一層樓義式別墅，屬於理查·傅伊茲夫婦所有。他們兩年前購入，為了住在離孩子比較近的地方，兩個小孩從喬治城大學（Georgetown University）畢業後都從華盛頓特區搬到洛杉磯。

理查·傅伊茲一打開大門，一位傳票送達員交給他一疊法律文件。「我是來送傳票給傅伊茲科技公司（Fuisz Technologies），」男子說。

傅伊茲告訴他，他無法收下傳票，因為那家公司雖然掛著他的名字但已經不屬於他，十多年前就已賣掉，現在屬於加拿大藥商「威朗製藥」（Valeant Pharmaceuticals）。男子打了通電話，把傅伊茲的話複述一遍，電話那頭傳來大吼大叫的聲音，說他到達的地址正確，只要把傳票送達就是了。但傅伊茲仍然拒絕收下，失去耐心的男子把文件丟在他腳邊就走了。傅伊茲拿出手機，拍下散落門口走道的文件，他心裡很清楚這是怎麼一回事，身為這起訴訟的被告之一，他兩天前已經收到同樣的文件。思考了一分鐘後，他彎下身子撿起這堆東西，他還是不希望鄰居看到。

這起訴訟是 Theranos 向舊金山聯邦法院提起，指控他和喬・傅伊茲、約翰・傅伊茲（他第一段婚姻的兩個兒子）共謀竊取 Theranos 機密專利資料，並拿去申請專利與 Theranos 競爭。訴訟書上指控，約翰任職於 Theranos 以前的專利律師事務所 McDermott Will & Emery（以下稱 McDermott）期間，替父親竊取該資料。

控告書第一頁最上方顯示，Theranos 聘請了知名律師大衛・波伊斯（David Boies）代表它。不過，波伊斯如此鼎鼎大名，他事務所人員的研究工作竟然做得七零八落，連傅伊茲的公司名字都搞錯。理查和喬的新公司是傅伊茲製藥（Fuisz Pharma），現在有爭議的專利權就是以這個公司名字申請，不是傅伊茲科技公司。

傅伊茲和兩個兒子對這起官司很生氣，但一開始並不過於擔心，他們很確定那是不實指控。傅伊茲第一次也是唯一一次向約翰提到伊莉莎白・霍姆斯的新創公司，是在二〇〇六年七月他寄給兒子的電郵中，裡面附有 Theranos 一項專利申請的網頁連結，是他在專利局公開資料庫看到的。那封信的寄出日期，比傅伊茲提出自己的專利申請晚了兩個多月，信裡詢問約翰是否知道 McDermott 事務所處理 Theranos 專利申請的人是誰，約翰回覆說 McDermott 是家大型事務所，他不知道是誰經手。

約翰對這封電郵往來幾乎沒有印象，時間過了六年，更是完全不復記憶，對他來說，這起官司是他第一次看到、聽到 Theranos 這個字。

約翰沒有理由希望伊莉莎白或她的家人過得不好。他二十歲出頭時，伊莉莎白的爸爸幫他寫了封推薦信，幫助他取得天主教大學（Catholic University）法學院入學許可。後來，約翰第一任太太因為婆婆的關係認識伊莉莎白的媽媽諾兒，結為好友，約翰的大兒子出生時，諾兒甚至帶禮物到他們家送給小嬰兒。

更何況，理查和約翰父子並不親。約翰覺得父親是個傲慢自大狂，一直盡可能減少兩人的互動往來，二〇〇四年甚至把父親從 McDermott 的客戶名單除名，因為他難搞、付款又拖拖拉拉。如果認為約翰會願意危及自己的律師生涯而替父親偷竊資料，是完全不了解這對父子冷若冰霜的關係。

不過，伊莉莎白會對理查．傅伊茲這麼抓狂，倒是可以理解。傅伊茲二〇〇六年四月申請的專利，在二〇一〇年十一月正式成立，專利編號為七八二四六一二，這下他阻擋了伊莉莎白想把 Theranos 裝置放入大眾家中的願景。如果那個願景有朝一日成真，她就得取得傅伊茲的條碼機制授權，才能向醫師警示病人的檢測結果異常。專利正式成立那天，傅伊茲還故意寄了傅伊茲製藥公司的新聞稿到 info@theranos.com（Theranos 放在網站供人詢問的電郵地址）耀武揚威。伊莉莎白不願屈服於這種「勒索」，她決定把這個老鄰居碾壓個粉碎，聘請美國最厲害、最可怕的律師緝拿他。

大衛・波伊斯的傳奇故事比他本人還有名。他在一九九〇年代聲名鵲起，成為全國性人物，當時司法部聘請他向微軟提起反托拉斯訴訟。在他邁向一場轟動美國的法庭勝利中，波伊斯在錄影作證中拷問了比爾・蓋茲長達二十小時，徹底瓦解這位軟體巨人的防衛。接著，二〇〇〇年競爭激烈的總統大選中，他代表艾爾・高爾（Al Gore）走進最高法院，他的法律名人地位隨之確立。更晚近一點，他成功帶頭推翻了加州禁止同性婚姻的「八號提案」（Proposition 8）。

波伊斯是訴訟大師，必要時下手絕不留情。從一個案件可看出他無所不用其極的價值觀：他把客戶和棕櫚灘（Palm Beach）一家小型草坪養護業者之間的商業糾紛不斷拉高，演變成一宗告上聯邦法院的敲詐訴訟。他指控業者和其三名園丁密謀、詐欺、勒索，還有最後一個但一點也不小條的：違反反托拉斯法。邁阿密法官裁定不受理這件訴訟後，波伊斯繼續上訴到亞特蘭大的美國聯邦巡迴上訴法院（U.S. Court of Appeals for the Eleventh Circuit），直到上訴失敗才撤銷。

波伊斯隸屬的法律事務所 Boies, Schiller & Flexner（以下稱BSF），以手段激進聞名，傅伊茲一家不用多久就明白個中原因。Theranos 提起告訴前的幾個星期，傅伊茲父子三人都發現自己被監視的蛛絲馬跡。理查・傅伊茲開車到凡奈斯機場（Van Nuys Airport）搭機前往拉斯維加斯，發現有車子尾隨；住在邁阿密的喬則是有鄰居警告他（鄰居是退休警察，自認為是鄰里一帶的隊長），有人在監視他家；約翰和太太則發現，有個男子在拍攝他們喬治城住家的照片。現在，傅伊茲父子已經確定那些是波伊斯雇用的私家偵探。

監視一直持續到訴訟提出後，令傅伊茲的太太蘿芮緊張不安。常常有車子停在他們比佛利山住家的對街，車上駕駛閒坐在裡面。有一天，蘿芮注意到駕駛座上是個金髮女子，心裡愈來愈相信那就是老朋友諾兒．霍姆斯。傅伊茲覺得不太可能，不過還是抓起相機和望遠鏡頭，站在屋子裡拍下那台灰色豐田 Camry，接著他走出屋外直接去找那個駕駛，一走近車子，對方就迅速開走。事後他仔細看那張照片，女子的臉孔無法清楚辨識，無法排除諾兒的可能性。蘿芮為此更加心煩意亂，她相信一定是霍姆斯家試圖要搞到他們破產、占有他們的房子，她變得幾乎歇斯底里。

波伊斯用私家偵探不只是一種恫嚇手段，更是塑造伊莉莎白和桑尼世界觀的妄想症使然。這個妄想症的中心想法是：實驗室產業兩大龍頭奎斯特診斷公司和美國控股實驗室公司，一定會不擇手段暗中破壞 Theranos 及其技術。賴瑞．艾利森和其他投資人最初找上波伊斯代表 Theranos 打官司時，所傳達的首要顧慮就是這個，換句話說，波伊斯的任務不只是控告傅伊茲，而是調查傅伊茲有沒有跟奎斯特、美國控股實驗室勾結。事實上，Theranos 當時根本就不在那兩家公司的雷達上，而傅伊茲的人生儘管多采多姿又充滿陰謀詭計，他跟那兩家公司連一點點關係都搭不上。

Theranos 提出告訴兩個月後，約翰．傅伊茲聘請的 Keker & Van Nest 法律事務所寄給波伊斯好幾份文件，對於反駁 Theranos 的指控很有幫助。其中一份是 McDermott 檔案經理布萊恩．麥考利（Brian McCauley）的聲明，說明他們徹底調查了 McDermott 的檔案管理和電郵系統，沒有跡象顯示約翰或其祕書曾經取用任何 Theranos 檔案，聲明還附上各項物證，說明麥考利採取了哪些步驟才做成此項結論。不過，波伊斯五天後在回信中將那些文件斥為「只是利己陳述」、「說服力薄弱」。

理查．傅伊茲則是直接訴諸 Theranos 董事會，寄了好幾封信給董事，其中一封有伊莉莎白兒時照片，意在強調兩家人曾經親近友好，相識已久。還有一封則放進一個活頁夾，附上他二〇〇六年四月申請專利前與專利律師往來的信件，企圖證明那項專利是出自他自己的成果。此外，他也提出想跟董事見面的提議。結果他收到的唯一回覆來自波伊斯，信中寫到Theranos感到「不解」，為什麼他覺得這些電郵可以證明些什麼。

◆ ◆ ◆

雖然，波伊斯沒有什麼證據能證明約翰·傅伊茲做了Theranos指控的事，但他打算從約翰的過去下手，在法官或陪審團腦中種下懷疑的種子。

一九九二年約翰剛從法學院畢業時，扮演過父親和一位大學朋友之間的信差。那個朋友當時任職於世達律師事務所（Skadden, Arps, Slate, Meagher & Flom，縮寫為Skadden），他請約翰轉交一疊世達帳單給父親，當時理查·傅伊茲正跟世達的客戶打官司。那個客戶是重機械製造商特雷克斯（Terex Corporation），特雷克斯控告傅伊茲誹謗，因為傅伊茲在國會委員會上，指稱特雷克斯販賣飛毛腿飛彈給伊拉克。儘管那次事件已是二十年前的陳年往事，誹謗官司也以和解收場，法院並未發現約翰有任何不法，波伊斯仍然打算以此影射約翰有竊取資料給父親的黑歷史。

波伊斯打算好好利用的資料中，有些較為近期，殺傷力也可能比較大：McDermott曾在二〇〇九年強迫約翰辭職，因為他在一起不相關的事件上跟事務所不同調。事件起因是，約翰堅持事務所在國際貿易委員會（USITC）一起訴訟中，應該撤回一份偽造文件。該起訴訟中，McDermott 代表中國一家國營企業，對抗美國政府的「不公平進口調查室」（OUII），McDermott 領導階層同意撤回那份文件，但此舉嚴重削弱中國客戶的辯護力，激怒了 McDermott 資深合夥人。隨後 McDermott 要求約翰辭職，列出多起事件做為他不適任合夥人的證明，其中所列的理由之一是有客戶投訴他，當時 McDermott 拒絕告訴約翰投訴者是誰、投訴內容為何，但是現在他猜想一定是二〇〇八年九月伊莉莎白向恰克・沃克投訴他父親專利那一次。

波伊斯試圖把約翰・傅伊茲描繪成壞人的策略，在二〇一二年六月踢到鐵板，因為那些對約翰不利的主張都被主審法官駁回，理由是加州對律師不當執業的一年追訴期已過。接著，波伊斯反手把 McDermott 告上華盛頓特區地方法院，不過很快就被駁回，法院裁定 Theranos 對約翰和 McDermott 事務所的指控純屬臆測，「不能只因為律師在這家事務所工作有管道（取得 Theranos 文件），就認定該事務所未盡到保密之責，」法官寫道。

不過波伊斯還有得玩：加州訴訟案的法官雖然駁回波伊斯對約翰的指控，但是對理查和喬的指控仍成立，繼續進入審理程序。雖然約翰已不再是被告，但波伊斯仍然可用父子勾結的論述來對付理查和喬。

隨著訴訟拖到秋天，約翰一開始對官司的不快也演變成對伊莉莎白的盛怒。離開 McDermott 後，他自己成立事務所執業，Theranos 的案子和指控害他失去好幾位客戶，手上兩件案子的交手律師也引用 Theranos 案件抹黑他。二〇一三年春天，BSF 事務所的律師要求他出庭作證時，他的怒氣因為另一個壓力而更加生猛：太太雅曼達（Amanda）診斷出血管前置（vasa previa，一種懷孕併發症，胎兒的血管外露，有破裂危險）。她和約翰一直處於焦慮狀態，直到胎兒長到三十四週、可以接生放入新生兒加護病房。

即使在最好的狀態，約翰也是個十分易怒的人，從小到大常跟其他男生打架。那天在法庭上接受波伊斯一位合夥律師質問時，他鬥志滿點又暴躁易怒，不僅出口成髒，脾氣也大爆發。長達六個半小時作證的最後，他語出威脅，正中波伊斯下懷。他父親的律師問他，這起官司是否造成其名譽受損，如果有，是不是也影響到他這次在法庭上的行為舉止，他回答：

> 當然是，我對這些人何止是火大，等這件官司了斷後，我準備要報仇，告死他媽這些人。我保證絕對不讓伊莉莎白．霍姆斯這輩子還有機會成立任何他媽的公司，我會用盡一切力量提出專利申請，搞到她死為止，絕對。

約翰．傅伊茲怒氣沸騰的同時，他的父親和弟弟愈來愈擔心這起官司的花費。他們聘請了洛杉磯法律事務所 Kendall Brill & Klieger，代價是一個月十五萬美元左右，經手此案的合夥律師蘿拉．布莉爾（Laura Brill）想提出「反策略性訴訟動議」（anti-SLAPP；譯按：SLAPP 是一種策略性訴訟，目的是以龐大訴訟費用恫嚇批評者，使其放棄對抗），意圖讓這起訴訟看似很無謂，但得另外花費五十萬美元，而且不保證成功。父子倆決定改聘規模較小、沒那麼貴的北加州事務所 Banie & Ishimoto，同時聘請喬治華盛頓大學（George Washington University）法學院教授史蒂芬・薩茲伯格（Stephen Saltzburg，傅伊茲以前的法律工作都由他經手）監督事務所的處理。

另外一邊，傅伊茲父子知道他們對抗的是全世界最昂貴的律師之一。波伊斯向客戶收取一小時將近一千美元的報酬，據說年收入超過一千萬美元。不過，父子倆不知道的是，這次波伊斯以股票取代收費，伊莉莎白給他的事務所三十萬股 Theranos 股份，一股十五美元，算起來波伊斯的服務要價四百五十萬美元。

這不是波伊斯第一次向客戶採取另類收費方式，以股票付款。網際網路泡沫年代，他曾經收取股票替 WebMD（提供醫療訊息給消費者的網站）打官司，他把自己當成創投來接案，盤算長期來看收取股票可讓他和事務所賺更多。不過這也代表他在 Theranos 擁有財務利益，不只是 Theranos 的律師，這也是為什麼二〇一三年初波伊斯開始出席 Theranos 每次董事會。

◆ ◆ ◆

雖然，Theranos 所有專利都有伊莉莎白掛名，但理查・傅伊茲非常懷疑沒有醫學或科學訓練的大學中輟生，能有什麼貨真價實的發明，他心裡猜想，比較可能的情況是，她那些專利其實出自其他學歷更高的員工。

兩造雙方為審判做準備時，傅伊茲注意到，伊莉莎白很多專利都有一個名字掛名共同發明人：

伊恩・吉本斯（Ian Gibbons）。做了點研究後，他知道這個人的一些基本資料。吉本斯是英國人，有劍橋大學生物化學博士學位，在大約五十個美國專利掛名發明人，其中有十九件是他一九八〇、一九九〇年代在生物軌跡實驗室（Biotrack Laboratories）工作時的發明。

傅伊茲推測他是個正統科學家，跟大多數科學家一樣是誠實的人，如果可以請他在法庭宣誓作證，承認他的專利沒有取自或類似伊莉莎白早期專利申請之處，將會重擊Theranos。他和喬也注意到，吉本斯在「生物軌跡」時代的部分專利跟Theranos的專利很類似，這可能是可以指控Theranos的地方，指控它不當再利用吉本斯過去的發明。他們把吉本斯加進想傳喚的證人名單中，不過發生了奇怪的事：接下來五個星期，BSF的律師群持續不理會他們傳喚吉本斯出庭的請求，心生疑竇的傅伊茲父子請律師去催一下。

| TWELVE |

伊恩·吉本斯

Theranos成立後，伊恩·吉本斯是伊莉莎白所聘請第一個有經驗的科學家，推薦人是她的史丹佛恩師錢寧·羅伯森。伊恩和羅伯森在一九八〇年代結識於生物軌跡實驗室，兩人在那裡發明出一種稀釋、混合液體樣本的新機制，同時取得專利。

從二〇〇五到二〇一〇年，Theranos的化學團隊是由伊恩帶領，蓋瑞·法蘭佐從旁協助。伊恩先進公司，一開始職位高於蓋瑞，但是伊莉莎白很快就將兩人角色對調，因為蓋瑞比較善於人際往來，是比較八面玲瓏的管理者。他們兩人的個性正好形成對比——伊恩是拘謹寡言的英國人，幽默感屬於冷嘲挖苦式；蓋瑞則是喋喋不休，以前做過牛仔競技表演人，說話帶著德州鼻音腔——但兩人基於對彼此科學家身分的敬重，關係很好，有時也會在會議上痛罵對方。

伊恩很符合宅男科學家的刻板印象：留鬍

子、戴眼鏡，褲頭拉得高過腰，可以連續好幾個小時分析數據，工作上每件事都鉅細靡遺一一筆記。這種注意細節的嚴謹態度也帶到休閒生活，他是個飢渴的讀者，看過的每本書都列入清單，其中包括馬賽爾・普魯斯特（Marcel Proust）的七冊巨著《追憶似水年華》（*Remembrance of Things Past*），還讀了不止一次。

伊恩和太太羅雪兒（Rochelle）在一九七〇年代初相識於柏克萊大學，他從英國來到柏克萊分子生物系做博士後研究，羅雪兒則是在柏克萊念研究所。兩人沒有小孩，但伊恩很寵愛他們的狗克蘿伊（Chloe）和露西（Lucy），還有一隻貓咪叫莉維亞（Livia），名字取自羅馬皇帝奧古斯都的妻子。

除了閱讀，伊恩另外兩個嗜好是看歌劇和攝影。他和羅雪兒固定會去舊金山戰爭紀念歌劇院（War Memorial Opera House），夏天會飛到新墨西哥州觀賞聖塔菲歌劇院（Santa Fe Opera）的黃昏露天表演。此外，他喜歡修改照片取樂，有張照片裡的他像個戴手套、別領結的瘋狂科學家，正在攪拌藍色和紫色混合藥劑；還有一張照片，他把自己加進英國皇室成員中最顯眼的位置。

而在生物化學家的身分上，伊恩的專長是免疫測定，所以 Theranos 早期才會把心力都放在這種檢測。他對血液檢測這門科學懷有很大熱情，也喜歡教人；在公司早期，有時他會舉辦小型授課，教其他同事生化基礎。他也做過一些簡報，說明如何設計各種血液檢測，這些簡報都有錄影存在公司伺服器。

伊恩和 Theranos 工程師一再出現緊張，原因之一是，他堅持他和其他化學家設計的血液檢測執行於 Theranos 裝置時，必須跟他們在實驗室所做一樣精準，而他拿到的數據卻顯示很少達到，這令他非常沮喪。在開發愛迪生階段，他和東尼·紐金特為此爭執不下。東尼覺得，伊恩的高標準固然令人欽佩，但他只是抱怨，沒有提出任何解決方法。

伊恩對伊莉莎白的管理也有意見，尤其是她豎起高牆隔開各個團隊，不鼓勵溝通交流。伊莉莎白和桑尼的理由是Theranos還處於「隱藏模式」，但是伊恩不以為然，在他以前工作過的診斷公司，跨部門溝通一定有，化學、工程、製造、品管、法規等部門的代表朝共同目標一起合作，如此每個人接收到的訊息才會一致，才能共同解決問題、在期限內完成目標。

伊莉莎白對事實的輕忽也是爭執原因之一。伊恩不只一次聽到她臉不紅氣不喘地說謊，跟她共事五年後，他不再相信她說的任何話，尤其當她向員工或外人談到公司技術已就緒可用時。

二〇一〇年秋天，Theranos對沃爾格林藥局的追求日益殷切，伊恩的沮喪溢於言表。他跑去向老朋友錢寧·羅伯森抱怨，他以為羅伯森不會公開兩人的談話，沒想到他卻把伊恩所說的一切向伊莉莎白報告。那個週五晚上，伊恩回到波托拉谷（Portola Valley）家中時，羅雪兒已經上床就寢，他告訴太太，羅伯森背叛了他的信任，伊莉莎白開除他了。

令夫婦倆驚訝的是，隔天桑尼來電，原來在伊恩不知情的情況下，有好幾個同事央求伊莉莎白收回成命，於是桑尼來電請他回去上班，只是職位有所調整。伊恩原本是普通化學團隊的主管，除了開發用於愛迪生的免疫測定，也負責設計其他新的檢測，現在重回工作則是擔任化學團隊的顧問，領導職交由保羅·帕特爾（Paul Patel）負責，這位生化學家是兩個月前才在伊恩推薦下網羅進來。

伊恩是自尊心很強的人，對這次降職耿耿於懷，一年半後，受辱的感覺更進一步加深，因為公司搬到臉書舊址，他原先在山景大道總部的私人辦公室沒了。當然，他不是當時唯一被邊緣化的人，蓋瑞・法蘭佐、東尼・紐金特也遭到排擠，桑尼聘請了新成員，而且職位在他們之上，這家公司的老臣（幫助伊莉莎白走到這個地步的人）似乎一一被打入冷宮。

♦ ♦ ♦

搬家前幾個月，東尼在伊恩辦公室看到電影《戀愛中的女人》（*Women in Love*）海報，兩人聊了起來。那部電影改編自D. H.勞倫斯（D. H. Lawrence）的同名小說，故事背景為第一次世界大戰，描述英國煤礦小鎮上一對姊妹和兩名男子的愛戀。伊恩提到，電影上映時他在愛爾蘭旅遊，剛好當時年紀還小的東尼仍住在那裡。這段閒聊令兩人陷入沉思。東尼知道伊恩的父親在二次大戰曾在北非被俘，一開始拘留於義大利戰俘營，後來步行穿越歐洲大陸到波蘭另一個戰俘營，一直待到戰爭結束才獲釋。

談話最後拉回此時此刻的Theranos。跟伊恩一樣不再受寵、被排除於「迷你實驗室」開發之外的東尼，提出一個想法：也許這家公司只是伊莉莎白和桑尼用來談戀愛的工具，他們做的工作根本就不重要。

伊恩點點頭，說了個法文名詞：「folie à deux（感應性妄想精神病）。」

東尼不懂法文，離開後馬上查了字典，他覺得字典的解釋再貼切不過：「相同或類似的妄想，出現於兩個關係緊密的人身上。」

搬到臉書舊址後，伊恩更加悶悶不樂，他的座位被貶到跟所有一般員工一起，背後是堵牆，代表他的地位已經淪為如此不重要。

有一天，工程師湯姆．布拉米到王者之道的魚市海鮮餐廳跟朋友碰面，他跟朋友排隊等座位時，巧遇伊恩，伊恩問能不能加入他們。湯姆和伊恩都是六十五歲左右，關係友好和睦，兩人第一次互動是在二〇一〇年湯姆剛進Theranos不久，某次開會討論該找什麼樣的工程人員來協助湯姆，桑尼和其他經理人卻漠視湯姆本人的意見，氣得湯姆會也不開就直接走出去，心裡想著辭職不幹了。這時伊恩追了出來，向他保證他的意見很重要，湯姆對伊恩的舉動一直感念在心。

接下來兩年，湯姆注意到伊恩愈來愈憂鬱。那次在餐廳一起用餐，湯姆甚至懷疑是不是伊恩默默跟著他到那裡。Theranos員工大多吃伊莉莎白和桑尼提供的食物，白天不會離開辦公室，更何況那家海鮮餐廳離公司並不近，而且只相隔一、二分鐘伊恩就跟在他後面進來，湯姆心想，很可能伊恩想趕上他，與他一起用餐。伊恩似乎很想找人說話，但是湯姆是去找朋友的，一個在日本晶片廠工作的業務人員，他們試著把伊恩納入談話，但他一開始說了幾句寒暄客套話之後就沉默不語。事後回想起當時的情景，湯姆突然了解，他忽視了這位同事無聲的求助。

湯姆最後一次看到伊恩是二〇一三年初，在公司的員工餐廳。當時他看起來很鬱悶，湯姆想給他打氣，提醒他，他的薪水很優渥，鼓勵他不要把工作處境看得那麼嚴重，畢竟只是一份工作罷了，但是伊恩只盯著自己的餐盤，鬱鬱寡歡。

降職不是唯一煩擾伊恩的事。雖然現在只是公司內部顧問，他仍然跟繼任者保羅・帕特爾密切合作。保羅極為尊敬身為科學家的伊恩，在英國念研究所時，伊恩一九八〇年代在Syva公司做的所有開創性免疫測定，他全都拜讀過。

升職之後，保羅仍然對伊恩平等待之，凡事都諮詢他，不過他們有個十分不同的地方：保羅不喜歡衝突，比伊恩願意跟迷你實驗室的工程師妥協，伊恩則是寸步不讓，只要覺得被要求降低標準就會抓狂。有不少個夜晚，保羅都在電話中安撫他，談話中，伊恩要保羅恪守信念，絕對不要忘記對病患的關心。

「保羅，該怎麼做就怎麼做，」伊恩會這麼說。

桑尼安插了撒門薩・阿內卡爾（Samartha Anekal）負責整合迷你實驗室各個部分，撒門薩是化工博士，但沒有業界經驗，他被部分同事視為應聲蟲，桑尼要他做什麼他就做什麼。二〇一二一整年，伊恩、保羅跟撒門薩開過幾次氣氛緊繃的會議，其中一次伊恩甚至開到一半就衝出去，因為撒門薩告訴他們，迷你實驗室的光譜儀尚未符合伊恩認為沒有商量餘地的某些規格，先前撒門薩同意會符合規格，但現在卻說需要更多時間。等到伊恩回到辦公桌，一臉煩亂地近乎發狂。

每逢週末，伊恩和羅雪兒常在波托拉谷四周綿延起伏的山巒散步，帶著兩隻美國愛斯基摩犬克蘿伊和露西。某次散步時，伊恩告訴羅雪兒，Theranos沒有一件事做得起來，不過他沒有講任何細節，受限於嚴格的保密切結書，他不能談論公司任何事，即使跟太太也不行。他也怨嘆工作上的變化，感覺自己像是一件老舊家具，被堆放在倉庫裡，伊莉莎白和桑尼早就不再聽他的了。

二〇一三年頭幾個月，伊恩大部分時間都不再進辦公室，改在家裡工作。六年前他曾確診罹患大腸癌，開刀化療後有一段時間沒上班，所以同事以為他癌症復發，但這次並不是。他仍處於癌症減緩期，身體健康沒問題，心理健康才是問題所在——他深陷於未確診的憂鬱症痛苦中。

◆ ◆ ◆

四月，Theranos 通知伊恩，傅伊茲訴訟案要傳他出庭作證。出庭作證這件事令他緊張不已。他和羅雪兒討論過這起官司好幾次，羅雪兒曾做過專利律師，所以伊恩請她檢視 Theranos 的專利清單，希望她能給些建議。查看清單時，羅雪兒發現 Theranos 所有專利都有伊莉莎白的名字，常常還居於發明者首位。伊恩告訴她，伊莉莎白的科學貢獻微不足道，羅雪兒警告他，如果這件事曝光，那些專利可能會無效，這番話只有讓伊恩更加焦慮。

伊恩把傅伊茲的專利和 Theranos 早期的專利申請拿來比對，他看不出伊莉莎白所指控的偷竊是否有任何事實根據，不過有一件事他很確定：他不想捲入這起訴訟。然而，他擔心這起官司會決定自己的去留。他開始在晚上豪飲，他告訴羅雪兒他大概回不去 Theranos 正常工作了，一想到回去那個辦公室，他就很不舒服。羅雪兒告訴他，如果這份工作讓他這麼痛苦，那就應該辭職。但是辭職似乎不是他的選項，已經六十七歲的他，不認為自己能找到其他工作，更何況他還堅信自己能協助這家公司修補問題。

五月十五日，伊恩聯絡伊莉莎白助理安排時間跟她會面，他希望找出替代的工作模式，但是等助理回電確認第二天碰面後，伊恩又開始焦慮，他告訴羅雪兒，他擔心伊莉莎白會利用這次會面開除他。同樣在那天，他接到Theranos的律師大衛·道伊爾來電。傅伊茲的律師這兩週，不斷催促BSF律師提出伊恩的出庭日期，現在他們已經失去耐心，寄出通知要求伊恩必須在五月十七日上午九點，現身他們在加州坎貝爾市（Campbell）的辦公室。

道伊爾就是為此來電。距離出庭期限不到兩天，道伊爾慫恿伊恩以健康為由迴避出庭，還寄了份醫生證明給他，供他的醫生採用、簽名。伊恩把這封電郵轉寄到自己私人Gmail信箱，再從那個信箱寄給太太，請她印出。他的焦慮似乎到達新高點。

伊恩身體不好，羅雪兒已經知道好一陣子，但是她的心頭也有其他擔憂壓著：她正處於喪母的悲痛中，母親身後留下的複雜房產還有待釐清，而且她剛跟朋友開始合夥執業。她內心有些怨懟，不滿在這段壓力滿載的時期，沒有從另一半身上獲得支持，不過看到伊恩那天的痛苦，她明白他的心理狀態已經岌岌可危，她要他答應向外求助，並且約好隔天早上去找家庭醫師。

五月十六日早上七點半左右，羅雪兒醒來，看到浴室的燈亮著、門緊閉，她以為伊恩在盥洗準備去看醫生，但是過了一陣子他沒出來，也沒有回應她的呼喚。她推開浴室門，發現丈夫弓著身子坐在椅子上，失去意識，幾乎沒了呼吸，驚恐的她趕緊打一一九。

接下來八天，伊恩戴著呼吸器躺在史丹佛醫院。他吞下分量足以殺死一匹馬的乙醯胺酚（acetaminophen，止痛藥泰諾〔Tylenol〕的有效成分），再加上喝了葡萄酒，藥物摧毀了他的肝臟，五月二十三日宣布死亡。身為專業化學家，伊恩很清楚自己在做什麼。羅雪兒後來找到一份簽了名的遺囑，是幾週前他在保羅．帕特爾和另一個同事見證下所簽。

羅雪兒哀痛崩潰，但還是強打起精神致電到伊莉莎白辦公室，留言給她的助理，告知伊恩已經過世。伊莉莎白沒有回電，那天稍晚羅雪兒反而收到一封來自 Theranos 律師的電郵，要求她立刻交回伊恩的公司筆電和手機，以及他可能保留的其他機密資料。

在公司內部，對於伊恩的逝世還是用那套冷冰冰、公事公辦的方式處理，大多數員工甚至毫不知情。伊莉莎白只透過一封簡短電郵告知一小群資深員工，信裡含糊地提到要為他舉辦一場紀念儀式，但是後來完全沒有下文，更沒有什麼儀式。伊恩的老同事們——譬如化學家安嘉莉．賴格麗（Anjali Laghari），她跟伊恩在 Theranos 共事了八年，兩人進入 Theranos 前也在另一家生技公司共事兩年——只能猜測到底發生了什麼，大多數人都以為他死於癌症。

東尼．紐金特很生氣，竟然沒有做任何事表彰這位已故同事的貢獻，他和伊恩並不親近，事實上兩人在愛迪生研發階段有時吵得很凶，但是對一個貢獻了將近十年生命給這家公司的人，卻如此無動於衷，這令他很惱怒。彷彿在 Theranos 工作漸漸拿掉了他們的人性，為了證明自己仍是個對同伴有憐憫心的人，東尼從專利局線上資料庫下載了伊恩的專利，剪貼到電郵裡，再嵌進一張伊恩的照片，然後把信寄給二十幾個同事，都是他能想到曾跟伊恩共事的人，還特別傳了一份給伊莉莎白。這麼做不算什麼，但至少給大家一個東西去紀念他，東尼心想。

| THIRTEEN |

全球最有創意的廣告公司——Chiat\Day

「妳是領袖，」喀嚓，喀嚓，喀嚓。「強大，大權在握，」喀嚓，喀嚓。「想想妳的使命。」喀嚓，喀嚓，喀嚓，喀嚓。

世界知名人像攝影師馬汀．薛勒（Martin Schoeller），用濃濃的德國口音輕聲引導伊莉莎白，試圖誘發她各種情緒，同時猛按快門拍下她的照片。她身穿黑色高領薄上衣，塗上紅色口紅，頭髮往後梳成鬆鬆的小包頭，覆蓋住耳朵；她坐在椅子上，兩旁各有一盞直立燈照著她瘦長的臉龐，製造出瞳孔裡的白光——這是薛勒攝影作品的正字標記。

聘請馬汀．薛勒是派屈克．歐尼爾（Patrick O'Neill）的點子，派屈克是TBWA\Chiat\Day廣告公司洛杉磯辦公室的創意總監。Chiat\Day正在替Theranos祕密進行一項行銷活動，包括品牌識別的打造、架設新網站、設計智慧手機app，趕在沃爾格林、喜互惠門市推出其血液檢測服務之前。

伊莉莎白之所以選擇 Chiat\Day，是因為它是蘋果長期御用的廣告公司，替蘋果創造出麥金塔電腦經典的「一九八四」廣告，以及一九九〇年代晚期的「不同凡想」（Think Different）廣告。她甚至企圖說服那些廣告背後的創意天才李·克勞（Lee Clow），重出江湖幫她，已退休的克勞客氣地將她轉介給 Chiat\Day，她立刻跟派屈克搭上線。

派屈克是個帥到叫人很難不注意的男性，金髮藍眼，雕像般的身形看得出勤於健身。他第一眼見到伊莉莎白就被她迷住了，但不是出於那種愛戀（他是男同志），而是被她散發的魅力以及想改變世界的非凡動力。他在 Chiat\Day 工作已十五年，替 Visa、IKEA 等大企業打造廣告，這份工作很有趣，但給他的激勵並不如初次見到伊莉莎白被喚起的內心悸動。當時，伊莉莎白來到 Chiat\Day 位於普拉亞德雷（Playa del Rey）、用倉庫改裝而成的辦公室，闡述 Theranos 的使命是提供普羅大眾無痛、低價的醫療照護——在廣告業，你不常有機會從事真正可能使世界更美好的事。

對於 Theranos 堅持的絕對保密，派屈克並不驚訝，也沒有因此被嚇退，蘋果向來也是如此。他了解科技公司必須保護珍貴的智慧財產，反正 Theranos 很快就會從「隱藏模式」（這是伊莉莎白的用語）走出來，而這也是他現在登場的目的——盡可能使 Theranos 的商業上市令人難忘。

工作重點是重新設計 Theranos 網站。薛勒的攝影作品將會用於網站上，那兩天在卡爾佛市（Culver Ciry）攝影棚，他不只拍攝伊莉莎白的照片，大部分的工作是拍攝妝扮成病人的模特兒照片，各種年齡、性別、族裔都有，五歲以下的幼兒、五歲到十歲的兒童、年輕男女、中年人、老人，有些是白人，有些是黑人，還有西班牙裔或亞裔，背後所要傳達的訊息是：任何人都能受惠於Theranos的血液檢測技術。

伊莉莎白和派屈克花了不少時間挑選那次拍攝的病人照片，她希望放在網站上的臉孔能引起共鳴。她感人地述說得知親人患病且為時已晚的無奈傷心，而Theranos的無痛血液檢測，可在疾病演變成死刑前就偵測出來。

每週一次，派屈克和Chiat\Day團隊會往北飛至帕羅奧圖，跟伊莉莎白、桑尼、伊莉莎白弟弟克利斯勤開動腦會議，從二〇一二年秋冬持續到二〇一三年春天——也就是伊恩．吉本斯陷入憂鬱症、史帝夫．博德最後幾個月擔任喜互惠執行長時期。伊莉莎白把動腦會議排在每週三，因為她得知蘋果以前跟Chiat\Day的創意會議就在週三。她告訴派屈克，自己很欣賞蘋果品牌廣告的簡潔，希望比照辦理。

Chiat\Day內部把Theranos的案子稱為「史丹佛企劃案」。每週跟派屈克一起北上帕羅奧圖的人有：柯瑞莎．畢昂姬（Carisa Bianchi，Chiat\Day洛杉磯分公司總裁）、蘿瑞．凱區（Lorraine Ketch，Chiat\Day策略長）、負責Theranos的史丹．菲爾里托（Stan Fiorito），以及寫文案的麥克．八木（Mike Yagi）。Chiat\Day團隊一開始就決定，最能傳達Theranos創新之處的圖像視覺，就是採集指尖血液所用的微小玻璃瓶，伊莉莎白稱之為「奈米容器」（nanotainer），這再適合不過了，因為真的很小。

奈米容器只有一・二九公分，比直立的一角硬幣還短。派屈克想透過照片傳達奈米容器的微小給醫師和患者，但伊莉莎白和桑尼很擔心，如果讓外部人員看到，可能在推出前就會外流，所以說好在Chiat\Day自己的小攝影棚拍攝，由內部的攝影師操刀。

拍照當天，丹・艾德林（克利斯勤的杜克幫之一）南下洛杉磯，帶著訂做的塑膠盒，裡頭裝了十二個奈米容器，跟著行李一起托運是不可能的，所以整個航行一直放在他的隨身包包裡。等到他抵達Chiat\Day的倉庫辦公室，丹也沒有讓它片刻離開他的視線，Chiat\Day的人完全不可以觸摸，除了派屈克，他短暫拿起一個，讚嘆其微小。

真正的血液接觸空氣一陣子之後會變成紫色，於是他們將奈米容器裝滿假的萬聖節道具血液，襯著白色背景拍照，派屈克再剪輯成奈米容器放在指尖上的圖像，做出來的視覺效果一如他所預料，非常吸睛。麥克・八木則是嘗試配上八句不同的標語，最後決定採用伊莉莎白喜歡的兩句：小小一滴改變一切（One tiny drop changes everything.）；實驗室檢驗，打掉重練（The lab test, reinvented.）。他們放大照片，仿製成《華爾街日報》全版廣告，用廣告術語來說便是「夾頁廣告」。伊莉莎白愛死了，要求多做十幾個，她並沒有說要拿去做什麼，但史丹・菲爾里托覺得她拿去當成道具，用於董事會議上。

派屈克也和伊莉莎白共同設計新的公司標誌。伊莉莎白很相信「生命之花」（the Flower of

Life），那是一種幾何圖案，一個大圓圈內部交織著許多小圓圈，異教徒以前認為那是一種視覺表現，傳達出所有有知覺的人類共同的生命經驗。後來，一九七〇年代的新時代運動（New Age movement）把「生命之花」轉化為「神聖幾何」，認為只要花時間研究就可從中獲得啟發。

那些圓圈因而成為 Theranos 品牌的基調。Theranos 的 o 塗滿了綠色以便凸顯，病人的大頭照以及指尖上的奈米容器照片，也都用圓圈框起來。派屈克還替網站和行銷資料設計了一款新字型，根據 Helvetica 字型改變而成，i 和 J 上方的一點以及句子末尾的句點都改成圓形，而不是方形。伊莉莎白似乎對成果十分滿意。

···

派屈克仍然臣服於伊莉莎白的同時，史丹・菲爾里托則謹慎許多。這位喜好交際的廣告界老兵，有著一頭略帶紅色的金髮以及雀斑，他覺得桑尼有些地方怪怪的。每週例行會議上，桑尼會大量使用軟體術語，卻跟他們討論的行銷策略毫不相關。每當史丹請他說明，那些極度樂觀的銷售目標是如何達成，桑尼的答案總是含糊、流於自吹自擂。一般來說，公司會做調查研究來決定行銷對象，然後務實預估其中有多少比例真的可轉化成消費者，但這類基本概念在桑尼身上似乎付之闕如。史丹曾在網路上搜尋桑尼，但什麼都沒找到，他心裡很納悶，有那樣背景的人（在網路泡沫時期賣掉公司大賺一筆的科技創業家），怎麼會在網路上沒留下任何足跡。他懷疑，是不是桑尼雇人抹掉他在網路上的所有資料。

一家沒沒無聞的新創公司，竟然請得起 Chiat\Day 這麼赫赫有名的大廣告公司，也極不尋常。Chiat\Day 這種管銷費用和人事支出龐大的廣告公司，索價不菲，Theranos 每年要支付六百萬美元，這家沒人聽過的公司是從哪裡拿錢支付這麼龐大的費用？伊莉莎白說過好幾次，她的技術被軍方用於阿富汗戰場、拯救軍人性命，史丹猜想 Theranos 是不是有國防部資助。

果真如此的話，有這種等級的保密措施就很合理了。在桑尼的指示下，Theranos 提供給 Chiat\Day 的任何資料都必須編碼、記錄，存放在上鎖的房間裡，只有經手 Theranos 的團隊能進入，所有列印工作也必須在那個房間裡的指定印表機進行；丟棄不用的資料不可以就這樣扔掉，必須用碎紙機撕毀；電腦檔案必須儲存在一台獨立的伺服器，只能用專屬的內部網路分享給負責 Theranos 的團隊；不管什麼情況，都不可以將 Theranos 相關資料分享給沒有簽署保密切結書的人，包括 Chiat\Day 洛杉磯分公司或其他單位人員。

除了麥克・八木，史丹手下還有兩個同仁全職經手 Theranos 業務，分別是凱特・伍芙（Kate Wolff），和邁可・佩狄托（Mike Peditto）。凱特負責架設 Theranos 網站，邁可則是負責製作小手冊、招牌，以及一套 iPad 互動銷售工具，Theranos 打算用於向醫生推銷。

隨著一個月又一個月過去，凱特和邁可也開始對這個奇怪且要求很高的客戶起疑心。他們兩人都出身東岸，也都把實事求是的態度帶到工作。二十八歲的凱特成長於麻薩諸塞州的林肯市（Lincoln），念波士頓大學時是冰上曲棍球選手，循規蹈矩、小鎮生活的教養賦予她強烈的道德感，此外她也略懂醫療，因為爸爸和太太兩人都是醫生。三十二歲的邁可，則是來自費城的義大利裔美國人，有憤世嫉俗傾向，念大學和研究所時跑田徑和越野賽跑，他是那種認同自己出身、不會誇大胡扯的人。

伊莉莎白希望網站和其他行銷內容都採用大膽、正面的陳述。其中一句是：Theranos用一滴血就能執行「超過八百種檢測」；還有一句是：Theranos的技術比傳統實驗室檢驗更精確。此外，她也希望加進：Theranos的檢測三十分鐘內就可得出結果，而且「通過FDA核可」、「獲得重要醫療中心的背書」，譬如梅約診所（Mayo Clinic）、加州大學、舊金山醫學院，並且加上FDA、梅約、舊金山醫學院的標誌。

當凱特進一步詢問，Theranos準確度較高的說法有何依據，她才得知那只是個推斷，來自一份研究的結論：「實驗室九三%的誤差是人為疏失所致」。Theranos因而主張：其檢測過程全在裝置內部自動完成，因此足以推斷Theranos比其他實驗室更精準。凱特認為這種推斷在邏輯上太跳躍，並且明白指出這點，畢竟法律不允許廣告誤導。

邁可也有同感。他寄了封電郵給凱特，列出需要法務部門過目的內容，其中包括「自動化使我們更精準」，他在旁邊加註括號寫「這聽起來是誇大說法」。邁可從未做過醫療方面的行銷宣傳，所以想格外謹慎。健康醫療行銷（譬如牽涉到製藥公司的行銷活動），通常會由紐約的TBWA\Health特別單位處理，他不知道為什麼這次不是如此，至少也該諮詢過那個單位才對。

伊莉莎白曾經提過，有份長達數百頁的報告可佐證Theranos在科學上的主張，凱特和邁可多次要求看那份報告，但 Theranos 就是不拿出來，反而給了他們一個密碼防護的檔案，據說是那份報告的摘錄，上面說，約翰霍普金斯大學醫學院對 Theranos 技術進行過實際查核，發現該技術「新穎且可靠」，能夠「精準」執行「多種例行與特殊的測定」。

然而，那些引述並非摘錄自數百頁的報告，而是出自短短兩頁的摘要，是二〇一〇年四月伊莉莎白、桑尼跟霍普金斯五位官員開會的大綱。這招以前也對沃爾格林用過，Theranos 再次用那次會議來宣稱自己的系統經過公正評鑑，但事實並非如此。比爾・克拉克（Bill Clarke）是約翰霍普金斯醫院臨床毒物主任，也是二〇一〇年參與那次會議的三位大學科學家之一，他當時要求伊莉莎白運送一台裝置到他的實驗室，以便他測試性能，並且與他平常使用的儀器比較一下，伊莉莎白當下表示會送過去，但事後完全沒有下文。凱特和邁可完全不知道這件事，但 Theranos 不願給他們看完整報告，已足以令他們心生疑竇。

♦ ♦ ♦

Chiat\Day 為了了解如何對醫生行銷，提議對一些醫生進行焦點團體訪談（focus group），Theranos 同意，但希望保密，於是凱特找來自己的太太和父親參加。

凱特的太太崔西（Tracy）是洛杉磯縣立綜合醫院住院總醫師，崔西在那裡完成內科和小兒科的住院醫師訓練。訪談中（透過電話進行），崔西問了幾個問題，另一頭的 Theranos 似乎都無法回答。那天晚上她跟凱特說，她懷疑 Theranos 其實沒有什麼真正新穎的技術，尤其懷疑手指採集的血量足以做精確檢驗。她的懷疑令凱特開始遲疑。

凱特和邁可在 Theranos 的主要聯絡人是克利斯勤．霍姆斯，以及他兩個杜克兄弟丹．艾德林、傑夫．布里曼，邁可把他們稱為「Theranos 三兄弟」。網站推出前的前置作業階段，邁可和凱特常透過電話和電郵與他們聯絡。Theranos 原本希望網站在二〇一三年四月一日上線，但往後延了好幾次，最新的上線日期是九月。隨著新的上線日逼近，凱特和邁可一再催促 Theranos 提出證據證明伊莉莎白的說法屬實，因為他們明顯感覺到她有些說法是過度誇大。

舉個例子，從他們收集到的資料來看，Theranos 的檢測結果無法在三十分鐘內出爐，於是凱特把那句陳述改寫為「最慢四小時」可得知結果，只是她對四小時仍然存疑。凱特和邁可也開始猜測，Theranos 無法光靠扎手指取得的少量血液就能執行所有檢測，也懷疑有些檢測是用傳統靜脈抽血。兩人建議在網站附上免責聲明（disclaimer）說明清楚，但是從克利斯勤和傑夫那得到的回覆是：伊莉莎白不想要有免責聲明。

邁克愈來愈擔心 Chiat\Day 的法律責任，他回頭閱讀公司和 Theranos 簽訂的合約，上面明確載明，經由 Theranos 核可而寫於行銷內容上的任何說詞，Chiat\Day 不負連帶責任。邁可發了封電郵給喬．塞納（Joe Sena）——Chiat\Day 外聘的 Davis & Gilbert 法律事務所律師，詢問是否需要請 Theranos 在書面核可文件中使用什麼特定文字。塞納回答不必，但提醒他務必確認有書面核可。

另一方面，凱特正在跟克利斯勤、傑夫爭論，伊莉莎白想加進網站的一句話：「請把樣本寄給我們。」凱特問他們，Theranos是否已經把後勤系統準備好，可將血液樣品從醫師診所送到Theranos實驗室。最後得到的結論是：沒有。醫師們若在網站上「註冊加入」這項服務，只會自動產生一封電郵寄到傑夫的收件匣，接下來會發生什麼事就無人知曉。就凱特所知，Theranos沒有人有那個心思去思考後續。

網站上線前四十八小時，陷入一團混亂。麥克．八木幾個月來為了令伊莉莎白滿意，一再重寫文案，壓力大到焦慮症發作，因而回家休息。他離開得太突然，同事們甚至不知道他會不會再回來。

接著，上線前一晚，Theranos捎來訊息表示想緊急進行視訊會議。凱特、邁可、派屈克、蘿瑞．凱區，以及替代八木的文案人員克莉絲汀娜．奧迪佩特（Kristina Altepeter），齊聚在倉庫辦公室的「董事會會議室」——裡面的桌子是用衝浪板（surfboard）替代，因而取名為板子房（board room，另個意思是「董事會會議室」）——聽著伊莉莎白宣布Theranos法務團隊，在最後一刻要更改用字遣詞，凱特和邁可很生氣，他們要求Theranos法務部門審核已經好幾個月，為什麼現在才要改？

會議持續三個多小時，一直開到晚上十點半，眾人逐句檢視網站上的文案，伊莉莎白慢慢口述每個需要修改的地方，派屈克還一度睡著，不過凱特和邁可清醒得很，清醒到足以發現文字全面趨向保守。「歡迎來到實驗室檢驗的大革命」改成「歡迎來到Theranos」；「更快速的結果，更快速的答案」變成「快速的結果，快速的答案」；「只需一滴」改成「只需幾滴」。

一張金髮藍眼幼兒照片旁有段宣傳文字，標題為「再見，討厭的大針頭」，原本是指只要扎手指取血即可，現在改成「我們可以用小針扎手指取代大針頭，或者透過靜脈抽血採集微量樣本」。凱特和邁可不可能看不出來，這些修改無異於他們先前提議的免責聲明。

網站有個部分是「我們的實驗室」，網頁上有張放大的奈米容器照片，圖片下方有個橫跨整頁的橫幅寫著：「在 Theranos，我們只需一般抽血量的千分之一，即可執行所有實驗室檢驗」，新版本把「所有」拿掉了。同一頁往下拉，是凱特幾個月前質疑的部分。在標題「無可匹敵的精確度」下方，引用統計數字指出實驗室檢驗誤差有九三％起因於人為疏失，並以此推論出：「沒有任何實驗室比 Theranos 精確」。果不其然，這也是退守。

最後一刻的修改，更坐實了凱特和邁可的懷疑。伊莉莎白很希望那些誇口強勢的說詞是真的，但不會只因為你很希望某事成真就真的會成真，邁可心想。他和凱特甚至開始懷疑 Theranos 到底有沒有任何技術，它所吹噓的「黑盒子」（Chiat\Day 人員提到 Theranos 裝置時的用語）真的存在嗎？

他們把內心不斷加深的疑慮告訴史丹，而史丹自己跟桑尼的互動也愈來愈不舒服。史丹每一季都得追著桑尼要錢，桑尼一再要求他核對 Chiat\Day 申請的款項，史丹花了好幾個小時一筆一筆向他說明。桑尼與他通話時會用免持聽筒功能，然後在辦公室走來走去，每當史丹聽不清楚而要求他靠近電話一點，桑尼就開始發飆。

不過，Chiat\Day 並不是所有人都對 Theranos 感覺很差，洛杉磯分公司兩位高層——柯瑞莎．畢昂姬和派屈克——仍然對伊莉莎白神魂顛倒。派屈克把李．克勞當成偶像，很崇拜他替蘋果施展的行銷魔法，顯然他認為 Theranos 有可能成為自己的傳奇之作。凱特跟他表達過好幾次自己的憂慮，但他不當一回事，認為是凱特自己有問題。他覺得凱特很容易把事情過度戲劇化，依他看來，凱特和邁可不該再質疑這、質疑那，只要好好完成分內工作就是，根據他的經驗，所有科技新創公司都很混亂，都是神神祕祕的，他看不出有什麼不尋常、有什麼好擔心。

| FOURTEEN |

不顧一切，全面上線！

艾倫・畢姆（Alan Beam）坐在自己的辦公室審閱實驗室報告，伊莉莎白探頭進去要他跟她過去，有東西要給他看。他們步出實驗室，走進其他員工聚集的開放辦公區域。在她的示意下，技術人員替一位自願者扎一下手指，接著拿一個形狀像微型火箭的透明塑膠小物靠近滲出的血，那是Theranos的樣本採集裝置。裝置尖端會採集血液，再將血液轉移到火箭底部的小小「雙引擎」，引擎其實不是真的引擎，而是「奈米容器」，把奈米容器推進塑膠火箭的腹部，就像活塞一樣，這個動作會製造真空，血液就會被吸進奈米容器，如此就完成血液轉移。

概念上是如此，不過眼前這次進行得並不順利。技術人員把雙引擎小管推進裝置時，出現「啪」地一聲，血液四處噴濺，一個奈米容器就這樣爆掉了。

伊莉莎白不為所動，平靜地說：「沒關

係，再試一次。」

看著這一幕，艾倫不知該說什麼好，他剛進 Theranos 幾個星期，還在熟悉環境、尋找自己的定位。他知道奈米容器是這家公司獨門檢測系統的一部分，但他從未看過運作，他希望這次只是單純不走運，而不是更大問題的前兆。

這位瘦高的病理學家來到矽谷的輾轉過程始於南非，他在那裡長大。從約翰尼斯堡金山大學（University of the Witwatersrand）英文系畢業後，他搬到美國，在紐約市哥倫比亞大學上醫學院預科課程，這個選擇是他保守的猶太雙親所引導，他們認為只有幾種職業可以接受：法律、商業、醫學。

艾倫繼續待在紐約念醫學院，註冊就讀曼哈頓上東區的西奈山醫學院（Mount Sinai School of Medicine），但他很快就了解到，醫生這個職業有許多地方並不適合他的性情。瘋狂的長工時以及醫院病房的景象和氣味，令他退避三舍，不慌不忙的實驗室科學反而比較吸引他，於是博士後研究專攻病毒學，住院醫師實習則到波士頓的布萊根婦女醫院（Brigham and Women's Hospital），擔任臨床病理醫師。

二〇一二年夏天，當時在匹茲堡（Pittsburgh）掌管兒童醫院實驗室的艾倫，注意到領英（LinkedIn，編按：網站目的是讓用戶維護其在商業交往中認識並信任的聯絡人）網站有個求才訊息，正好契合他逐漸萌芽的矽谷夢：帕羅奧圖一家生技公司徵求實驗室主管。當時，他剛讀完華特・艾薩克森所寫的賈伯斯傳記，那本書給了他很大的鼓舞，確立了他想到舊金山灣區闖一闖的渴望。

寄出應徵信後，艾倫被要求飛過去面試，時間訂在某週五下午六點，這個時間似乎有點奇怪，但他欣然接受。他先見了桑尼，然後才是伊莉莎白。他覺得桑尼有些地方令人心裡發毛，但那個印象馬上就被伊莉莎白抵銷，她看起來是非常認真想要翻轉醫療照護。跟大多數第一次見到伊莉莎白的人一樣，艾倫也被她低沉的嗓音嚇了一跳，他從未聽過這種嗓音。

短短幾天後艾倫就被通知錄取，但他還不能馬上到 Theranos 工作，他得先取得加州的醫師執照，這要花上八個月，他要到二〇一三年四月才能正式到任；到那時候，距離前任主管阿諾・蓋普離職已將近一年，在這段空窗期，半退休的實驗室主管：史賓賽・平木（Spencer Hiraki），會偶爾進來審核實驗室報告。這在艾倫看來問題不大，因為 Theranos 實驗室一週只檢驗幾個來自喜互惠員工診所的樣本。

比較大的問題是，他接手的實驗室士氣低落，成員極度消沉。艾倫剛到任第一週時，桑尼突然就開除一名臨床實驗人員，那個可憐的同事在眾目睽睽下被警衛架著押送出去，艾倫明顯感覺這種事並不是第一次發生。難怪士氣如此不振，他心想。

他接手的實驗室分成兩部分：一個位於二樓的房間，裡面放滿商用診斷儀器；另一個則位於一樓，就在二樓實驗室正下方，是研究進行的地方。二樓實驗室有經過CLIA認證合格，是艾倫負責的部分，桑尼和伊莉莎白把這個房間裡的傳統儀器視為恐龍，很快就會被 Theranos 革命性的技術給消滅，因而稱之為「侏羅紀公園」；而把樓下實驗室稱為「諾曼第」，影射二次大戰的諾曼第登陸，這個房間放的是 Theranos 獨家裝置，將如同秋風掃落葉般襲捲實驗室產業，就像盟軍在機關槍砲火中勇敢搶進諾曼第海灘，將歐洲從納粹占領中解放。

因為熱切和興奮，艾倫一開始對那股虛張聲勢的蠻勇信以為真，但是那次搞砸奈米容器的示範過後不久，他與保羅．帕特爾一席談話後，心裡開始懷疑 Theranos 的技術實際到底做到什麼地步。帕特爾是生物化學家，負責帶領 Theranos 新裝置的檢測研發（艾倫對新裝置一無所知，只知道代號是 4S），談話中他說溜了嘴，提到他的團隊還處於坐在實驗室椅子上用器皿開發測定方式的階段，艾倫聽了大為驚訝，他一直以為測定方式已經整合進 4S 裡面，當他進一步詢問原因，帕特爾回答 Theranos 的新盒子還不能用。

二〇一三年夏天，也就是 Chiat\Day 為 Theranos 的商業上市而倉促準備網站的同時，4S（又稱為「迷你實驗室」）的開發工作已經超過兩年半了，卻仍然是半成品狀態，有待解決的問題洋洋灑灑一大串。

其中最大問題是失能的企業文化。桑尼和伊莉莎白把任何提出顧慮或反對的人，都視為憤世嫉俗或唱衰，堅持這麼做的員工通常會被邊緣化或開除，而阿諛逢迎的人則會獲得升遷。

桑尼把一群迎合巴結他的印度人拔擢到重要位置，其中之一是撒門薩．阿內卡爾，負責整合迷你實驗室各個組成元件的主管，他與伊恩．吉本斯不對盤；還有一個是生物工程師欽美．潘格卡（Chinmay Pangarkar），有加州大學聖塔芭芭拉分校化工博士學位；以及臨床化學家蘇拉吉．賽克斯納（Suraj Saksena），他是德州農工大學（Texas A&M）生物化學和生物物理博士。從書面資料來看，三人都有漂亮學歷，但有兩個共同點：三人都沒有什麼業界經驗，畢業後沒多久就加入 Theranos；再者，他們習慣講伊莉莎白和桑尼愛聽的話，不是出於恐懼就是渴望升遷，或者兩者皆有。

對於 Theranos 雇用的幾十位印度人來說，被開除的恐懼絕不僅止於擔心沒有收入。他們大多拿 H-1B簽證（編按：從事專業技術類工作的簽證類別），必須繼續被這家公司聘用才能留在美國，命運交在桑尼這種專橫老闆手中，等同簽下一紙奴隸契約。事實上，桑尼具有印度老一輩生意人常見的主僕心態，員工是他的奴才，他期待員工隨時任他使喚，不管是白天、晚上還是週末。每天早上他會查看警衛紀錄，看員工幾點打卡上班，每天晚上七點半左右，他會快速巡一遍工程部門，確認大家還在位子上工作。

隨著時間過去，有些員工愈來愈不怕他，還找到對付他的方法，因為他們漸漸明白他們面對的是一個喜怒無常、長不大的男人，智力有限，專注力更有限。阿納夫．坎納（Arnav Khannah）是迷你實驗室團隊的年輕機械工程師，他想出一個萬無一失的方法，可以讓桑尼不來找麻煩：回覆桑尼的電郵時，寫超過五百字。只要這麼做，通常可以換得幾個星期的清靜，因為桑尼根本沒有耐心閱讀文字很多的信件。另一個方法是每兩週開一次部門會議，邀請桑尼參加，前幾次他可能會到，但最後一定會失去興趣，不然就是忘了出席。

不同於伊莉莎白很快就能掌握工程方面的概念，工程討論往往超過桑尼的能力所及，為了掩飾這點，他有個習慣，喜歡把聽來的術語現學現賣。有一次跟阿納夫的團隊開會時，他學到 end effector

（終端效應器）這個術語，那是指機器手臂末端的爪子，只是他把 end effector 錯聽成 endofactor，接下來的會議中，他不斷提到不存在的 endofactor。兩個星期後再次跟桑尼開會時，阿納夫團隊做了一個 PowerPoint 簡報，標題是「Endofactors Update」（終端效應器最新進展），阿納夫一把標題投影到螢幕上，團隊五個成員立刻偷偷互看一眼，很緊張桑尼會看穿這起惡作劇。但是桑尼的臉色沒有異狀，會議平安無事繼續進行，直到他離開會議室，所有人才放聲大笑。

阿納夫也成功引誘桑尼使用晦澀的工程術語 crazing（細裂痕），這個字通常是指某材料表面產生細微裂痕的現象，但是阿納夫和同事用得很隨興而且掐頭去尾，目的是引誘桑尼鸚鵡學舌，結果他還真的上鉤。桑尼的化學知識也好不到哪裡去，他以為鉀的化學符號是 P（K 才對，P 是磷的化學符號）——念過化學的高中生大多不會犯這種錯誤。

不過，迷你實驗室研發過程所遭遇的挫敗，不能全歸咎於桑尼，有些是伊莉莎白不合理的要求所致。舉個例子，她堅持迷你實驗室的卡匣要維持某個尺寸不變，但又不斷想加入更多測定，阿納夫看不出為什麼卡匣不能大個半吋，反正消費者又看不到。跟休梅克中校的衝突過後，為了迴避 FDA 的問題，伊莉莎白已經放棄把 Theranos 裝置放在沃爾格林門市遠距使用的計畫，改採將病患血液快遞到其帕羅奧圖實驗室檢測。儘管如此，她仍然堅持迷你實驗室是跟 iPhone 或 iPad 一樣的消費性裝置，組成元件必須小而美。她依然懷抱同樣的野心，有朝一日要讓 Theranos 裝置進入一般民眾家裡，一如她對早期投資人的承諾。

還有個困難來自伊莉莎白另一個堅持：迷你實驗室必須能夠進行四種主要檢測，包括免疫測定、普通化學測定、血液測定、仰賴DNA擴增的測定。若要把這四種測定整合在一台桌上型機器，已知的唯一方法是用機器人抓取吸量管，但這方法有個先天缺點：吸量管的精確度會隨著時間而改變。如果是全新的吸量管，吸取五微升血液可能需要小馬達（用來啟動吸量管的幫浦）旋轉某個程度，但三個月後，同樣的馬達旋轉程度可能只能吸取四．四微升的血液——這樣的血量差距已經足以扔掉整個測定。雖然說，只要是仰賴吸量管的血液分析儀都會為吸管的變化所苦，但這種現象對迷你實驗室尤其明顯，每二、三個月就必須重新校準吸管，而校準時就有五天不能使用。

年輕的化學工程師凱爾．羅根（Kyle Logan）——他從史丹佛畢業就進入Theranos，畢業時還獲得以錢寧．羅伯森為名的學術獎項——常跟撒門薩．阿內卡爾辯論這個問題，他認為Theranos應該改採不用吸量管、比較可靠的方式，譬如Abaxis公司用於Piccolo Xpress分析儀的方式，而撒門薩的回應是，Piccolo只能執行一種血液檢測：普通化學測定（普通化學測定法跟免疫測定法不同，後者是根據抗體和血液中某物質的結合來測量該物質濃度，而普通化學測定則是利用其他化學原理，像是吸收光線的程度、電子訊號的變化等），而伊莉莎白要的是一台比較多功能的機器，他提醒凱爾。

跟大型商用血液分析儀比起來，迷你實驗室另一個很明顯的缺點是：一次只能處理一份血液樣本。商用儀器之所以體積龐大是有原因的，他們原本的設計就是一次處理上百個樣本，用業界術語來說就是「高通量」（high throughput）。如果Theranos健康中心吸引很多患者上門，迷你實驗室的低通量勢必會造成長時間等待，Theranos所承諾的快速得知檢驗結果就成為笑話了。

為了解決這個問題，有人想出把六台迷你實驗室堆疊起來，共用一個血細胞計數器，以縮減這個奇怪裝置的尺寸和成本。他們把這台有如科學怪人的機器稱為「六刀鋒」（six-blade），這個用語來自電腦產業（編按：來自刀鋒伺服器〔Blade Server〕），為了節省空間和能源，把伺服器一個一個疊起來是電腦界常見的方法，在這種模組堆疊的結構中，每一台伺服器都被稱為一個「刀鋒」（blade）。

但是卻沒有人停下來想想，這種設計可能會影響某個關鍵變數：溫度。每個迷你實驗室刀鋒會產生熱，而熱會上升，如果六個刀鋒同時處理樣本，最上方的刀鋒溫度會達到足以干擾測定的程度。二十二歲、剛從大學畢業的凱爾，不敢相信這麼基本的事實竟然完全被忽略。

撇開卡匣、吸量管、溫度這三個問題，迷你實驗室其他種種技術混亂可全部歸因於一個事實：這是一台仍處於很初期原型機階段的機器。以設計、完善一台複雜的醫療裝置來說，三年不到的時間其實並不長。那些技術問題包括機器手臂落錯位置而造成吸量管斷裂、光譜儀歪斜得太厲害等，曾經有一次，一台迷你實驗室裡旋轉血液的離心機還爆炸。這些問題都可以修正，但需要時間，Theranos 還要好幾年才可能做出真正可用於病人身上的產品。

然而，從伊莉莎白的角度來看，她沒有好幾年的時間可以等。一年前，二〇一二年六月五日，她跟沃爾格林簽署了新合約，承諾 Theranos 會在二〇一三年二月一日前，在沃爾格林部分門市推出血液檢測服務，以換取一億美元的「創新費用」，以及另外四千萬美元的貸款。

Theranos 並沒有在期限前完成，這又一次的延期在沃爾格林看來是拖延三年了。另一方面，隨著史帝夫・博德退休，與喜互惠的合作已經分崩離析，如果繼續等下去，伊莉莎白擔心沃爾格林也會拂袖而去，於是她決定九月一定要在沃爾格林上市，就算天崩地裂都要達成。

由於迷你實驗室尚不足以部署使用，伊莉莎白和桑尼決定搬出比較老舊的愛迪生，撢一撢灰塵再拿出來使用，此舉導致了另一個致命決定——作弊。

◆ ◆ ◆

六月時，丹尼爾·楊（帶領生物數學團隊的MIT聰明博士）到「侏羅紀公園」看艾倫·畢姆，身旁帶著部屬新偉·龔（Xinwei Gong）。丹尼爾進入公司五年，已一步步高升到公司實際上的第三號高層，伊莉莎白和桑尼聽得進他的話，常把惱人的技術問題交給他解決。

在Theranos工作前三年，丹尼爾看似是個不折不扣的居家男人，每天六點準時下班，陪妻小吃晚餐，這種日常引來同事在他背後竊笑。不過，被拔擢為副總後，丹尼爾完全變了個人，工作時數變長，每天都在辦公室待到很晚，公司聚會時喝得酩酊大醉，跟他平常安靜、神祕莫測的形象反差很大，此外還有流言蜚語說他與同事有染。

丹尼爾告訴艾倫，他和龔（人稱山姆〔Sam Gong〕）要來修整ADVIA 1800，實驗室的商用分析儀之一。ADVIA是重達近六百公斤的大機器，足足有兩台辦公室大型影印機加起來那麼大，是德國西門子集團旗下的西門子醫療設備公司（Siemens Healthcare）所生產。

接下來幾個星期，艾倫觀察到山姆花了不少時間打開那台機器，再用iPhone相機拍攝內部，後來艾倫才知道，原來他打算把機器改成可適用於扎手指採集的少量樣本。看起來保羅．帕特爾所言不假，4S想必不能用，不然幹嘛訴諸這種非不得已的方法？艾倫知道愛迪生只能執行免疫測定法，難怪丹尼爾和山姆會選擇ADVIA，因為ADVIA專門執行普通化學測定。

醫師委外的血液檢驗中，「化學十八」（chem 18）是最常見之一，檢驗內容包括測量鈉、鉀、氯化物等電解質，以及用於監測病患肝腎功能的檢驗，這些都是透過普通化學測定，在沃爾格林門市所推出的檢驗項目如果沒有包含這些，一點意義也沒有，因為醫師委託的檢驗項目中，這些檢驗就占了三分之二左右。

但是，ADVIA所需的血液樣本遠比扎手指取得血液多很多，於是丹尼爾和山姆想出一連串步驟改裝西門子那台分析儀，讓它可以適用於小樣本。其中首要步驟是，採用大型自動分注機器人Tecan，加入生理食鹽水稀釋奈米容器裡的小樣本；另一個步驟是，將稀釋後的血液轉移到訂做的杯子裡，杯子尺寸是ADVIA原有杯子的一半。

這兩個步驟合力解決了「殘量」（dead volume）問題。跟許多商用分析儀一樣，ADVIA也是用探針插入血液樣本中吸取血液，雖然大部分血液都吸走了，但底部總會留下一些血液未用到，現在把承裝樣本的杯子尺寸縮小，可讓杯子底部更靠近探針尖端，而稀釋血液則製造出更多液體可供使用。

艾倫對稀釋的部分持保留態度。那台西門子分析儀在執行測定時原本就會稀釋樣本，若採用丹尼爾和山姆想出的方法，代表血液會被稀釋兩次，一次是放進分析儀之前，一次是放進去之後。任何稱職的實驗室主管都知道，亂動血液樣本的次數愈多，愈可能產生誤差。

更何況，經過兩次稀釋後，血液中所含的被測定物質濃度會降低，低於ADVIA被FDA核可的量測範圍，換句話說，等於是用不符合製造商和主管機關核可的方式來使用這台機器。血液稀釋後的檢測結果必須乘上稀釋倍數，才是最終檢測結果，而稀釋後的檢測結果可不可信甚至還不知道。儘管如此，丹尼爾和山姆對他們所做的事仍然很自豪，這兩人骨子裡是工程師，對他們來說，照顧病患是個抽象概念，就算他們修改機器最後產生負面後果，需要負起責任的人也不是他們，而是艾倫，因為CLIA證書上的名字是艾倫，不是他們。

丹尼爾和山姆的修改工作完成後，Theranos的律師吉姆．法克斯（Jim Fox）來到艾倫辦公室，他建議公司可以把他們的修改拿去申請專利，艾倫覺得這種想法太荒謬。根據他的認知，動手修改其他製造商的裝置並不等於新發明，尤其如果動了手腳後的成效已大不如前。

西門子機器被破解的消息，一路傳到泰德．帕斯寇耳裡，他是接替約翰．分吉歐的採購經理，同時接下公司八卦第一手接收人的角色。沒多久，泰德就證實了傳聞，因為他接到伊莉莎白和桑尼的指示，要再採購六台ADVIA，他跟西門子談到很大的折扣，但這筆訂單仍然遠超過十萬美元。

隨著二〇一三年九月九日（伊莉莎白定下的上市日期）逼近，艾倫愈來愈擔心Theranos還沒準備好。破解版的西門子分析儀所做的測定中，有兩項尤其令艾倫的實驗室傷腦筋：鈉和鉀。艾倫猜測後者是所謂「溶血現象」（hemolysis）所引起，溶血現象是指紅血球破裂，鉀離子釋放到血液樣本裡所引起。溶血現象已知是手指採集血液的副作用，從手指擠出血液會壓迫紅血球，造成紅血球破裂。

艾倫注意到伊莉莎白的辦公室窗上貼了張紙，上面寫著一個數字，是上市時間倒數，看到那張紙令他很恐慌。上市前幾天，他去找伊莉莎白，請她延後上市。伊莉莎白少了平常的自信，聲音顫抖，明顯看得出在發抖，一面向艾倫保證一切會沒事。她告訴艾倫，如果有必要會改回一般抽血方式，這句話暫時讓他感覺好一些。不過等他一離開她的辦公室，焦慮又回來了。

八月底，安嘉莉・賴格麗——跟伊恩・吉本斯共事長達十年的化學家，八年在Theranos，兩年在另一家生技公司——度完三週的印度假期回到工作崗位，立刻驚慌了起來。

安嘉莉是免疫測定團隊的主管，多年來，她的團隊一直在研發Theranos上一代裝置愛迪生的血液檢測，令她沮喪的是，這台黑白機器在某些檢測的誤差率仍然居高不下。伊莉莎白和桑尼一年來一再向她承諾，等到下一代裝置4S推出就會好轉，只是這一天似乎遙遙無期。只要公司仍處於研發營運階段就還好（她三週前去印度度假時確實仍是如此），但現在每個人卻突然都在講「上線」，她收件匣裡的信也提到迫在眼前的商業上市。

上市？上市什麼？安嘉莉心裡納悶著，不安不斷滋生。

她得知，自己不在公司期間，有非CLIA實驗室編制的員工進入實驗室。她不知道原因，不過她知道，以前西門子的業務代表來維修其公司製造的機器時，實驗室獲得的指令是：絕不能讓那些業務代表看到他們在做什麼。

愛迪生的樣本處理方式也有所改變。在桑尼的命令下，現在樣本放進愛迪生之前要先用Tecan自動分注器稀釋，這是為了解決愛迪生用一份手指血液樣本，最多只能做三種檢測的情形，先稀釋血液可以製造更多分量來做更多檢測，但是這個裝置在正常情況下的誤差率已經很高，現在多一個稀釋步驟似乎只會更糟。另外，安嘉莉對奈米容器也很擔心，這個小管子裡的血液常常乾掉，她和同事經常取不出足夠的血量。

為了喚起伊莉莎白和丹尼爾．楊的理智思考，安嘉莉把公司二〇一〇年與賽基（Celgene）藥廠合作的愛迪生研究數據寄給他們。那份研究中，Theranos使用愛迪生追蹤氣喘病患者血液中的發炎標記，結果數據顯示誤差率高到無法接受，賽基因而終止雙方合作。安嘉莉提醒他們，從那次失敗的研究至今，情況並沒有任何改變。

伊莉莎白和丹尼爾都沒有知會收到她的信。在這家公司工作八年，安嘉莉覺得自己走到道德十字路口。如果還處於研發模式、並且檢驗的血液是員工和員工家屬自願提供，那產品的毛病仍處於解決階段還可接受，可是，在沃爾格林門市上線完全是另一回事，這代表會讓一般大眾暴露於一個基本上未經許可的大型研究實驗。她無法容忍，決定辭職。

一得知她要辭職，伊莉莎白立刻把她叫進辦公室，她想知道她為什麼要走，是不是還有可能說服她留下。安嘉莉把自己的擔憂再說了一次：愛迪生的誤差率太高，奈米容器的問題還沒解決，為什麼不等4S準備好？為什麼現在就急著上市？她問道。

「因為我答應了客戶，就必須做到。」伊莉莎白回答。

這個答案在安嘉莉聽來毫無道理。沃爾格林只是生意夥伴，來到沃爾格林門市說要做血液檢測的病人才是 Theranos 最終客戶，他們以為 Theranos 提供的檢測可以信賴、可以幫助他們做醫療決策，這些客戶才是伊莉莎白應該在乎的。等到安嘉莉回到自己座位，她要辭職的消息已經傳開，同事們紛紛過來道別。她給公司一個星期的緩衝時間，也打算堅守崗位到最後一刻，不過桑尼並不喜歡一群人公開道別的場面，他派人資主管夢娜．拉穆迪（Mona Ramamurthy）告訴她，要她立刻走人。

離開時，安嘉莉把她寄給伊莉莎白和丹尼爾的信列印出來，她感覺這件事不會善了，她需要東西可以自保，可以證明她並不贊同上市的決定。把信轉寄到自己的雅虎信箱會比較容易，但她知道桑尼緊盯著每個員工的電子郵件往來，所以她把信印出來藏在包包裡，偷偷夾帶出去。安嘉莉不是唯一感到擔憂的人，她的免疫測定團隊副手蒂娜．諾依絲（Tina Noyes）也決定結束七年多的工作，辭職走人。

她們的辭職觸怒了伊莉莎白和桑尼，第二天，兩人召集全體同仁到員工餐廳開會，每張椅子上都放了本《牧羊少年奇幻之旅》（*The Alchemist*）——保羅．科爾賀（Paulo Coelho）著名的小說，描寫安達魯西亞的牧羊少年在一趟埃及之旅找到自己的天命。臉上還看得見怒氣的伊莉莎白告訴齊聚一堂的員工，她在創造一個宗教，如果在場有誰不信就應該離開。桑尼說得更直接，沒有打算展現完全的奉獻與百分之百忠誠的人，現在馬上「滾出去」。

| FIFTEEN |

「獨角獸」九十億美元的祕密

她討厭這位插畫家的插畫，把她的頭畫得好大，還給她一個茫然、眼睛睜得老大的傻笑，彷彿在高聲尖叫著：我是金髮無腦妹。除此之外，這篇文章沒什麼好挑剔，占據《華爾街日報》頭版大半個版面，該寫的也都寫了。傳統用針頭從手臂抽血的方式被比喻為吸血鬼式，或者用作者比較文青的措辭是「吸血鬼文學之父布拉姆·史托克（Bram Stoker）的方法」，相反地，Theranos 的方式被形容為「只需極少血量」而且「比傳統方法更快速、更便宜、更精準」。文章末了還引述前國務卿喬治·舒茲（George Shultz，公認是美國贏得美蘇冷戰的功臣）的話，把推動這項突破創新的年輕聰明史丹佛輟學生封為「下一個賈伯斯或比爾·蓋茲」。

這篇文章在二〇一三年九月七日星期六刊出，剛好跟 Theranos 血液檢測服務的商業上市同一時間，這是伊莉莎白刻意的操作，接下來星期一一早會有新聞稿釋出，宣布首家 Theranos 健康中心在沃爾格林的帕羅奧圖門市開幕，這項合作日後將擴展到全國。對一家迄今仍沒沒無聞的新創公司來說，能受到美國最知名、最受敬重的刊物之一這等吹捧報導，無疑是一大成功，而背後的推手是伊莉莎白跟舒茲之間的密切關係——她兩年前就開始精心經營的關係。

這位前政治人物——他除了在雷根政府策畫外交政策，也在尼克森總統治下擔任勞工部長和財政部長——二〇一一年七月加入 Theranos 董事會，成為伊莉莎白最強力的支持者之一。身為胡佛研究所（Hoover Institution，座落於史丹佛校園的智庫）地位崇高的一員，舒茲儘管年事已高（九十二歲），但在共和黨圈子仍是備受推崇、深具影響力的人物，因而與《華爾街日報》保守的社論氣味相投，偶爾替該報撰寫特稿評論時政。

二〇一二年某次前往《華爾街日報》曼哈頓中城總部跟編輯部討論氣候變遷議題時，舒茲提到矽谷有個神祕創業家日後勢必會以她的技術翻轉醫療產業，在好奇心驅使下，《華爾街日報》社論版資深主編保羅·吉高（Paul Gigot）提出，隨時可派人採訪那位神祕的青年才俊，只要她準備好打破沉默向世界介紹她的發明。

一年後，舒茲致電表示伊莉莎白已經準備好，於是吉高把任務交給主要撰寫醫療保健的編輯約瑟夫·拉戈（Joseph Rago），結果寫出一篇報導刊登於「週末專訪」（週六固定推出的特稿專欄）。

伊莉莎白挑了一個安全地方舉辦她初入社交圈的舞會。「週末專訪」是由吉高的部屬輪流負責，原本定調屬性就不是犀利的調查報導，而是如同專欄名稱所暗示：調性友善且針對性不強的專訪。更何況，伊莉莎白主要傳達的訊息是「給一個老舊且無效率產業帶來破壞性創新」，正好跟該報社論親商、反對政府監管的信條不謀而合。曾以一篇剖析歐巴馬健保的強悍社論而贏得普立茲獎的拉戈，也沒有理由懷疑伊莉莎白所說並非事實。

他前往帕羅奧圖採訪時，伊莉莎白把迷你實驗室和六刀鋒一一排開展示，他也自願現場接受檢測，人還沒離開那棟大樓，他的電子信箱就收到看似準確的檢測結果。他不知道的是，伊莉莎白打算利用在沃爾格林的產品上市，以及他這篇把她的誤導說法寫進去的文章，做為外界認可的證明，以利她開啟新一輪募資——這次募資將會把 Theranos 推到矽谷舞台最前方。

♦ ♦ ♦

邁克．巴散提（Mike Barsanti），接到唐納 A．盧卡斯（Donald A. Lucas，傳奇創投唐納．盧卡斯的兒子）來電時，正在太浩湖（Lake Tahoe）度假。邁克和唐納在一九八〇年代一同就讀於聖塔克拉拉大學（Santa Clara University），友誼持續至今。邁克原本是灣區一家海鮮家禽公司的財務長，該公司是他們家族經營六十多年的事業，去年售出，他也跟著退休。

唐納來電是為了向邁克推銷一項投資：Theranos。邁克一聽大為驚訝，他上一次聽到這家新創公司是七年前，當時他和唐納出席伊莉莎白在沙丘路進行的二十分鐘簡報，聽她展示其血液檢測小機器。邁克對伊莉莎白仍記憶猶新，那時她是個打扮土氣的年輕科學家，戴著厚重粗框眼鏡，脂粉未施，緊張兮兮地對著年紀大她二、三倍的男人說話。當時唐納經營RWI創投公司（RWI Ventures），是他跟著父親學習創投經營十年後，於一九九〇年代中期所創立，邁克則是RWI的投資人。那時候，邁克的好奇心被那位侷促不安但明顯聰明的年輕女子勾起，他詢問唐納為什麼不像父親一樣投資她。唐納的回答是，經過仔細考慮後決定不投資，因為伊莉莎白沒有章法、不夠專一，他父親雖然貴為董事長一樣掌控不了她，而且唐納不喜歡她也不信任她，邁克還記得他的朋友當時是這麼說的。

「唐納，現在有哪裡不同了嗎？」邁克問道。

唐納興奮地解釋，Theranos已經跟當年不可同日而語。這家公司即將宣布在美國最大零售連鎖門市，推出創新的手指扎針檢驗，而且不只如此，他說，美國軍方也採用Theranos裝置。

「你知道那些裝置放在悍馬軍用車的後車廂，運到伊拉克嗎？」他問邁克。

邁克不確定自己是否有聽清楚，「什麼？」他脫口而出。

「沒錯，我看到他們在Theranos總部堆放那些裝置。」

如果這些都是真的，那的確是很了不起的進展，邁克心想。

唐納在二〇〇九年成立一家新公司，名為盧卡斯創投集團（Lucas Venture Group），伊莉莎白基於跟他年邁父親的長年交情（他父親因為罹患阿茲海默症而心智糊塗），願意讓他在下一輪募資以折扣價投資Theranos，每股價格比其他投資人更優惠。

於是唐納告訴邁克，盧卡斯創投打算抓住這個大好機會，計畫募資成立兩筆基金，一筆是傳統的創投基金，投資 Theranos 在內的多家公司，另一筆只投資 Theranos。邁克有沒有意願加入？如果有，時間不多，必須在九月底之前完成交易。

幾個星期後，二〇一三年九月九日下午，邁克收到唐納寄來的電郵，主旨欄寫著「Theranos—急件」，信裡有更多細節說明。這封信寄給了像邁克一樣曾經投資唐納基金的人，信裡附上《華爾街日報》那篇文章，以及 Theranos 當天早上新聞稿的網頁連結，信上說，盧卡斯創投「受邀」投資 Theranos，最多可投資一千五百萬美元，若依照伊莉莎白給盧卡斯創投的折扣價計算，Theranos 估值高達六十億美元。

邁克深吸一口氣，這是個超級高的估值。他忍不住生起唐納的氣，七年前唐納對他投資 Theranos 的建議置之不理，當時 Theranos 的估值才四千萬美元左右，他哀怨地想起往事。

的確，現在看來 Theranos 似乎是十拿九穩的投資。唐納的信裡說，Theranos「已經跟很大的零售商和藥局簽約合作，還有藥廠、健康維護組織（HMO）、保險公司、醫院、診所、政府機構等」，信裡還說 Theranos 的「現金流從二〇〇六年開始就已經是正數」。

邁克和十位家人為了投資這類創業投資，原本就以有限公司的名義共同集資，他與他們商量後，決定參與投資，匯給唐納七十九萬美元。盧卡斯創投的幾十個投資人（以業界用語來說是「有限合夥人」〔limited partners〕），也參與投資，紛紛開出金額不等的支票，這些人包括羅伯特・柯爾曼（Robert Colman，已不存在的舊金山投資銀行 Robertson Stephens & Co. 共同創辦人），以及帕羅奧圖一位退休心理治療師。

到了二〇一三年秋天，熱錢以令人眼花撩亂的速度不斷流入矽谷，衍生出一個新詞彙形容這類新品種的新創公司。二〇一三年十一月二日，科技新聞網站 TechCrunch 刊出一篇文章，創投家艾琳．李（Aileen Lee）提到估值十億美元以上的新創公司不斷激增，她把這些新創公司稱為「獨角獸」（unicorn）。雖然以虛構神話的怪獸為名，但這些科技公司可一點都不是虛構：根據艾琳．李的計算，獨角獸有三十九隻，而這個數字很快就會超過一百。

不同於一九九〇年代末期的網路公司前輩，爭相奔向股票市場上市，這些獨角獸有能力私募龐大資金，得以免於股票上市所帶來的嚴密監督。

獨角獸的典型代表是優步，由鬥志活力旺盛的工程師崔維斯．卡拉尼克（Travis Kalanick）共同創立的手機叫車 app。就在《華爾街日報》刊出伊莉莎白專訪的前幾週，優步募到三億六千一百萬美元，估值三十五億美元。另外還有 Spotify，這家音樂串流服務公司在二〇一三年十一月募到兩億五千萬美元，估值四十億美元。

這些公司的估值接下來幾年仍會不斷地攀升，不過眼下已經被 Theranos 超越了，而且差距即將拉大。

《華爾街日報》的專訪引起克里斯多福．詹姆士（Christopher James），和布萊恩．葛羅斯曼（Brian Grossman）的注意，這兩位經驗老道的投資專家在舊金山經營一家避險基金，名為夥伴基金管理公司（Partner Fund Management）。夥伴基金的資產大約四十億美元，過往的投資紀錄非常亮眼，自詹姆士二〇〇四年成立以來，每年平均報酬率將近一〇%，之所以有如此成功的表現，要歸功於占其投資組合很大一塊的醫療，而這部分是由葛羅斯曼負責操盤。

詹姆士和葛羅斯曼主動聯繫伊莉莎白後，她邀請兩人二〇一三年十二月五日前來開會。一抵達Theranos總部，眼前一大片米色建築蓋在山坳處，史丹佛校園近在咫尺，兩人第一個注意到的是滴水不漏的維安。出入口有多名警衛，他們必須簽署保密切結書才獲准踏入大樓，一走進去，不管走到哪警衛就會跟到哪，就連去洗手間也是。大樓內有部分地方沒有特殊鑰匙卡無法進入，他們當然是生人勿近。

伊莉莎白和桑尼一向很在意維安，隨著Theranos在沃爾格林上市，他們的妄想症又攀升到一個新高點。他們兩人深深相信奎斯特診斷公司和美國控股實驗室公司把Theranos視為致命威脅，會危及他們安逸的寡占市場，因此兩家公司一定會用盡各種方法摧毀這個新敵人。另外也因為約翰・傅伊茲出庭時誓言要把伊莉莎白「弄」死，伊莉莎白對這個威脅嚴肅以對。詹姆士・馬提斯那年稍早退伍後就加入Theranos董事會，在他的推薦下，伊莉莎白雇用了馬提斯的安全隨扈吉姆・李維拉（Jim Rivera）。頭髮花白的李維拉是專家，馬提斯頻繁前往伊拉克和阿富汗的路上都有他貼身保護，他的身上隨時有一把手槍，不是藏在外套下的手槍皮套裡，就是藏在腳踝，手下帶領一支六人護衛隊，都是身穿黑西裝、頭戴耳機。

重兵維安給詹姆士和葛羅斯曼留下好印象，令他們想起可口可樂看守可樂祕方的嚴密程度，也讓他們感覺 Theranos 必定有非常珍貴的智慧財產需要保護，而伊莉莎白和桑尼的簡報更進一步確認了他們的想法無誤。

第一次開會時，伊莉莎白和桑尼告訴兩位訪客，聯邦醫療保險（Medicare）和民間健康保險業者付費委託實驗室做的一千三百種檢驗項目中，有一千種都可以用 Theranos 扎手指技術進行——這是根據夥伴基金後來控告 Theranos 的訴訟內容。（很多血液檢驗都牽涉到好幾個收費項目，所以那上千個收費項目實際上所涉及的檢驗數量只有一、二百種。）

幾週後的第二次會議中，他們出示用 PowerPoint 做成的散布圖，宣稱要比較 Theranos 分析儀和傳統實驗室儀器做出的檢驗數據。每張圖都顯示數據點（data point）緊緊群集於一條直線周圍，那條直線與平行的 X 軸呈對角線往上攀升，這代表 Theranos 的檢測結果跟傳統儀器的結果，呈現幾乎完美的正相關，換句話說，Theranos 的技術跟傳統檢驗一樣精確。問題是，圖表上的數據並非來自迷你實驗室或是愛迪生，而是出自 Theranos 購買的商用血液分析儀，其中一台的製造商就在帕羅奧圖往北一小時車程處，公司名稱是 Bio-Rad。

桑尼還告訴詹姆士和葛羅斯曼，Theranos 已經開發出三百種血液檢測，從一般常見的血糖、電解質、腎功能檢驗，到極罕見的癌症偵測檢驗都有；他號稱其中九成八只需要扎手指取得少少的血液樣本就能做，而且不出半年百分之百都能這樣做。那三百種檢驗可以滿足實驗室九成九到九成九九的需求，而且每項檢驗都已送交 FDA 核可，他這麼說。

桑尼和伊莉莎白最厚顏大膽的說詞是：Theranos 用一份手指血液樣本就能同時執行七十種檢

驗。只用一、二滴血就能執行這麼多檢驗，是微流控技術領域的聖杯。自從瑞士科學家安德烈斯・曼斯（Andreas Manz）證明，電腦晶片產業所開發的微製程技術（microfabrication）可以改用於製作小小的渠道，供微量液體流經，此後二十多年來，全世界各大學與產業界數以千計研究員無不戮力以此為目標。

但至今仍是力有未逮，因為有幾個基本原因難解。主要原因是不同種類的檢測需要極為不同的方法，一旦把微量的血液樣本拿去用於免疫測定，剩下的血液所剩無幾，通常不足以進行另一種全然不同的檢驗，如普通化學或血液測定。另一個問題是，雖然微流控晶片可以處理極小量，但尚未有人想出如何在樣本移轉到晶片過程中避免樣本分量減損。如果血液樣本很大的話，損失一點點還不打緊，但如果樣本本身已經很微量就是大問題了。按照伊莉莎白和桑尼的說法，Theranos 已經解決這些和其他難題——這些可是整個生物工程研究一直苦惱難解的挑戰啊！

除了 Theranos 那些被信以為真的科學成就外，令詹姆士和葛羅斯曼心動的另一個因素是 Theranos 董事會成員，裡面不只有舒茲和馬提斯，現在還多了前國務卿亨利・季辛吉（Henry Kissinger）、前國防部長威廉・裴瑞（William Perry）、前參議院軍事委員會主席山姆・楠恩（Sam Nunn）、前海軍上將蓋瑞・羅福賀（Gary Roughead），這些人的聲望都是如假包換、卓越不凡，等於給 Theranos 蓋上正字標記。這些人的共同點是，他們跟舒茲都是胡佛研究所的研究員，伊莉莎白交上舒茲這個朋友後，便開始有計畫地分別跟每個人培養關係，以無償配股來換取他們答應出任董事。

董事會盡是前任的政府閣員、國會議員、軍方官員，也為伊莉莎白和桑尼所稱「Theranos 裝置已獲美軍用於戰場」增添可信度。詹姆士和葛羅斯曼心想，Theranos在沃爾格林和喜互惠推出的手指取血服務可能會廣受消費者青睞，搶下美國血液檢測一大塊市場，而跟國防部的合作契約又可為營收增加一大來源。

桑尼寄給這兩位避險基金高層的財務預測報表，也證實了他們想法無誤，上面預測二〇一四年營收兩億六千一百萬美元、毛利一億六千五百萬，二〇一五年營收十六億八千萬美元、毛利十億八千萬，可是他們不知道的是，那些數字完全是桑尼憑空捏造。自從伊莉莎白二〇〇六年開除亨利·莫斯利之後，Theranos就一直沒有真正的財務長，最接近的角色是一位名叫丹妮絲·任（Danise Yam）的企業主計長。

桑尼把財務預測寄給夥伴基金後過了六週，為了估算員工認股權的每股價格，丹妮絲·任也寄了財務預測給Aranca顧問公司，只是裡面的數字截然不同。丹妮絲·任預估二〇一四年獲利三千五百萬美元、二〇一五年獲利一億美元（跟桑尼寄給夥伴基金的預估相比，分別少了一億三千萬、九億八千萬），營收方面的差距更大，丹妮絲·任預估二〇一四年營收為五千萬美元、二〇一五年為一億三千四百萬美元（比寄給夥伴基金的預估少了兩億一千一百萬、十五億五千萬）。結果證明，就連丹妮絲·任的預估數字都太過樂觀。

詹姆士和葛羅斯曼當然無從得知Theranos內部的預估，比他們拿到的數字少了五至十二倍，他們也壓根沒想到，一家擁有如此德高望重董事會的公司會發生什麼意想不到的噩耗，更別提這個董事會還有一個名叫大衛·波伊斯、每會必與的特別顧問，有全美國最頂尖的律師盯著，怎麼可能還會出錯呢？

二〇一四年二月四日，夥伴基金以每股十七美元買進五百六十五萬五千二百九十四股 Theranos 股票（比四個月前盧卡斯創投買進的每股價格多了兩美元），這筆投資為 Theranos 金庫挹注了九千六百萬美元，使 Theranos 的估值來到驚人的九十億美元，這意味著，握有公司一半股票多一點的伊莉莎白，現在的身價高達將近五十億美元。

| SIXTEEN |

美國前國務卿的「叛逆」孫子

臉書舊址的員工餐廳裡，泰勒・舒茲（Tyler Shultz）站在一大群新同事中間，聽著伊莉莎白訴諸情感的演說，她述說姨丈因為癌症而英年早逝，而 Theranos 血液檢測的早期預警可以避免這種憾事發生，這就是她過去十年來孜孜不倦追求的目標，「一個沒有人必須早早就跟摯愛說再見的世界」，她含著淚用動人嗓音說。泰勒覺得這段話非常激勵人心。

今年春天他從史丹佛畢業，夏天揹起背包到歐洲壯遊，不到一個星期前才來到 Theranos 上班，短短幾天就有好多東西可學，尤其是這次伊莉莎白召開全體員工大會所宣布的消息：Theranos 的技術即將在沃爾格林門市上線。

泰勒第一次看到伊莉莎白是在二〇一一年底，當時他到爺爺喬治・舒茲（美國前國務卿）在史丹佛校園附近的家，那時他大三，主修機械工程，伊莉莎白的願景——用指尖幾滴血進行的立即無痛檢驗——馬上引起他的共鳴。那年暑假到 Theranos 實習後，他就把主修改成生物學，並且到 Theranos 應徵全職工作。

第一天上班就充滿戲劇性。有個叫做安嘉莉的女子辭職不幹，她是免疫測定團隊的主管，一群同事聚集在停車場向她道別，有傳言說安嘉莉跟伊莉莎白大吵了一架。接著是三天後，泰勒接到通知，他原本被分派的蛋白質工程團隊要解散，大家要改派到人手不足的免疫測定團隊幫忙。這種種情況有點混亂，令人困惑，不過，伊莉莎白激動人心的演說消除了他剛萌芽的不安，他帶著滿滿活力走出員工大會，只想趕快努力工作。

任職一個月後，泰勒認識一個名叫艾芮卡．張（Erika Cheung）的新進同事。跟泰勒一樣，艾芮卡也剛從大學畢業，主修生物，不過兩人的共同點僅止於此。頂著一頭棕金髮還有一個赫赫有名爺爺的泰勒，是名門世家的產物；艾芮卡則是出身混血中產家庭，父親從香港移居美國，在優比速快遞（UPS）一路從包裝員爬到工程經理，艾芮卡青春年少有很長一段時間在家自學。

儘管出身背景截然不同，但泰勒和艾芮卡還是成了好朋友。兩人在免疫測定團隊的工作是做實驗確認愛迪生的血液檢驗是準確的，然後才能將愛迪生部署到實驗室用於病患身上。這個確認過程叫做「測定確效」（assay validation），所使用的血液樣本來自員工，有時也來自員工的朋友和家屬，為了鼓勵員工提供血液，每一管血 Theranos 付十美元，也就是說坐下來抽一次血就可賺五十美元。

泰勒和艾芮卡比賽誰能先賺到六百美元（超過這個門檻，公司就必須向國稅局申報為獎金）。某個週末，Theranos 在徵求更多自願捐血者，於是泰勒找來四個室友一起捐血，他們把全部賺來的錢——兩百五十美元——拿去買啤酒和漢堡，當天晚上在幾個街區外那棟搖搖欲墜的租屋處開趴。

⸫

泰勒的工作熱忱第一次被潑冷水，是在他看到愛迪生內部的當下。前一年暑假到 Theranos 實習時，他連靠近愛迪生都不可以，所以當中國科學家胡然（Ran Hu）把一台拿掉黑白外殼的愛迪生給他看時，他的期待非常高。站在他旁邊的，還有上司阿魯娜·耶兒（Aruna Ayer），阿魯娜也跟他一樣好奇，她原本是蛋白質工程團隊主管，也沒看過愛迪生。胡然快速展示一遍後，泰勒和阿魯娜都不知道該做何感想。這個裝置似乎只是把吸量管綁在一個能前後移動的機器手臂上，他們兩人都以為能看到複雜的微流控裝置之類的，但眼前這台比較像是中學生也能在車庫做出來的東西。

試著保持開明態度的阿魯娜開口問：「胡然，你覺得這個東西很酷嗎？」

胡然用不以為然的語氣回答：「你自己看吧！」

外殼裝回之後，愛迪生就換上了觸控螢幕軟體介面，但即使如此仍然令人失望，螢幕上的圖示必須用力按才有反應，泰勒和其他幾個同事開玩笑說，賈伯斯如果看到一定會從墳墓爬起來。泰勒感覺一股失望向他襲來，但他用力把它壓回去，告訴自己，他耳聞正在開發的下一代裝置「4S」應該會精細很多。

沒多久，有其他事開始困擾泰勒。他和艾芮卡負責的實驗需要一再用愛迪生來檢測血液樣本，觀察每次結果的差異變化，再用這些數據計算愛迪生每次檢驗的變異係數（coefficient of variation），一般來說，只要變異係數在一〇％以下，檢驗就算準確。令泰勒驚訝的是，變異係數不夠低的數據會直接捨棄不用，實驗一再重複做，直到得出想要的數字為止，就好像丟銅板的次數多到可連續丟出十個正面，然後就宣稱每次都扔出正面。即使是「有效」數據，泰勒和艾芮卡也發現有些數值會被視為異常值（outlier）並刪除，就算艾芮卡去問團隊比較資深科學家異常值的定義為何，也沒有人能給她一個直接的答案。艾芮卡和泰勒也許年輕、沒經驗，但兩人都知道用「採櫻桃」方式專挑有利的數據並不是好科學。他們並不是唯一對這些做法有疑慮的人，泰勒很喜歡且敬重的阿魯娜也不認同，還有麥克・杭伯特（Michael Humbert）也是，他是友善樂天的德國科學家，跟泰勒是好朋友。

泰勒幫忙做的「確效實驗」中，有一項需要做梅毒檢測。有些檢測是測量血中某一物質的濃度，譬如膽固醇，以此判定該物質是不是過高；還有些檢測（譬如梅毒檢測），是提供「有」或「無」的答案，告訴病患有沒有罹患某一種疾病，這類檢測的準確性是根據「敏感度」（sensitivity）來評斷，而所謂敏感度就是：正確無誤地檢測出罹病者為「陽性」的比例。一連好幾天，泰勒和幾位同事用愛迪生檢測了二百四十七份血液樣本，其中有六十六份已確定對某疾病呈現陽性反應。第一輪檢測中，愛迪生準確測出陽性反應的比例只有六成五，第二輪檢測中，準確測出陽性反應的比例為八成，然而在確效報告中，Theranos 卻說其梅毒檢測有九成五的敏感度。

艾芮卡和泰勒認為，Theranos 對愛迪生其他檢測的準確性也有誤導之嫌，譬如維他命 D 檢測。拿一份樣本用義大利公司代所潤的分析儀做檢測時，可能出現的維他命 D 濃度是每毫升二十奈克

（nanogram），屬於健康人的正常範圍，但艾芮卡同樣拿那份樣本放進愛迪生檢測時，得出的結果卻是每毫升十或十二奈克，這個數值代表維他命D不足。然而，愛迪生的維他命D檢測卻獲得放行可用於臨床實驗室，用來檢測活生生的病患樣本。愛迪生另外兩個甲狀腺激素檢驗以及攝護腺特異抗原檢驗（攝護腺癌的標記），也是如此。

二〇一三年十一月，艾芮卡從免疫測定團隊被調到臨床實驗室，派到樓下有愛迪生機器的「諾曼第」。感恩節假期中，沃爾格林帕羅奧圖門市傳來一份檢驗委託，檢驗一位病患的維他命D。艾芮卡照著所學的程序，在檢驗病患樣本前先進行愛迪生的品管檢查。

品管檢查是基本的防禦措施，目的是避免產生不精確的結果，這是實驗室運作的核心。品管檢查必須拿一份事先保存的血漿樣本進行檢測，那份樣本所含的待測物質濃度已經知道，目的是看看檢測的結果是否跟已知數值一致，如果比已知數值高或低兩個標準差，那麼該次的品管檢查通常就視為不合格。

艾芮卡第一次做的品管檢查不合格，所以又做了一次，同樣不合格。她不知該如何是好，於是發出緊急求助信到公司設立的信箱，撒門薩·阿內卡爾、蘇拉吉·賽克斯納、丹尼爾·楊都有回覆她的信，給予各種不同建議，但沒有一項行得通。過了一陣子，研發那邊有個名叫烏燕·杜（Uyen

Do）的員工下來查看品管讀數。

根據桑尼和丹尼爾所建立的方法流程，Theranos 用愛迪生取得檢測結果的方法並不正統——這是比較好聽的說法。首先，先用 Tecan 自動分注器稀釋少少的手指血液樣本，再把樣本分成三份，將這稀釋過的樣本分別放進三台愛迪生進行檢測，每一台有兩個吸量管尖頭會插入稀釋過的血液裡，產生兩個數值，所以三台愛迪生總共會產生六個數值，然後取這六個數值的中位數，做為最後結果。

依照這套流程，艾芮卡在三台裝置上檢測了兩份品管樣本，每份樣本產生六個數值，兩份樣本總共有十二個數值，杜懶得解釋理由就直接把其中兩個數值拿掉，說那兩個是異常值，然後就直接拿病患樣本來檢測，再把檢測結果寄出去。

品管一再不合格的時候不該這樣處理的。正常來說，如果連續兩次品管不合格，就必須離線、重新校準。更何況，杜甚至連進入臨床實驗室都不應該，她跟艾芮卡不同，她並沒有臨床實驗人員執照，沒有處理病人樣本的權限。這段小插曲令艾芮卡很震驚。

◆ ◆ ◆

不到一個星期後，艾倫．畢姆緊張地在「侏羅紀公園」（樓上的實驗室）、跟一位女性講話，那個人是加州公共衛生局（CDPH）實驗室服務部門的稽查員。Theranos 實驗室的 CLIA 認證即將滿兩年，需要換新，因此必須先通過稽查，而隸屬於聯邦的 CLIA，把這種例行稽查工作外包給州政府稽查員。

桑尼已經昭告公司上下，稽核期間任何員工都不准進出樓下的「諾曼第」，通往「諾曼第」的樓梯藏在一道門的後面，門必須用鑰匙卡才能開。艾倫和其他同事對這項指令的解讀是，桑尼顯然不希望稽查員問起門後情況。稽查員在樓上實驗室花了幾個小時，找出幾個相對不嚴重的問題，艾倫承諾會立刻改正，然後她就離開了，完全不知道自己漏了這家公司獨門裝置所在的實驗室。艾倫不知該鬆口氣還是該生氣，他剛剛幫忙欺騙了監管人員嗎？為什麼他會讓自己淪落至此？

稽查結束後幾天，桑尼下令，不只是用愛迪生所做的那四項檢測，Theranos 在沃爾格林門市提供的幾十項檢測，都要從一般抽血改為扎手指取血。這代表丹尼爾．楊和山姆．龔（就是新偉．龔）所改裝的西門子 ADVIA，可用於一般病人身上了。不用多久，問題就一一冒出來。

伊莉莎白和桑尼決定以鳳凰城（Phoenix）做為產品上市的主要市場，因為亞利桑那州向來以親商著稱，而且當地未投保的病人數量龐大，對 Theranos 提供的低價服務接受度尤其高。所以，除了原有的帕羅奧圖據點，Theranos 剛在鳳凰城的沃爾格林門市開了兩家健康中心，未來計畫還要開幾十家。伊莉莎白打算在鳳凰城設立第二間實驗室，但目前亞利桑那門市所收集的手指血液樣本，仍是用聯邦快遞（FedEx）送回帕羅奧圖檢驗，這樣的安排絲毫稱不上理想：奈米容器裝在冷藏箱內運送，但冷藏箱在機場跑道上晒幾個小時太陽會變熱，小管子裡的血液會凝結成塊。

與上市前拿員工樣本測試時一樣，艾倫同樣碰到鉀的問題。奈米容器裡的血液常常是粉紅色，這代表出現溶血現象，檢驗出的鉀含量每每過高（這是用稀釋過的樣本所做出的結果），有些高到不合理，除非病人已經死掉，否則不可能這麼高。這個問題非常嚴重，艾倫只好規定，高過某個門檻以上就不公布給病人。他懇求伊莉莎白拿掉鉀檢測這個項目，結果伊莉莎白反而叫丹尼爾．楊去修改檢測方法。

◆◆◆

二〇一四年初，泰勒．舒茲從免疫測定團隊被調到製造團隊，在樓下的「諾曼第」工作，再度跟艾芮卡及臨床實驗室其他同事聚首（那些同事負責用愛迪生和改裝過的ADVIA來處理病患樣本），兩個團隊之間沒有屏障，所以泰勒聽得到實驗室同事的聊天。泰勒從艾芮卡等人那裡得知，愛迪生的品管檢查常常不合格，而桑尼強迫實驗室人員無視這個事實，直接用愛迪生檢驗病人的樣本。

正當他盤算該怎麼做時，接到爺爺來電，喬治．舒茲說要替伊莉莎白舉辦三十歲生日派對，希望他一起來，並且替她彈奏一曲。泰勒從高中開始彈吉他，喜歡創作歌曲，去年暑假在歐洲旅遊時，曾經在愛爾蘭的酒吧和街角彈奏。泰勒想以工作為由回絕，他說他在製造團隊的輪班工作是從下午三點到半夜一點，時間剛好跟生日晚宴重疊。但是喬治堅持，他已經把晚餐座位安排好，把孫子安插在錢寧．羅伯森和伊莉莎白中間，而且他相信伊莉莎白不會在意泰勒為了慶賀她生日而不上班，她一定希望他到場，喬治說。

幾天後，泰勒置身於一棟淡藍色礫石大房子的客廳，跟其他賓客交談。那棟房子是喬治的家，盤踞於史丹佛校園旁的山丘上。喬治的第二任太太夏洛特（Charlotte）正在張羅慶生活動，伊莉莎白的雙親也飛過來參加，弟弟克利斯勤也到了，還有錢寧・羅伯森以及 Theranos 董事威廉・裴瑞（柯林頓政府時代的國防部長）。

在祖父的慫恿下，泰勒彈奏自己匆匆譜寫的歌曲，唱著矯情歌詞（從 Theranos 的廣告標語「小小一滴改變一切」發想而來）的同時，他努力不要顯得難為情。可怕的是，過了一會兒他得再表演一次，因為亨利・季辛吉晚到，而大家覺得他也應該聽一聽。泰勒一表演完畢，跟喬治・舒茲一樣高齡九十出頭的季辛吉，當場朗誦他為壽星寫的打油詩，此情此景頗有超現實況味：所有人在舒茲的客廳圍坐一圈，伊莉莎白坐在正中心，沉醉於眾人的目光中，彷彿她是女王，他們是她的臣子，親吻她手上的戒指。跟這個夜晚一樣叫人不知該說什麼的是，泰勒竟然覺得他跟伊莉莎白的關係好到可以坦率直言他的顧慮，生日宴結束後不久，他寄了封電子郵件給她，問她能不能見面談談。

伊莉莎白邀請他到她的辦公室。會面很短暫，但已足夠他提出困擾他的幾個問題，其中之一是 Theranos 對其檢測準確性的說法，他告訴她，Theranos 宣稱其檢測的變異係數在一〇%以下，但很多確效報告（validation reports）的變異係數都高出一〇%很多。伊莉莎白表現出很驚訝的樣子，說她不知道公司有過這種說法，她提議他們一起看看公司官網，於是用她那台大大的 iMac 點開網站，裡面有個欄位「我們的技術」，上面確實用大大搶眼的綠白圓圈凸顯變異係數低於一〇%，但是伊莉莎白指出，上方有個小小的「維他命 D」字樣，特別指明只有維他命 D 檢測是如此。

泰勒勉強接受她的說法，心裡默默記下要查看維他命 D 確效報告的數據。接著他提出，自己計算的變異係數常跟確效報告上的數字不同，報告上的數字比他計算的數字低，換句話說，Theranos 誇大了其血液檢測的準確性。

「那樣就不對了，」伊莉莎白說。她建議他去跟丹尼爾．楊講，丹尼爾會跟他好好解釋公司的數據分析是怎麼做的，消除他的疑惑。接下來幾週，泰勒跟丹尼爾．楊見了兩次。跟丹尼爾談話很容易有挫敗感，他的前額很長，又因為髮線退後而更加凸顯，露出又大又強壯的腦袋，而他的雙眼隱藏在金框眼鏡後，完全不透露絲毫情緒。

第一次會面時，丹尼爾平靜地解釋為什麼泰勒的變異係數算法是錯的。他說，泰勒是拿愛迪生每回檢測所得出的六個數值來計算，而不是只拿那六個數值的中位數來計算，Theranos 提供給病人的報告是那個中位數，所以只有中位數跟變異係數的計算有關。

就技術上來說，丹尼爾的說法或許沒錯，但是泰勒直指問題核心是出在愛迪生的一大缺點：吸量管尖頭的精準度太差。之所以需要每次檢測都產生六個結果，再從中挑出中位數，就是為了彌補吸量管尖頭精準度太差的問題，如果吸量管尖頭一開始就是準確的，就不需要搞得這麼複雜。

接著話題轉到梅毒檢驗，泰勒覺得那項檢驗的敏感度被誇大了，丹尼爾對此也有預先準備好的說詞，他平靜地解釋，愛迪生的梅毒檢測有一些落在「不確定區間」（equivocal zone），落在那個區間的結果並沒有納入敏感度的計算。泰勒對此仍然存疑。何謂「不確定區間」似乎沒有預先明確定義，所以可以任意擴大，直到獲得想要的敏感度數字為止。以梅毒檢測來說，「不確定區間」的範圍就很寬，所以愛迪生做出的檢測結果落在「不確定區間」者，多過正確驗出陽性反應者。泰勒問丹尼爾，是不是真的認同公司所宣稱「Theranos 的梅毒檢測是市場上最準確」，丹尼爾回答公司從未宣稱自己的檢測最準確。

泰勒回到自己的座位後，立刻上網搜尋最近兩篇關於 Theranos 的媒體報導，並且寄給丹尼爾。其中一篇是伊莉莎白接受《華爾街日報》專訪，說到 Theranos 的檢測「比傳統方法更精準」，還把這種精確度的提升稱為科學上的進步。幾天後他們再次會面，丹尼爾承認《華爾街日報》的說法太過誇口武斷，但仍然辯說那是作者自己寫的，不是伊莉莎白說的。泰勒覺得這種辯解有點自欺欺人，那些說法當然不會是作者自己編出來的，一定是從伊莉莎白口中聽來的。

丹尼爾的嘴角露出淺淺一笑，「好吧，伊莉莎白接受訪問時偶爾會誇大，」他說。

還有其他事情困擾著泰勒（他剛從艾芮卡那聽來的風聲），他決定一併提出。所有臨床實驗室每年都必須接受三次所謂的「能力測試」（proficiency testing），這種測試目的是揪出檢測不精確的實驗室，美國病理學會這類有公信力的組織會寄送預先保存的血漿樣本給各家實驗室，要求他們拿這些樣本進行多種物質檢測。

Theranos 前兩年都是用商用分析儀來檢測「能力測試」的樣本，但是現在既然已經用愛迪生檢測病人樣本，艾倫·畢姆和實驗室另一位新來的主任很好奇愛迪生能否通過這項試驗。於是，畢姆和新來的主任馬克·潘多利（Mark Pandori）命令艾芮卡和實驗室其他同事，把「能力測試」樣本分成兩部分，一部分用愛迪生檢測，一部分用實驗室裡的西門子和代所潤分析儀檢測，然後再比較結果。愛迪生的結果跟西門子和代所潤的結果明顯不同，尤其是維他命 D 檢測。

桑尼一得知他們的小實驗立刻暴跳如雷，不只要求馬上停止，還要他們只呈報西門子和代所潤的結果。實驗室內議論紛紛，大家都認為應該呈報愛迪生的結果才對。泰勒查詢了CLIA法規，似乎的確如此，法規是這麼寫的：能力測試樣本必須「使用實驗室例行的方式」，跟施行於病人樣本「一樣的方式」來檢測與分析。Theranos 用愛迪生來檢測病人樣本，檢測項目包括維他命D、PSA、兩種甲狀腺激素，所以那四種檢測的能力測試應該呈報愛迪生的檢測結果才對。

泰勒告訴丹尼爾，他怎麼看都不覺得公司的做法是合法的。丹尼爾用一套拐彎抹角的邏輯回答，他說實驗室的「能力測試」評量，是拿同類來相比，而這種方法無法用於 Theranos 身上，因為公司的技術獨一無二、沒有同類。因此，為了做蘋果跟蘋果的比較，唯一方法就是用跟其他實驗室一樣的傳統方法，更何況「能力測試」的規定極為複雜，他辯解說道，泰勒可以放心，絕對沒有違法。泰勒不相信。

◆ ◆ ◆

二〇一四年三月三十一日星期一早上九點十六分，泰勒等了一整個週末的電郵終於寄到他的雅虎收件匣——應該說是柯林．拉米瑞茲（Colin Ramirez）的收件匣，這是他為了隱藏身分使用的化名。寄件者是史黛芬妮．休爾曼（Stephanie Shulman），她是紐約州衛生局「臨床實驗室考核計畫」（CLEP）主管，寫信來回覆泰勒上週五以化名身分寄過去的詢問函。

泰勒之所以找上紐約衛生局，是因為 Theranos 參與的能力測試有一部分是由該單位負責，他仍然懷疑公司對能力測試的處置是不恰當的，希望尋求專家意見。跟休爾曼幾封電郵往返後，泰勒得到了答案。關於他信中所描述的 Theranos 做法，她回信說那樣的做法等於「一種作弊」，並且「違反州政府和聯邦政府的規定」。休爾曼給泰勒兩個選擇，一是把違法實驗室的名字告訴她，二是向紐約州的實驗室調查單位（Laboratory Investigations Unit）匿名檢舉。泰勒選擇後者。

確定自己對能力測試的懷疑沒錯之後，泰勒去找爺爺。他們坐在喬治家的大客廳裡，泰勒試著向這位前任國務卿解釋精準度、敏感度、品管、能力測試等概念，並且說明他為何覺得 Theranos 在每一方面都不合格。另外他也透露，Theranos 只有幾項檢測是使用其獨門裝置，並不像它在網站上宣稱有兩百多項，而且樣本還得先稀釋過才有辦法用其裝置檢測，而用來稀釋的機器是六呎長、兩呎半寬、要價上萬美元的他廠機器。

喬治對他的說法一臉疑惑，泰勒看得出來他沒有聽懂，但他有必要讓他知道，不僅因為他是他爺爺，也因為他是 Theranos 的董事，他不能再牽扯進這一切，否則勢必得付出代價。他告訴爺爺，自己打算辭職。喬治要他緩一緩，給伊莉莎白一個機會解決這些問題。於是泰勒試著跟伊莉莎白安排再次會面，但她的知名度水漲船高，非常忙碌，她要他改用電郵把心裡疑慮寫給她。

於是他寫了封長長的信，把他與丹尼爾·楊的談話大致陳述一遍，並且說明為什麼他覺得丹尼爾的回答大多不具說服力，他甚至引用圖表和確效數據來說明他的觀點，信的結尾他寫上：

如果這封信讀起來像是一種攻擊，很抱歉，我無意如此。我只是覺得有責任把自己看到的一切告訴妳，我們才能夠一起解決。我很努力想達成這家公司長期的願景，很擔心目前有些做法會使我們無法達成遠大的目標。

一連好幾天，泰勒都沒有收到任何回音，等到終於收到回信時，卻不是來自伊莉莎白，而是桑尼，並且是封措辭嚴厲的信。桑尼這封信寫得比泰勒的原始信件還長，信中一一反駁泰勒的說法，對泰勒極盡藐視之能事，從泰勒對統計學的了解到實驗室科學的知識等，無一不貶。主要傳達的訊息是泰勒太年輕、太嫩，無法了解他在說什麼，全篇語氣充滿痛恨，但是最尖銳的措辭留給了泰勒所指的能力測試一事：

這些對公司、領導階層、核心團隊成員的誠信，所做的輕率批評和指控，完全是出於無知。在我看來是極大侮辱，要是有任何人膽敢做出這些言論，我們一定會要他付出最大代價，我之所以在百忙之中花這麼多時間親自處理這件事，完全是因為你是舒茲先生的孫子……。

現在我花了這麼多時間、把重要事情延後，來調查你的指控，接下來我唯一想看到你寄來的信是道歉信，我會把信傳給包括丹尼爾在內的相關人等。

泰勒決定是時候辭職了。他回覆給桑尼的信只有一句話，只說他做到兩個星期後，並提出如果桑尼希望的話可以提早一點走。幾個小時後，人資主管夢娜把他叫進她的辦公室，通知他公司決定請他當天走人。她要他簽幾份新的保密切結書，並告訴他警衛會送他走出大樓，但當時沒有任何警衛有空，於是泰勒自己走了出去。

他還沒走到自己的車子，手機就響了，是媽媽打來的，聲音聽起來好像快抓狂。

「停止你打算做的事！」她哀求。

泰勒告訴她太遲了，他已經辭職，也簽了離職文件。

「我不是指那個，我剛剛跟你爺爺講完電話，他說伊莉莎白打給他，告訴他如果你堅持繼續跟她過不去，輸的人會是你。」

泰勒震驚到說不出話，伊莉莎白竟然透過他的家人向他威脅，利用他爺爺當傳聲筒，一股怒氣直往上竄，掛上電話後，他朝著胡佛研究所開去。

喬治．舒茲的祕書把他領進爺爺位於胡佛大樓二樓的角落辦公室，書架上滿滿的書一輩子都看不完。泰勒仍然對伊莉莎白的威脅感到恐懼不安，但他冷靜地向喬治解釋事情經過。他給喬治看他寫給伊莉莎白的信，以及桑尼砲火猛烈的回信，喬治請祕書影印那些信，放進他辦公室的保險箱裡。

泰勒以為這次爺爺會理解，但他不太確定。這位老人家很難懂，出任總統內閣高階官員那段歲月中，冷戰高峰時期的蘇聯威脅已經使他如同密碼一般難解，他不斷吸收外界訊息，但很少主動提供訊息。他們說好再碰一次面，當晚到爺爺家一起吃晚餐，泰勒要離去時，喬治告訴他：「他們想說服我相信你是個笨蛋，他們無法說服我相信你是笨蛋，不過他們能說服我相信你錯了，而這一次我相信是你錯了。」

⬩ ⬩ ⬩

知道泰勒辭職後，艾芮卡自問是不是應該跟進。實驗室愈來愈失控，愛迪生除了進行原本四種檢測外，現在測定確效團隊也核准用愛迪生進行C型肝炎臨床檢測。給病患不精確的維他命D檢測結果是一回事，但如果拿來檢測感染性疾病，風險就高很多了。

一份替病患檢測C型肝炎的委託單傳來，艾芮卡拒絕把樣本放進愛迪生檢測，馬克．潘多利要她來向他說明，她在他的辦公室突然落下淚。艾芮卡和馬克的關係很好，她很信任他，他幾個月前進來這家公司後，就一直努力要做對的事，包括能力測試。

艾芮卡告訴馬克，C型肝炎檢測的試劑過期了，愛迪生也好一陣子沒有重新校準，她就是無法相信這台裝置。於是他們想出一個辦法，用市面上買得到的肝癌檢測套組「OraQuick HCV」來檢驗病人樣本，這招成功了一陣子，但是接下來測驗套組用完了，他們下訂單要購買一批新套組時，桑尼大發雷霆，揚言阻止。

然後也在那天下午，大約與泰勒接到母親抓狂電話的同時，桑尼把艾芮卡叫進他的辦公室，因為他從泰勒的電郵猜測，是艾芮卡把能力測試結果告訴泰勒的。一開始兩人的談話很友善，但等到艾芮卡提到品管不合格，桑尼開始斥責她，最後撂下一句話：「妳好好想想要不要繼續在這裡工作，再告訴我。」

輪班一結束，艾芮卡立刻去跟泰勒碰面。他建議她一起前往他爺爺家吃晚餐，如果喬治看到不是只有孫子對 Theranos 的做法有疑慮，或許會改變想法。艾芮卡答應試試看。

不過等到他們一抵達，泰勒很快就感覺到，爺爺對 Theranos 的忠誠擁戴在這幾個小時內似乎又增強了。在舒茲的管家為他們服務的同時，泰勒和艾芮把他們的疑慮很快說一遍，但是看來只有喬治的太太夏洛特認同他們的說法，她不斷用驚訝語氣要他們再說一次。

反觀喬治則是不為所動。泰勒已經發現爺爺非常寵愛伊莉莎白，爺爺跟她的關係似乎比跟自己還要親密。泰勒也知道爺爺對科學充滿熱忱，他常常告訴孫子，科學進步可以讓這個世界更美好，可以將世界從傳染病和氣候變遷等困境中解救出來，這股熱情似乎讓他無法忘情 Theranos 的承諾。

喬治說，紐約一位頂尖外科醫生告訴他，Theranos 將會掀起外科醫學領域的革命，說這話的醫生是他的好友季辛吉認為當今世上最聰明的人；而且根據伊莉莎白的說法，Theranos 的裝置已經用於醫療後送直升機以及醫院手術室，所以想必沒問題。

泰勒和艾芮卡告訴他那些不可能是事實，因為 Theranos 的裝置連在公司內部使用都很勉強。不過顯然徒勞無功，喬治力勸他們把 Theranos 拋諸腦後，去過自己的人生，他說，他們兩人都有大好未來等著。泰勒和艾芮卡很氣餒地離開，沒有選擇，只能聽從他的建議。

隔天早上，艾芮卡也提出辭呈。她寫了封簡短的辭職信，打算交由馬克・潘多利轉給伊莉莎白和桑尼，信上說她不認同用愛迪生來檢測病人樣本，也不認為自己跟公司有相同的「病人照護和品質標準」。看完信之後，馬克退還給她，建議她默默離開，不要惹風波。

艾芮卡想了一會兒，認為馬克應該是對的，於是把辭職信收好放進後背包。不過，幾分鐘後在辦公室處理艾芮卡的辭職時，夢娜問她是否有拿公司任何東西，為了證明沒有，艾芮卡打開後背包出示內容物，夢娜看到那封信，將它沒收。她要艾芮卡簽新的保密切結書，還警告她不准在臉書、領英或其他討論區撰寫任何關於 Theranos 的事。

「我們有方法可以追蹤，」她說：「不管妳在什麼地方貼什麼東西，我們都看得到。」

| SEVENTEEN |

名聲與神話——矽谷女性科技創業家

加州聖荷西費爾蒙特飯店（Fairmont Hotel）的大廳酒吧裡，理查．傅伊茲和喬．傅伊茲小心翼翼坐著，桌子正對面是律師大衛．波伊斯以及他的一位合夥人。那是三月中某個週日晚上，平常人聲鼎沸的酒吧裡，兩架平台鋼琴靜悄悄，四人因而不必提高音量講話。波伊斯看起來很輕鬆，穿著時髦俐落的海軍藍西裝外套，配上他的招牌黑色運動鞋，這次會面是由他所安排，目的是討論傅伊茲父子和 Theranos 打了超過兩年半的訴訟如何收場。

一開始決心官司非打到底不可的理查和喬，現在已經累了，也被打垮了。這起官司幾天前才在這條街上的聯邦法院開始審理，如今，他們已經完全明白對方的火力優勢大到什麼程度。由於不滿意律師的表現以及不斷攀高的訴訟費用，幾個月前他們開始「自己出庭辯護」，這個決定在當時看似合理，現在卻看來愚蠢。因為，身為專利律師的喬從未上法庭審理，根本不是這位全美最厲害訴訟律師外加一整個律師軍團的對手。

伊恩·吉本斯之死也是一大打擊。他們一度看似可以改傳喚他的遺孀羅雪兒當證人，理查好不容易才聯絡上她，她告訴理查，伊莉莎白曾經威嚇阻止伊恩出庭作證，而且伊恩覺得伊莉莎白不老實，但是主審法官否決了他們要求傳喚羅雪兒出庭的申請。

不過，殺傷力更大的是理查·傅伊茲自己兩天前在法庭的證詞。波伊斯拆穿他一連串對自己毫無助益的謊言，雖然沒有坐實 Theranos 的偷竊指控，但也造成他可信度大減。其中一個謊言是，傅伊茲宣稱自己仍然在行醫治療病患，這種說法連他的太太都在作證時否認，傅伊茲甚至在法庭上被波伊斯當面質疑時仍然不願收回，除了自尊，看不出有任何其他理由。另外，在冗長又不著邊際的開場陳述中，他說他的專利跟 Theranos 一點關係都沒有，這話一聽就知道很荒謬，因為他的專利申請明明指名道姓提到 Theranos，還引用 Theranos 網站的文字內容。

看著父親在法庭上的悲劇表現，喬內心的恐慌逐漸升高。他爸爸在商場上一向是個能言善道的推銷高手，因為擅長閒聊和即興演出，但是當你在法庭上宣誓接受訊問，而對方又是隨時準備揪出任何話中矛盾的王牌律師時，那一套不經準備、不講究事實的方法完全不管用。另一個不管用的地方是，理查已經七十四歲，記憶力開始衰退。

另外，喬也擔心哥哥約翰接下來的出庭表現也可能演變成另一個包袱。波伊斯知道約翰脾氣火爆，肯定會想方設法在陪審團面前按下他的脾氣按鈕，波伊斯已經提及約翰曾在法庭上威脅伊莉莎白的事實。

在腦中把這些一一加起來之後，喬心裡很清楚，他們慘了，看來敗訴的可能性非常高，一個可怕的念頭盤旋他腦中不去：要是他們不只打輸官司，法官還要求他們支付 Theranos 的訴訟費用呢？一想到對手花在這起官司的費用，他不禁打了個冷顫，他擔心可能會把他和父親兩人搞到破產，他們目前為止已經為這場官司花超過兩百萬美元了。

這次談判，波伊斯還帶了麥可・昂德希爾（Mike Underhill），BSF 事務所負責這起訴訟的律師。身材非常高瘦的昂德希爾率先打破沉默，他問理查・傅伊茲是不是真的在農場長大（答案是「對」），於是傅伊茲和波伊斯討論起養牛，波伊斯也有些養牛的經驗，因為他在納帕谷（Napa Valley）有個牧場。話題終於轉到眼前的事情，昂德希爾說和解對雙方比較好，不過，如果傅伊茲父子還想繼續，那些事勢必會曝光，到時約翰・傅伊茲就毀了。

昂德希爾並沒有明說是什麼事，語氣也不帶恐嚇，而是說得好像他很喜歡約翰，看到約翰受傷會很心疼。昂德希爾揚言要公開約翰不可告人的祕密，這個威脅說來有點諷刺。他跟約翰兩人曾經是 McDermott 事務所的同事，共用一位祕書，約翰曾經代表那位祕書向人資部門投訴昂德希爾性騷擾，沒多久昂德希爾就離開 McDermott（昂德希爾否認有任何不恰當行為，並表示他離開 McDermott 加入 BSF 是早就在進行的動作）。

可能會爆出跟哥哥有關的殺傷性消息，為喬長長的擔憂名單再添一筆。不過，事實上他和爸爸來開這個會就是準備和解了。沒有花太久時間，和解方案就形成：傅伊茲父子撤銷專利權，換取 Theranos 撤銷告訴，沒有金錢轉手的問題，雙方各自負擔自己的訴訟費用。這等於是傅伊茲父子的投降書，伊莉莎白獲勝。

波伊斯堅持當場草擬一份同意書，他把和解條件寫在一張紙上交給喬，喬做了點修改，接著昂德希爾拿上樓打字。等待昂德希爾時，理查．傅伊茲再一次抱怨伊莉莎白的偷竊指控不是事實，波伊斯端出勝方的寬宏大量，承認或許指控真的不實，但他必須對客戶有個交代。

傅伊茲問波伊斯能否幫約翰一個忙，他說，他這個兒子的名聲遭到不公平的抹黑，昂德希爾曾跟喬提過，BSF事務所可以轉介專利案子給約翰，只要約翰願意簽署一份聲明，答應不控告伊莉莎白或Theranos。波伊斯表示這項提議仍然有效，不過他必須先等半年讓事情平息，到時就可以依照約翰的意願開始介紹工作給他。波伊斯建議當場打電話跟約翰談一談。

傅伊茲撥了約翰在華盛頓的電話，然後把手機遞給波伊斯，結果約翰無意和好，他一直等著要上法庭作證，他認為那是還他清白的機會，現在他們和解卻剝奪了這個機會，他很憤怒地告訴波伊斯，他絕對不可能簽什麼聲明，除非Theranos發表公開聲明替他澄清。理查和喬都看出這樣談下去不會有好結果，因為波伊斯把手機拿離耳朵好幾公分，皺著眉頭，電話另一頭傳來約翰的大聲咆哮。幾分鐘後，波伊斯把電話交還給傅伊茲，他們小小的附帶協議宣告胎死腹中。

不過，主要協議仍然成立。等到昂德希爾拿著列印好的和解書回來，理查和喬一一看過、簽下大名。事情結束後，理查．傅伊茲一臉徹底被打敗的模樣，這位驕傲好鬥的前中情局探員開始崩潰啜泣了。

第二天早上，傅伊茲在飯店便條紙上草草寫下一段話，上法庭時請波伊斯轉交給伊莉莎白。上面是這麼寫的：

親愛的伊莉莎白，

這件事現在解決了。祝妳鴻圖大展，也祝妳的父母健康快樂。我們每個人都可能犯錯，人生就是如此。請知悉六一二專利（編按：傅伊茲申請的專利編號）確實無一出自妳的臨時申請案，全來自我的大腦。

祝好

理查．傅伊茲

在華盛頓那頭的約翰．傅伊茲無法接受這項和解，他氣每個人，包括父親和弟弟，氣他們沒給他機會在法庭上講述他這方的說法，就簽下一紙讓 Theranos 予取予求的協議。盛怒之下，約翰寄了封電郵給一直在替美國律師媒體（ALM）追蹤這起案件的年輕記者茱莉雅．樂芙（Julia Love）。告訴她波伊斯前一晚所提的對價交換條件，說得好像波伊斯企圖賄賂他，他同時發誓一定會控告波伊斯，連同父親和弟弟一起提告。他還把這封信轉寄給昂德希爾和理查、喬，讓他們知道，他們回給他的任何隻字片語，都會轉寄給那個媒體。

幾個小時後，昂德希爾怒氣沖沖地回信，他拿掉那位記者的郵件地址，但是副本寄給老闆。他否認有賄賂約翰的意圖，還警告約翰如果繼續提出這種說法，BSF 事務所會要他付出代價。擔心昂德希爾表達得不夠清楚，幾分鐘後波伊斯本人也用 iPad 回了一句話：上帝要毀滅一個人，必先使其瘋狂。

◆ ◆ ◆

茱莉雅．樂芙關於這起和解的文章刊登於《訴訟日報》（*Litigation Daily*，美國律師媒體的業界通訊刊物），引起《財星》（*Fortune*）雜誌法律線記者羅傑．帕洛夫（Roger Parloff）的注意。帕洛夫曾是執業律師，原本在曼哈頓擔任白領犯罪（White-collar crime，編按：白領階級在其職業活動中所從事的犯罪行為）刑事辯護律師，後來才轉行當記者，隨時在搜羅精彩的法律長篇故事。

這個特別的案件在他看來很奇怪，而根據他的經驗，奇怪的案子通常是好故事。波伊斯可說是全美最知名的律師，有那麼多備受矚目的案件隨他挑的情況下，他卻親自經手這件鮮為人知的專利案，而非分派給較資淺的同事？而且其中一個叫做約翰．傅伊茲的律師是被告之一的兒子、另一位被告的哥哥，公開揚言控告原告和波伊斯栽贓。

帕洛夫坐在曼哈頓中城時代生活大樓（Time & Life，《財星》雜誌母公司）的辦公室，拿起電話打給唐恩・施奈德（Dawn Schneider），波伊斯長期的公關代表。從施奈德的角度來看，帕洛夫的電話來得正好，她才剛跟熱情洋溢版的波伊斯談過這個案件，決定幫他找些媒體來報導這件訴訟，所以她提議當面去跟這位《財星》雜誌記者做簡報。BSF事務所位於五十一街，距離萊辛頓大道（Lexington Avenue）只有四個街區。

步行穿越中城時，施奈德突然想到，波伊斯打贏傅伊茲訴訟是個好故事，不過，Theranos和它那位聰明又年輕的創辦人是更精彩的故事。她沒看過伊莉莎白本人，但聽波伊斯對她讚不絕口已聽了好幾年，這是讓波伊斯的女門徒獲得全國知名度的好機會，正好她的公司也準備擴大到全國各地。等到施奈德走到美洲大道（Avenue of the Americas）的《財星》辦公室，她要推銷的東西已經換了。

帕洛夫聽得興味盎然，他沒看過《華爾街日報》去年秋天那篇報導，所以沒聽過Theranos。不過根據施奈德的說法，沒聽過才是重點，就好像在蘋果和谷歌初創時期還沒成為矽谷代表、還沒進入集體意識之前就慧眼報導他們。

「羅傑，這是你前所未聞最了不起的公司，」她說：「想想看把它做成傳統的《財星》封面會如何。」

幾個星期後，帕洛夫飛到帕羅奧圖去見伊莉莎白。在那幾天，他總共採訪她七個小時，一開始被她低沉的嗓音嚇到，接下來就發現她聰明又有魅力。談到血液檢測以外的主題時，她謙虛低調、幾近天真，但只要話題一轉到Theranos，她就變得堅毅、熱切。她對訊息的掌控也很有一套，給了一個獨家：Theranos向投資人募到四億美元以上，估值高達九十億美元，成為矽谷最有價值的新創公司之一。她還給帕洛夫看了迷你實驗室（不過沒有用任何名稱稱呼它），但不讓《財星》拍照，也不希望帕洛夫用「裝置」或「機器」來形容它，她比較偏好「分析儀」。

撇開那些古怪之處，伊莉莎白口中的成就似乎真的很創新、令人驚豔。如同她和桑尼以前跟夥伴基金講過的，她也跟帕洛夫說，Theranos 這台分析儀可以執行多達七十種不同的血液檢測，只需要扎手指取出少少的血液；還有，Theranos 提供的兩百多種檢測，都是透過扎手指取血，再用其獨家技術進行。

由於沒有相關經驗可查證她這些科學說法，帕洛夫於是採訪了 Theranos 董事會裡那些德高望重的成員，等於是找他們做人格背書。他採訪了舒茲、裴瑞、季辛吉、楠恩、馬提斯，還有兩位新董事：理察．柯瓦希維奇（Richard Kovacevich），銀行巨擘「富國銀行」（Wells Fargo）前執行長，以及前參議院多數黨領袖比爾．弗利斯特（Bill Frist，他踏入政壇前是心臟、肺臟移植外科醫生），這些人都強力替伊莉莎白掛保證，舒茲和馬提斯尤其對她極盡溢美之詞。

「這位年輕淑女渾身散發一股純粹的動機，」舒茲告訴他，「我的意思是，她是真的想讓這個世界更好，而做這件事就是她讓世界更好的方式。」

馬提斯對她的誠實正直極盡讚美之能事。「她的道德感大概是我聽過最成熟、最完美的，不管是個人的道德、經營管理的道德、商業道德，還是醫療道德等。」這位退役上將的讚美溢於言表。

帕洛夫最後並沒有把這些話語引述於文章中，不過聽到 Theranos 董事會一個又一個知名人士鏗鏘有力的背書，讓他相信她必定是真材實料。更何況他也自認很會看人，畢竟這麼多年來接觸夠多不老實的人了，念法學院時曾在監獄工作，後來又長期撰寫地毯清潔公司創業家貝瑞·敏科（Barry Minkow）、律師馬克·綴爾（Marc Dreier）這類騙子——這兩人最後都因一手策畫龐氏騙局而鋃鐺入獄（編按：龐氏騙局是以不正常的高額回報騙取投資者加入）。沒錯，每次他要進一步細究 Theranos 時，伊莉莎白會給人遮遮掩掩的感覺，但他覺得大體說來她是真誠、發自內心的。既然報導角度不再是專利案件，他就不費事去找傅伊茲父子了。

二〇一四年六月十二日出刊的《財星》雜誌，登出帕洛夫所寫的封面故事，立刻把伊莉莎白推到明星等級的地位。《華爾街日報》的專訪確實獲得一些注目，《連線》（*Wired*）也登過一篇報導，不過都比不上一張雜誌封面所能擄獲的目光，尤其如果封面是個漂亮年輕女性，身穿黑色高領上衣，配上一雙塗了深色睫毛膏的藍色銳利雙眼、亮紅色唇膏，旁邊寫著令人印象深刻的標題：「這位CEO急需見血」（THIS CEO IS OUT FOR BLOOD）。

《財星》這篇報導首度披露 Theranos 的估值，以及伊莉莎白握有該公司過半數股票的事實。同時也出現如今已耳熟能詳的比較，把伊莉莎白比喻為賈伯斯和比爾·蓋茲，只是這次並非出自喬治·舒茲之口，而是來自伊莉莎白的史丹佛老教授錢寧·羅伯森（要是帕洛夫看過羅伯森在傅伊茲一案的證詞，就會知道 Theranos 以顧問名義一年付他五十萬美元）。帕洛夫還把伊莉莎白的針頭恐懼寫了進去，這段細節會一再重現於後續捲起的一連串報導中，成為伊莉莎白神話的核心。

《富比世》（*Forbes*）的編輯看到《財星》文章後，立刻派了記者去確認這家公司的估值以及伊莉莎白的持股，然後在下一期刊登了一篇她的報導，在標題「血淋淋的驚人」（Bloody Amazing）之下，文章宣稱她是「最年輕的白手起家億萬女富豪」。兩個月後，她優雅登上《富比世》全美四百大富豪封面，接下來有更多吹捧文章出現於《今日美國》（*USA Today*）、《企業》、《快公司》（*Fast Company*）、《魅力》（*Glamour*）等雜誌，公共廣播電台、福斯財經新聞、CNBC財經新聞、CNN、CBS等頻道也有報導。

隨著媒體爭相報導，許多會議和頒獎典禮的邀約也如雪片般飛來，伊莉莎白成為白手起家獎（Horatio Alger Award）最年輕得主，《時代》（*Time*）雜誌封她為全球最有影響力的百大人物之一。歐巴馬（Barack Obama）總統指派她擔任美國全球創業大使，哈佛醫學院邀請她加入其聲譽卓著的榮譽學者群。

雖然努力追求注目，但伊莉莎白突然聲名鵲起並不全然是自己造就，公眾期盼男性主宰的科技圈出現女性創業家也是助力之一。雅虎的瑪莉莎·梅爾（Marissa Mayer）和臉書的雪柔·桑德伯格（Sheryl Sandberg），雖然在矽谷已有一定聲望，但這兩位女性並非從無到有創造自己的公司，一直到伊莉莎白出現，矽谷才終於看到第一個身價數十億美元的女性科技創業家。

然而，伊莉莎白擁抱聚光燈的方式有些不尋常之處。她沉浸於公眾的吹捧中，比較像是電影明星，而不是創業家。她每個星期都有新的媒體邀訪或會議露臉，其他知名創業家也接受專訪、公開露臉，但沒有人像她這麼頻繁。帕洛夫成功打造的那個隱遁、苦行形象的年輕女子，如今已變成無所不在的名流。

伊莉莎白也很快就全心擁抱名聲所帶來的附屬品。Theranos 的維安團隊增加為二十人，現在有兩個保鑣開著黑色奧迪（Audi）A8 載她到處跑，他們給她取的代號是「一號鷹」（桑尼是「二號鷹」）。那輛奧迪沒有掛車牌，這又是一個向賈伯斯致敬之舉，賈伯斯以前為了不要有車牌，每半年租一台新的賓士汽車。此外，伊莉莎白還有私人廚師，替她準備沙拉和綠色蔬菜汁（用小黃瓜、香芹、芥藍、菠菜、萵苣、芹菜所打成），而她必須飛往某處時，則是搭乘私人灣流噴射機。

⁂

伊莉莎白的形象之所以如此打動人心，部分要歸功於她所傳達的暖心訴求：Theranos 方便的血液檢測可以提早偵測出疾病，因此，（如同她在一次又一次的專訪所說）沒有人必須被迫提早跟摯愛說再見。二〇一四年九月，《財星》那篇封面故事刊出三個月後，舊金山一場 TEDMED 會議上，伊莉莎白在演說中把那個訴求說得更深刻酸楚，因為她加入了個人親身經驗：第一次公開講述姨丈死於癌症的故事，也就是泰勒．舒茲剛進入 Theranos 覺得非常激勵人心的故事。

一年半前，伊莉莎白的姨丈朗．帝茲確實因皮膚癌擴散到大腦而過世，但她沒講的是，她跟姨丈從來就不親。對熟知他們關係的親戚家屬而言，利用姨丈之死來推銷自己的公司很虛偽，而且占人便宜。當然，舊金山藝術宮（Palace of Fine Arts）的現場群眾並不知情，那一千多人大多只被她的表演迷住了。

一身黑色打扮的她，一邊演講一邊嚴肅地在舞台上大步走來走去，彷彿牧師在布道。講到一半，她突然從外套口袋掏出奈米容器，然後用兩根手指拿著豎直的奈米容器，證明 Theranos 的血液檢測所需要的血液是多麼少，製造出很出色的戲劇效果。她宣稱針頭恐懼症是「人類基本的恐懼之一，堪比對蜘蛛的恐懼以及懼高症」，接著開始訴說其他感人的軼事，其中之一是一個小女孩老是無法擺脫針筒的糾纏，醫院護士總是找不到她的血管，還有一個是癌症病人的故事，他們為了治療必須抽很多血，導致精神衰弱。

坐在觀眾席聆聽演講的群眾當中，有一位叫做派屈克．歐尼爾，他是伊莉莎白從 TBWA\Chiat\Day 廣告公司挖角過來擔任 Theranos 創意長。派屈克在經營伊莉莎白的形象和提升知名度方面，有很大幫助，他幫她準備這次會議的演講，之前也協助《財星》攝影師共同拍攝雜誌封面照。對他來說，把伊莉莎白塑造成 Theranos 的門面再合理不過，她是這家公司最有效的行銷工具，她的故事令人興奮，每個人都信服，包括寫信或寄電郵來的眾多年輕女孩。這不是派屈克個人出於憤世嫉俗的算計，他是她最忠誠的信徒之一，他對實驗室所發生的種種欺瞞毫無所悉，也不假裝自己了解血液檢測科學，對他而言，這則神話故事是真的。

在他成為全職員工之前，伊莉莎白在那棟臉書舊址大樓掛了不少激勵人心的語錄，裱在小小的框裡，其中一句引述自籃球大帝麥可．喬登（Michael Jordan）：「在我籃球生涯有九千球沒投進，輸掉的比賽有將近三百場，有二十六次有機會投進逆轉勝的一球卻失手，我的人生一而再再而三出現失敗，而這就是我之所以成功的原因。」另一句是出自羅斯福總統：「毫無疑問，生命賜給我們的最佳獎賞就是：有機會為值得努力的事情去努力。」

派屈克建議把這些語錄更融入辦公環境，直接用黑字寫在大樓的白牆上。伊莉莎白很喜歡這個點子，也很喜歡他提議引述的一句話，出自星際大戰的尤達大師：「只有做或不做而已，沒有試試看。」她把這句話用大大的大寫字母漆在大樓入口處。

為了容納日益龐大的員工人數（現在達到五百人以上），Theranos 計畫搬到幾個街區外的佩吉米爾路（Page Mill Road），是和史丹佛租用的一處新地點，以前是一個廢棄的老舊印刷廠。委由派屈克負責新大樓的裝潢，並且聘請南非建築師克萊夫・威金森（Clive Wilkinson，Chiat\Day 在洛杉磯的倉庫辦公室就是出自他之手）負責設計。

設計主軸再次採用圓圈的神聖幾何圖形。辦公桌排成環狀大圓圈，如同漣漪一般，以圓形玻璃會議室為中心，一圈圈往外擴散，地毯也沿用同樣的圓圈圖案。建築物大廳裡，地板上的水磨石磁磚鑲嵌著環環相扣的黃銅圓圈，組成生命之花的符號。伊莉莎白新的角落辦公室仿照白宮橢圓形辦公室設計，派屈克訂做了一張辦公桌，桌子中央深度跟總統的桌子一樣，不過四個桌角是圓的。在辦公桌前方，他安排了兩張沙發和兩張扶手椅，中間有張桌子，完全複製白宮的陳設。在伊莉莎白的堅持下，辦公室的大窗戶採用防彈玻璃。

派屈克不只是她的造型和裝潢顧問，Theranos 在亞利桑那州推動的大型行銷也由他領軍，要把健康中心擴展到四十家沃爾格林門市。他聘請身兼製片和廣告導演的奧斯卡紀錄片導演埃洛・莫里斯（Errol Morris），請他拍攝 Theranos 的廣告影片，然後在鳳凰城地區的電視台、公司網站以及 YouTube 頻道播放。其中一支是伊莉莎白穿著招牌黑色高領上衣，近距離盯著攝影機，講述她所謂人們的「基本人權」：透過血液檢測取得自己的健康資料。她的眼睛睜得好大，講話速度緩慢又不慌不忙，使得影片產生催眠效果。

另一支影片是病人抱怨他們多麼痛恨針頭，接著體驗到 Theranos 的無痛扎手指抽血時一副滿心歡喜的樣子。派屈克認為這支影片很有效果，安排在女性收視率高的節目播放，像是美國廣播公司（ABC）的影集《醜聞風暴》（*Scandal*），因為研究顯示，媽媽是家庭裡的醫療決策者。不過這支廣告播了幾週就被迫下架，因為當地有個醫生投訴他的病人到沃爾格林門市，以為是扎手指取血，卻被告知他們的檢測必須用針頭抽血。派屈克感到很失望，但是並沒有提出抱怨，因為他知道這件事很敏感。

幾個月後他詢問桑尼，Theranos 有多少比例的檢測是用手指取血，有多少比例是用傳統的靜脈抽血。桑尼不願給他一個直接的答案，斷然改變話題。

| EIGHTEEN |

希波克拉底誓詞，宣誓！

艾倫・畢姆（Theranos 實驗室主任）來晚了，派對已經開始。

臉書舊址大樓（Theranos 正在搬家清空中）旁的籃球場上，一張白色帳篷已經搭起，刺耳欲聾的音樂從戶外喇叭傳出，燈光投射出大蜘蛛圖案，映照在臨時充當舞池的地上，帳篷後面的草地裝飾了南瓜和一捆捆乾草。在秋老虎發威的夏末，艾倫呼吸著帕羅奧圖夜晚沁涼的空氣，一面掃視變了裝的眾人，一眼瞥到伊莉莎白。她穿著鑲金邊的絲絨長禮服，大大的衣領豎起，金髮盤成精緻的圓髻，這身伊莉莎白女王裝扮的寓意，艾倫看得出來：二〇一四年十月二十日出刊的《富比世》才剛估計她的身價高達四十五億美元，儼然成為矽谷的皇室。

伊莉莎白喜歡舉辦公司派對，尤其是她每年籌辦的萬聖節派對，那是 Theranos 的傳統，為此花錢不手軟。公司高階主管全都下海，桑尼扮成阿拉伯酋長，丹尼爾．楊是美劇《絕命毒師》（*Breaking Bad*）那個從高中化學老師變成毒販的瓦特．懷特（Walter White），克利斯勤．霍姆斯和兄弟幫扮成昆汀．塔倫提諾（Quentin Tarantino）的《追殺比爾》（*Kill Bill*）系列電影中的角色。

平常在辦公室嚴厲又冷漠的伊莉莎白，喜歡在這種場合徹底解放。去年派對上，她像個興奮的孩子在充氣屋跳上跳下；今年，充氣屋換成充氣拳擊擂台，員工穿著相撲裝、戴上超大拳擊手套，在台上搖搖晃晃。一個工程師把自己打扮成巨大的嗜中性白血球，把伊莉莎白逗得很樂。

艾倫應該扮成殭屍的，他覺得自己不必扮就是。回想起來，離開匹茲堡安穩的工作來到Theranos，就像是跨入自己版本的詭異《陰陽魔界》（*Twilight Zone*）。出任實驗室主任的前幾個月，他還堅信這家公司會用其新技術翻轉實驗室檢驗，然而去年發生的種種粉碎了他的錯覺，現在他覺得自己是一場危險棋局的棋子，而下棋的人是病人、投資人、主管機關。有一度，他得力阻桑尼和伊莉莎白用稀釋過的手指血液樣本做ＨＩＶ檢驗，不可靠的鉀和膽固醇檢測結果已經夠糟了，錯誤的ＨＩＶ檢驗結果會帶來災難。

實驗室另一位主任馬克．潘多利才來五個月就辭職了，導火線是他要求伊莉莎白向媒體做Theranos檢測能力簡報前先跟他們確認，桑尼立刻回絕他的要求，馬克當天就遞出辭呈。實驗室還有一位成員一直苦惱於公司某些做法，她告訴艾倫她甚至晚上都睡不著，所以她也辭職了。

艾倫也瀕臨自己的引爆點。幾個星期前，他開始把數十封工作上的電郵轉寄到自己的Gmail信箱，他知道轉寄這些信是很冒險的舉動，因為這家公司無所不監控，但是他想留下紀錄，證明自己已經一再將這些顧慮向桑尼和伊莉莎白提起。兩天前他甚至採取更進一步的行動，打電話給華盛頓特區一家律師事務所，那家事務所專門代表企業內部的吹哨者（whistleblower，又稱告密者，譯按：揭發企業或政府部門內部違法事實的人），但是接電話的人是「客戶服務專員」，他只想跟律師談，於是把去電緣由講得含糊不清。他把一封他和桑尼往來的電郵寄給他們，不過他擔心，缺乏上下文脈絡再加上對臨床實驗室的運作不是很懂的話，很難理解信件內容。

況且那封信也很難證明什麼。Theranos 用重重高牆把訊息切割阻隔，為什麼品管數據不再給他看？照理說，實驗室主管必須擔保給醫生和病人的檢測結果是準確的，為什麼反而不允許他看那些資料呢？另一個令他擔憂的是能力測試，查看了CLIA的規定後，他很確定 Theranos 在能力測試動了手腳。

「艾——倫！」

丹尼爾．楊悄悄走到他身旁，打斷他嚴峻憂鬱的思緒。丹尼爾一如他在公司派對的慣例，喝得醉醺醺，酒精使他異於平常的親切、平易近人，不過艾倫知道最好不要跟他吐露自己的擔憂，丹尼爾屬於核心圈子。兩人閒聊起來，笑談丹尼爾出身康乃狄克州的上流社會背景，聊著聊著，周遭的歡樂似乎平息下來，有些同事前往安東尼奥的瘋人院（Antonio's Nut House）去了，那是沿著這條街走幾個街區的潛水酒吧，他們去續攤喝啤酒，艾倫和丹尼爾也尾隨跟過去。

一到酒吧，艾倫就看到柯提斯．施耐德（Curtis Schneider），Theranos 研發團隊的科學家，艾倫隨手抓了把凳子在他身旁坐下。柯提斯是艾倫在 Theranos 所認識最聰明的人之一，他是無機化學博士，在加州理工學院（Caltech）做過四年博士後研究學者。兩人聊了好一會兒飛蠅釣魚（fly Fishing），那是柯提斯最喜歡的嗜好，接著柯提斯告訴艾倫，那天稍早跟FDA官員開了場視訊會議，Theranos希望FDA核准它一些獨家血液檢測。會議上，FDA一位審查人員表達不同意Theranos的申請，卻遭到他的同事們要求閉口不談，柯提斯覺得很奇怪。艾倫心想，這件事或許沒什麼，但卻給他不斷滋生的不安再添一筆。他把實驗室品管數據的事告訴柯提斯，以及他們不給他看那些數據，另外也透露其他事情：Theranos在能力測試上作弊。怕柯提斯沒有聽懂他話裡的涵義，他挑明了說，Theranos違法。

等到艾倫抬起頭，一眼就看到丹尼爾在吧檯對面盯著他們，他的臉龐跟鬼一樣慘白。

三個星期後，艾倫接到克利斯勤．霍姆斯的電話時，人正坐在紐華克的新辦公室，公司大半已經搬到帕羅奧圖佩吉米爾路的新大樓，但是臨床實驗室除外，實驗室跨越舊金山灣搬到Theranos位於紐華克的遼闊廠區，那裡是計畫以後用來生產數以千計迷你實驗室的地方。

克利斯勤要艾倫處理另一件醫生投訴。自從公司去年秋天上線以來，艾倫已經接手處理幾十件投訴，一次又一次，他不斷被要求說服醫生相信那些他自己都沒信心的檢測結果是可靠的、精準的。他決定不再做這種事，他的良心不允許。

他拒絕了克利斯勤，同時發信給桑尼和伊莉莎白表明他要辭職，要求他們立刻把他的名字從CLIA證照撤下，伊莉莎白回信說非常失望，他答應再多留一個月，給Theranos時間找到新的實驗室主管。這一個月的頭兩週他先去度假，他跨上摩托車騎到洛杉磯探望兄弟幾天，然後飛到紐約跟父母共度感恩節，十二月中返回後，他直接到公司在帕羅奧圖的新總部，打算跟桑尼討論交接計畫。

桑尼走下來跟他在新大樓的大廳碰面，旁邊跟著夢娜。他們把他領進會客區旁邊的房間，接著告知他，他早就被解僱了。坐在對面的桑尼，朝他丟來一份看似法律文件的東西。

艾倫看到文件上方大大寫著：艾倫．畢姆的切結書。

上面寫道，他承諾絕不透露任何任職於公司期間所得知的獨家機密資訊，否則願受加州法律的偽證罪懲罰。裡頭還有這麼一句：「我絕對沒有將任何跟Theranos有關的電子或紙本資料據為己有，沒有存放在任何地點，包括個人電郵信箱、任何個人筆電或桌上電腦、垃圾匣或刪除匣、USB隨身碟、家中、車中等任何地點。」

艾倫還沒看完就聽到桑尼用冷冰冰的語氣說：「我們知道你寄了一堆工作上的電郵給自己，你必須讓夢娜進去你的Gmail信箱，讓她一筆一筆刪掉。」

艾倫拒絕，他告訴桑尼，這家公司無權侵入他的隱私，他也不會再簽任何文件。

桑尼漲紅了臉，如火山般的脾氣正在生火，他嫌惡地搖搖頭，轉頭對夢娜說：「妳能相信這個傢伙嗎？」他轉身背對艾倫，語帶輕蔑地說願意替艾倫請律師來加快處理這件事。

Theranos付錢請的律師會在這場他跟Theranos的糾紛捍衛他的利益？艾倫覺得荒謬可笑，他拒絕桑尼的提議，宣布他要走人了。夢娜把他的背包交給他（背包是他堅持要夢娜從實驗室取來給他的），然後反過來要求他交還公司手機和筆電，他很快把手機設回原廠設定、消除內容後交還，然後他就走了。

接下來幾天，艾倫的語音信箱留言不斷累積，有些來自桑尼，其他則是夢娜留的，他們說的都是同一件事，只是話裡的威脅意味愈來愈強烈，他們要求艾倫回公司讓夢娜刪除他個人信箱裡的電郵，並且簽署切結書，不然公司就要告他。

艾倫知道他們不會收手，他需要律師。跟華盛頓特區那家事務所聯絡沒什麼用，他需要在當地找個可以當面諮詢的律師，於是他聯絡從網路搜尋到的第一個律師：舊金山一個專門處理醫療過失與人身傷害的律師。他付了一萬美元的委託費用後，那位律師答應代表他。

如同新律師所見，艾倫沒有什麼選擇，Theranos 的確有理由控告他的行為違反保密義務，就算最後沒告成，他也得來回奔波於法庭，就算沒有好幾年也要好幾個月。Theranos 是矽谷身價最高的私營公司之一，是獨角獸神話之一，財務資源幾乎無上限，而他卻可能被這起官司搞到破產，他真的想冒險嗎？

艾倫的律師受到 Theranos 代表律師（BSF 事務所一個合夥人）的施壓愈來愈強烈，她明顯開始畏縮，力勸艾倫刪除那些郵件、簽下切結書。她告訴他，她會寄一份「資料保存令」給 Theranos，要求他們保留那些原始郵件，雖然無法保證 Theranos 會照做，但他們最多只能這樣了，她說。

那天晚上，艾倫悶悶不樂在聖塔克拉拉公寓裡的電腦前坐下，登入他的 Gmail 信箱，一封一封刪除那些電郵，最後總共刪了一百七十五封。

理查·傅伊茲跟 Theranos 和解、同意撤除他的專利權，已經是九個月前的事了，但他仍然走不出官司敗訴的愁苦。和解後頭幾個星期，他幾乎得了僵直性精神分裂症，太太蘿芮不得不打電話給他的兒子喬·傅伊茲，詢問到底發生了什麼事，因為傅伊茲不願透露。

官司訴訟期間，傅伊茲找到一個聽得進他話的人：老友菲麗絲·嘉德納（Phyllis Gardner），史丹佛醫學院教授。菲麗絲和先生安竹·帕爾曼（Andrew Perlman）曾短暫參與剛起步的 Theranos，因為伊莉莎白剛從史丹佛輟學時，曾經拿她最初的貼片點子諮詢過菲麗絲。菲麗絲當時告訴伊莉莎白，她不認為她的概念可用於遠距，然後菲麗絲就把她轉介給在生化產業擔任資深高層的安竹，安竹答應出任 Theranos 短命的顧問委員會——短短幾個月後就被伊莉莎白解散。

因為有這段十年前的陳年插曲，菲麗絲很懷疑，伊莉莎白並沒有什麼值得稱道的醫學或科學訓練，顯然也聽不進比她年長、比她有經驗的人勸告，這樣的她，真的有辦法開發出開創性的血液檢驗技術嗎？她的懷疑在安竹跟西門子一位業務代表聊過後更加深了，那是在一趟飛機航程上，安竹從那位業務代表口中得知，Theranos 是西門子診斷儀器的大宗採購者。

傅伊茲也愈來愈懷疑，Theranos 真的有做到它所宣稱的一切。二〇一三年秋天，他為開庭審訊前的動議（pretrial motion）前往帕羅奧圖，他打電話到當地的沃爾格林，詢問是否可以做肌酸酐（creatinine）的扎手指檢測。他的醫生剛診斷出他罹患多醛固酮症（aldosteronism），那是一種荷爾蒙失調會導致高血壓，醫生要他監控肌酸酐含量，以便追蹤腎臟是否有受損跡象。肌酸酐是很常見的血液檢驗，但電話那頭的女子告訴他，那家健康中心沒有 Theranos 執行長特別批准不能提供這項檢測。傅伊茲把這件事跟 Theranos 極度保密的情況串連起來，還有 Theranos 在伊恩·吉本斯過世前，極力勸阻他出庭作證，這些種種加起來，傅伊茲嗅出事有蹊蹺。

傅伊茲把菲麗絲介紹給伊恩的遺孀羅雪兒，這兩位女性很快就因為都不信任伊莉莎白而一拍即合，三個人於是形成一個小小的「Theranos 懷疑者聯盟」。問題是，似乎沒有其他人跟他們有著一樣的懷疑。

直到二〇一四年十二月十五日《紐約客》（*The New Yorker*）刊出伊莉莎白特寫報導，情況開始有了改變。從很多角度來看，那篇報導只是《財星》半年前那篇使伊莉莎白聲名大噪文章的加長版，唯一的差別在於，這次有位血液檢測專家看到報導，並且立刻產生懷疑。

那個專家是亞當·克雷伯（Adam Clapper），密蘇里州哥倫比亞執業病理醫師，閒暇之餘撰寫一個部落格，稱為「病理法律部落格」（Pathology Blawg），講述病理學產業。在克雷伯看來，雜誌內容好到不像真的，尤其是 Theranos 宣稱僅憑手指一滴血就能做數十種檢測。

《紐約客》那篇文章確實有提出幾個質疑。內文引述了奎斯特診斷公司資深科學家的說法，那位科學家說他不認為扎手指血液檢測可信賴，此外文章也提到，Theranos 缺乏已公開發表的同儕審查

（peer review，編按：由具有同類學科背景的同儕進行評核）數據。對於後者，伊莉莎白以一篇她列名共同作者的論文來反駁，那篇論文發表於一份叫做《血液學報告》（*Hematology Reports*）的醫學期刊。克雷伯從未聽過《血液學報告》，好奇查了一下，才知道那是一份只發行於網路上的義大利刊物，想在上面發表論文的科學家必須繳交五百美元的費用。然後，他找出霍姆斯共同執筆的那篇論文，驚訝地發現裡面只有一種血液檢驗的數據，接受檢測的病人全部加起來也只有六個。

克雷伯在自己的部落格貼文談到《紐約客》那篇報導，他點出那份醫學期刊的鮮為人知，還說伊莉莎白那篇研究很單薄，他說自己對 Theranos 很懷疑，「除非，我看到有證據證明 Theranos 真的做到它自己宣稱能做到的診斷準確度。」「病理法律部落格」的讀者其實不多，不過喬・傅伊茲用 Google 搜尋看到了這篇貼文，然後轉給父親看。理查・傅伊茲馬上就聯繫克雷伯，跟克雷伯說他的確看出了某些事。傅伊茲牽線讓克雷伯聯繫上菲麗絲和羅雪兒，極力要他聽聽兩位女性有什麼話要說。這三人所說的事激起了克雷伯的好奇心，尤其是伊恩・吉本斯逝世的事，不過這些聽起來都只是間接推測，他需要的是證據之類的東西，他告訴傅伊茲。

傅伊茲很氣餒，要怎麼樣大家才願意聽他的，要怎麼樣才能讓大家看清伊莉莎白・霍姆斯的真面目？

幾天後傅伊茲查看電子郵件時，發現領英發了一則通知，提醒他有個人查看他在領英網站上的個人資料，那個人的名字是艾倫・畢姆。傅伊茲對這個名字沒有印象，但他的工作職稱引起了傅伊茲的注意：Theranos 實驗室主任。傅伊茲透過領英網站的內部郵件，寄了封訊息給畢姆，詢問是否可以透過電話相談，他以為得到回應的機率很低，不過還是值得試試。

第二天，人在加州馬里布（Malibu）的傅伊茲，拿著徠卡相機在拍照，iPhone 收件匣出現一封來自畢姆的簡短回信，他很願意談談，還附上他的手機號碼。傅伊茲立刻開著他的黑色賓士 E-Class 回到比佛利山，離家還有幾個街區就迫不及待撥了那個號碼。

電話那一頭的聲音聽起來很恐懼。「傅伊茲醫師，我之所以願意跟你談，是因為你是醫生，」畢姆說：「你跟我都宣誓唸過希波克拉底誓詞（Hippocratic Oath，譯按：醫師誓詞），第一條就是『不造成傷害』，而 Theranos 把民眾置於會受到傷害的險境。」艾倫接著告訴他關於 Theranos 實驗室的一連串問題，傅伊茲把車子停在自家車道，迅速下車，一衝進家裡就抓起他從巴黎茉莉斯飯店（Le Meurice）帶回來的便條紙，開始做筆記。艾倫講得好快，他趕不上，只有草草記下：

對CLIA人員說謊和欺騙
上市災難
手指取血不準確，用靜脈採血
從亞利桑那運送到帕羅奧圖
使用西門子儀器
違反道德
甲狀腺結果不實

鉀結果很離譜
懷孕誤差不實
告訴伊莉莎白還沒準備好但堅持繼續

傅伊茲請艾倫跟喬、菲麗絲談一談，他希望他們能直接從當事人口中聽到這些。艾倫同意打給他們，大致把這些話跟兩人各自再說一遍，不過他也只願意做到這裡，他不願意跟其他人說，他說BSF的律師一直糾纏他，他承受不起像傅伊茲一樣被告。雖然很同情艾倫的處境，但傅伊茲不肯就此罷手，他回頭聯絡克雷伯，告訴他自己最新聯絡到的人以及剛得知的事情。這才是克雷伯要的證據，克雷伯告訴他。

克雷伯也認同這下完全不同了，故事還未完待續。不過，克雷伯深入思考整件事後，決定不能自己出面。一來，他扛不起跟矽谷九十億美元公司對簿公堂的法律責任，更何況那是一家以興訟為樂、還有王牌律師大衛．波伊斯領軍的公司。二來，他只是個業餘部落客，不具備處理這類事件的新聞知識，更別提他還有全職的醫療工作要照顧。他覺得，這件事是新聞調查記者的工作，自從他開始撰寫「病理法律部落格」這三年來，他跟好幾位記者談過實驗室產業的弊病，其中一位記者的名字特別躍入他的腦海，那個人在《華爾街日報》工作。

| NINETEEN |

爆料！勇敢的吹哨者與質疑人

那是二月第二個星期一，我在《華爾街日報》曼哈頓中城新聞編輯部，坐在凌亂不堪的辦公桌前，到處尋找能讓我開始投入的報導題材。我剛完成長達一年對聯邦醫療保險詐欺的調查，不知道接下來該做什麼，在《華爾街日報》做了十六年，有件事我怎麼都做不好：如何在一個調查案結束後，就快速又有效率地銜接到下一個。

我的電話響起，是「病理法律部落格」的亞當，八個月前我請他幫過忙，當時我在撰寫聯邦醫療保險一篇系列報導，想搞清楚複雜的實驗室收費方式，他很有耐心地向我解釋某些收費代碼對應的實驗室流程是什麼——後來我用這些知識揭發了癌症治療中心一個大型業者的騙局。

亞當告訴我，他意外發現一則他認為可能很大條的新聞。民眾常常找上記者爆料，十次有九次沒有什麼報導價值，不過我每次都會花時間好好聆聽，世事難料，你永遠不知道會發生什麼，更何況在這種特殊時刻，我就像一隻沒有骨頭可以啃的狗，急需新的骨頭咬一咬。

亞當問我有沒有看過《紐約客》最近一篇特別報導，關於矽谷一個叫做伊莉莎白·霍姆斯的奇才以及她的公司 Theranos，正巧我看了，我有訂閱《紐約客》雜誌，常在上下班通勤地鐵上翻閱。

現在經他一提起，我想起當時看那篇報導就對部分內容有些懷疑。其中一點是，竟然沒有任何同儕審查數據可佐證那家公司宣稱的科學進展。這十年來，我多半在報導醫療健康相關議題，想不出有任何重大醫療進展沒有接受同儕審查。此外，我也很驚訝霍姆斯對她神祕的血液檢測裝置所做的描述：「執行一種化學作用，因此會有一種化學反應產生，而且樣本所產生的化學反應會產生一種訊號，訊號會轉化成結果，再由合格的實驗室人員進行檢查。」

那段敘述聽起來很像出自高中化學生，而不是經驗豐富的實驗室科學家。《紐約客》那篇報導的作者也說那段描述：「含糊不清得有點滑稽可笑。」

我靜下心來仔細想想，很難相信一個只上了兩個學期化工課程的大學輟學生，有能力開創出最尖端的新裝置。沒錯，臉書的馬克·祖克伯十歲就用爸爸的電腦學會寫程式，但是醫學不一樣，醫學並不是在自家地下室就能自學成功的，而是需要多年的正規訓練，再加上數十年的研究來增加價值。所以，很多諾貝爾醫學獎得主都是到了六十幾歲才獲得成就上的認可。

亞當說他對《紐約客》的文章也有同樣反應，他在自己的部落格貼出懷疑論點後，有一組人聯繫上他。起初他不願透露那些人的身分以及他們跟 Theranos 的關係，不過他說他們知道那家公司一些資料，我應該會想聽聽看。他說會去問問他們是否願意跟我談談。

在此同時，我對 Theranos 做了初步研究，發現《華爾街日報》十七個月前登在社論版面那篇報導，當初刊出時我並沒有看到，我心想，這下多了一個有趣的小麻煩：原來，我服務的報紙在她流星般竄起的過程中也扮演了一個角色，是第一家公開宣傳她所謂「成就」的主流媒體。這讓情況變得有點尷尬，不過我倒不是很擔心。《華爾街日報》的社論和新聞編輯部人員中間設有防火牆，要是最後我真的發現霍姆斯有不可告人的醜事，也不會是本報第一次發生兩邊不同調。

最初那次談話後隔了兩週，亞當幫我聯絡上理查．傅伊茲和喬．傅伊茲、菲麗絲．嘉德納、羅雪兒．吉本斯。一開始，我很失望聽到傅伊茲父子曾經跟 Theranos 有官司牽扯，即使他們堅稱自己遭到誣告，那起訴訟仍然會令人聯想他們父子是別有用心，使他們成為無效的資料來源。

不過，一聽到他們跟剛從 Theranos 離職的實驗室主管談過，我的耳朵就豎了起來，那個主管指控 Theranos 有某些不法行為。另外，我也覺得伊恩．吉本斯的故事是個悲劇，聽羅雪兒說到伊恩跟她透露好幾次 Theranos 的技術不管用，我的好奇心也被激起了。這種情況在法庭上會被斥為傳聞而不受理，但是看來有其可信度，值得仔細一探究竟。不過，要能夠取得任何進展，接下來我該做的事情很清楚：我必須直接跟艾倫．畢姆談一談。

◆ ◆ ◆

一開始我撥了五、六次艾倫的電話號碼，都是直接進入語音信箱，我沒有留言，決定一直打到有人接為止。二〇一五年二月二十六日星期四下午，電話那頭終於有人接起，說著我聽不出是哪個地方的口音。確定真的是艾倫之後，我介紹自己，告訴他我知道他最近因為對 Theranos 的運作有所疑慮而剛離職。

我可以感覺到他非常緊張，但他似乎也想一吐為快。他告訴我，願意跟我談談，前提是我必須承諾對他的身分保密，Theranos 的律師一直在騷擾他，他很確定如果 Theranos 發現他跟記者接觸，一定會告他。我答應不透露他的身分。這不是困難的決定，要是沒有他，我手上所有資料都是二手的，全是聽來的揣測，如果他不講，就不會有報導。

基本原則確立後，艾倫卸下防衛，我們談了一個多小時。他說的第一件事是，伊恩告訴羅雪兒的事是真的：Theranos 的裝置不能用。他說，那些裝置稱為愛迪生，很容易出錯，品管測試常不合格，而且 Theranos 只有少數檢測是用愛迪生執行，其餘大部分是用市面上買得到的商用儀器，並且還對血液樣本做了稀釋。

我花了點時間了解稀釋的部分。我問他，為什麼要稀釋？稀釋為什麼不好？艾倫解釋說，稀釋是為了掩飾愛迪生只能做一種叫做「免疫測定」的檢測，Theranos 不希望外界知道它的技術有其局限，所以想出一個用傳統儀器來檢測指尖血液小樣本的方法，這個方法必須先稀釋手指樣本來增加分量。他說，這麼做的問題是，樣本稀釋後，血液中所含的待測物質濃度就會隨之降低，降到傳統儀器無法精準量測的程度。

他說自己曾要求延後 Theranos 在沃爾格林門市推出其血液檢測，也曾警告霍姆斯，實驗室所做的鈉和鉀檢測結果完全不可信，根據 Theranos 所做的檢測，健康無虞的人血液中測出的鉀含量高到爆表，他形容那些檢測結果是「瘋了」。艾倫提到某個「能力測試」的名詞時，我也聽不懂，他很堅持 Theranos 違反了聯邦政府的能力測試規定，他甚至要我去參考聯邦法規第四十二篇第四百九十三節，我邊寫在筆記本，邊在心裡記著事後要去查一查。

艾倫還告訴我，霍姆斯對血液檢驗的革新是抱著宗教般狂熱的信仰，但她在科學和醫學方面的知識基礎卻很薄弱，這一點證實了我的直覺。他說，負責 Theranos 日常營運的人並不是霍姆斯，而是一個叫桑尼·包汪尼的人。艾倫對包汪尼的形容可就完全不假辭色：他是個不老實的惡霸，用恐嚇威脅來管理公司。接著他又丟下另一個震撼彈：霍姆斯和包汪尼是戀人關係。根據我從《紐約客》和《財星》文章所讀到的，還有從 Theranos 網站所看到的，包汪尼是那家公司的總裁，也是營運長；如果艾倫的說法屬實，又給這個故事增添一個曲折：矽谷第一位身價數十億美元的女性科技創業家，跟她的第二號高層同床共枕，而且還是個比她年長將近二十歲的男人。

這是個公司治理鬆散的故事，不過話又說回來，那是一家私營公司，沒有任何法規規定矽谷的私營新創公司不可以有這類事情。我發現比較有意思的地方是：霍姆斯似乎向董事會隱瞞這段戀情，不然為什麼《紐約客》的文章把她描繪為單身，亨利·季辛吉還告訴雜誌說他和太太要替她安排相親？如果霍姆斯沒有向董事會據實以告她跟包汪尼的關係，那她是不是可能還隱瞞了什麼？

艾倫說，他多次透過電郵或當面向霍姆斯、包汪尼提起，他對能力測試以及 Theranos 檢測結果的可信度有疑慮，但包汪尼不是斷然駁斥就是意圖要他打退堂鼓，每次包汪尼都會把他們往來的信件用副本寄給 Theranos 的律師，上面還寫著：「把這列入律師與客戶之間的保密內容。」

身為實驗室主管，自己的名字就掛在 Theranos 的 CLIA 執照上，艾倫很擔心，萬一政府展開調查，他個人得負起責任。為了自保，他告訴我，他把數十封與包汪尼往來的電郵，轉寄到自己的電郵信箱，但被 Theranos 發現了，威脅要控告他違反保密協議。

比起可能面臨的個人責任，更令他擔心的是，病人可能會受到傷害。他談到錯誤的血液檢驗可能導致的兩種惡夢，一是錯誤的陽性反應，可能造成病患接受不必要的醫療，但更糟糕的是錯誤的陰性反應，病情嚴重的病人可能會因此延誤救治而致死。

掛上電話，一股熟悉的衝動湧上心頭，那是每當我的報導有重大突破時都會有的感覺，我得不斷提醒自己，這只是第一步，後面還有很長的路要走，還有很多地方需要釐清了解。首要之務是必須證實這個故事是真的，只有一個匿名消息來源是不可能讓報社接受的，不論那個消息來源再怎麼有力也是枉然。

⸫

第二次跟艾倫談上話時，我正站在布魯克林的展望公園（Prospect Park）裡，一邊試著保暖，一邊看著兩個兒子（一個九歲、一個十一歲）與他們朋友打打鬧鬧，那是紐約市即將記錄八十一年來最冷二月的最後一個週六。

第一次談話後，我傳訊息給艾倫，問他是否能提供幾個前同事來證實他跟我說的一切。他寄給我七個人名，我聯絡上其中兩人，他們都極為緊張，只同意在身分保密的情況下才願意接受採訪。其中一位是 Theranos 前臨床實驗人員，她不願多說，但她的話給了我信心，確定自己走在正確的路上。她告訴我，她一直對那家公司發生的事感到憂慮不安，也擔心病人的安全問題；看到自己的名字一再出現在檢測結果上，讓她非常不舒服，於是辭職走人。另一位是實驗室前技術督導，他說，Theranos 是在遮遮掩掩和恐懼的文化之下運作。

我告訴艾倫，我覺得開始有點進展了，他聽了似乎很高興。我問他，他當初轉寄到個人 Gmail 信箱的信件是不是還留著，他說律師已經要他刪除以免觸犯公司要他簽下的切結書。一聽到他的回答，我的心立刻往下沉。文件證據是這類報導的黃金標準，沒有那些信件，我的工作會困難許多。我努力不流露失望之情。

我們的談話很快就轉移到能力測試，艾倫解釋 Theranos 是如何做手腳，還告訴我 Theranos 大部分的血液檢測是用哪兩台商用分析儀，兩台都是西門子製造，這點證實了安竹・帕爾曼（菲麗絲・嘉德納的先生）在飛機上從西門子業務代表聽來的說法。艾倫還透露一件在我們第一通電話沒有提過的事：Theranos 的實驗室分成兩個部分，一個放商用分析儀，另一個放愛迪生，一位聯邦稽查員到 Theranos 實驗室稽查時，只被帶去稽查商用分析儀的部分。艾倫覺得稽查員被欺瞞。

他還提到，Theranos 當時正在研發新一代裝置，代號為 4S，打算用來取代愛迪生，並且進行更多種類的血液檢測，不過完全不管用，從來不曾部署在實驗室使用。稀釋手指樣本再用西門子儀器來檢測，原本只是暫時的權宜之計，但因為 4S 完全失敗，權宜之計就變成了永久的解決方案。

這一件件兜起來，事情的全貌開始愈來愈清晰：霍姆斯和她的公司一開始先是承諾過頭，等到做不到的時候就開始抄捷徑、便宜行事。這種做法用於軟體或智慧手機 app 是一回事，但用於民眾做重大健康決策所仰賴的醫療產品就沒良心了。第二次電話談話快結束時，艾倫提到另一件我很感興趣的事：前國務卿喬治．舒茲也是 Theranos 的董事之一，他有個孫子叫做泰勒，也在 Theranos 上過班。艾倫不知道泰勒為什麼離職，但他覺得不是和平分手。我在 iPhone 的 Note 備忘錄草草記下，也把泰勒的名字加進去，列為可能的消息來源。

⁂

接下來幾個星期，我又取得一些進展，不過也遭遇一些困難。在找人證實艾倫所言不假的過程中，我聯絡了超過二十位 Theranos 現任與前任員工，其中很多人完全不回覆我的電話和電郵，好不容易通上電話的少數幾個告訴我，他們簽了嚴格的保密切結書，不想冒著被告的風險。

其中有位前實驗室高階員工同意跟我談，但只願意在「私下不公開」（off the record）的前提下。這是新聞工作一個很重要的差別：艾倫和另外兩位前員工同意在「深背景」（deep background）的前提下相談，意思是我可以採用他們告訴我的內容，但同時要隱藏他們的身分；而「私下不公開」

的訪談，則是代表我不能使用消息來源所說的內容。儘管如此，與那位實驗室高階員工的訪談仍然是有幫助的，因為證實了很多艾倫告訴我的事，給了我繼續前進的信心。那位員工用了一個類比來總結Theranos的情形：「Theranos的運作方式就像是還在建造巴士就開上路，會死人的。」

幾天後艾倫再次聯絡我，帶來幾個好消息。我先前請他打電話給他去年秋天聯絡的那家華盛頓事務所，他曾經把他跟包汪尼往來的電郵寄給他們，現在看看能否取回。那家事務所按照他的要求寄回給他，艾倫把信件轉寄給我，是桑尼．包汪尼、丹尼爾．楊、馬克．潘多利和艾倫一串電郵往返，總共十八封。關於能力測試這件事，那串信的內容顯示，包汪尼很生氣地責備艾倫和馬克．潘多利用愛迪生檢驗能力測試的樣本，而且很不甘願地承認愛迪生沒有通過能力測試。還有，信件也顯示，毫無疑問，霍姆斯對此事完全知情，因為大部分郵件都有用副本寄給她。

這又往前邁了一步，但沒多久就往後退了一步。三月底，艾倫突然退縮。他對自己之前所說的一切仍然認帳，但不想再繼續涉入，他無法再承受任何風險。他說，跟我講話會令他心跳加速，造成他不能專心於新工作。我試圖說服他改變心意，但他心意已決，所以我決定給他一點空間，希望他最後能回心轉意。

儘管那是個大挫敗，不過我在其他戰線慢慢取得進展。針對Theranos稀釋樣本的做法以及進行能力測試的方式，為了取得中立第三方的專家意見，我致電給提摩西．漢默（Timothy Hamill），加州大學舊金山分校（UCSF）檢驗醫學系副系主任，他向我證實，那兩種做法都非常有問題。他也解釋了使用手指血液的缺點。不同於從手臂抽出的靜脈血液，微血管血液會受到人體組織和細胞的體液所汙染，造成量測失準。「如果他們說自己克服了那個難題，那還不如說他們是從二十七世紀穿越到現在的人，我還比較相信一點。」他說。

在改變態度前，艾倫曾經提過亞利桑那州一個名叫卡門．華盛頓（Carmen Washington）的護士，她在沃爾格林旗下一個診所工作，曾經投訴 Theranos 的血液檢測。追查她的下落追查了幾個星期後，我終於跟她通上電話，她告訴我，她有三個病人收到的 Theranos 檢測結果有問題。一個是十六歲女孩，她檢測出的鉀含量非常高，代表她可能有心臟病發作的危險，但她只是個十幾歲的女孩而且身體健康，所以那個檢測結果說不過去。另外兩個病人的檢測結果顯示，促甲狀腺素（TSH）高到不正常，卡門請他們回診所再做一次抽血檢驗，這次的結果就回到正常值。此後，卡門對 Theranos 的手指檢測信心全失。這些事件跟艾倫的說法不謀而合，TSH是 Theranos 用愛迪生所做的免疫測定之一，而且沒有通過能力測試。

卡門．華盛頓的說詞很有幫助，不過我很快就有了更好的：Theranos 另一個吹哨者。發現泰勒．舒茲看過我在領英網站上的個人資料後，我透過領英的內部郵件功能傳了訊息給他，我猜想他一定從其他前員工那邊聽聞我正在到處打探消息。我主動留言後整整一個多月沒有回音，正當我已經不抱希望他會回覆時，我的電話響了。

是泰勒打來的，他似乎很渴望談一談，不過他非常擔心 Theranos 會追殺他，他是用拋棄式手機（burner phone）打給我，以免被追蹤。我答應替他保密身分後，他大致說了一遍在那家公司工作八個月的情形。

泰勒之所以願意跟我談，是基於兩個動機。跟艾倫一樣，他也擔心病患取得不精確的檢驗結果，另外他還擔心爺爺的名譽。雖然他相信 Theranos 的事最終勢必會曝光，但他希望加快這個過程，好讓他爺爺有機會回復自己的名聲，畢竟喬治．舒茲已經九十四歲高齡，留在世上的時日可能不是那麼多。

「他好不容易清譽無損地度過了水門案和軍售伊朗醜聞（Iran-Contra scandal，編按：美國雷根政府向伊朗祕密出售武器被揭露後，造成嚴重政治危機一事），」泰勒告訴我，「我相信他也一定會安然度過 Theranos 事件，前提是他還活著可以做些補救。」

在走出 Theranos 大門時，泰勒把他寫給霍姆斯的電郵以及包汪尼的回信印了出來，藏在襯衫下面偷偷夾帶出來，另外，他跟紐約州衛生局針對能力測試所往返的郵件也還留著，這聽在我耳裡有如音樂般悅耳。我請他把每封信都寄給我，他馬上就寄了過來。

該去帕羅奧圖一趟了，不過在去之前，我想先去另一個地方。

◆　◆　◆

我必須證明 Theranos 的檢測結果是不精確的，而唯一的方法是：找出曾經收過有問題的報告並請病患到別處再行檢驗的醫生。Theranos 在鳳凰城有四十多個據點，去那裡尋找最適合。我第一個想法是拜訪卡門．華盛頓，不過，她已經離開她所服務的沃爾格林診所——位於奧斯本路（Osborn

Road）和中央大道（Central Avenue）轉角處——況且，她也不知道她跟我說的那三個病人名字。

不過，我找到了另一個線索，因為我去瀏覽 Yelp 網站，想看看有沒有人抱怨 Theranos，果不其然，有個看來是醫生、取名為「娜塔麗 M」（Natalie M）的女性，對 Theranos 有過很糟糕的經驗。Yelp 有個功能，可以傳訊息給評論者，於是我把自己的聯絡資料傳給她，第二天她就打電話給我。娜塔麗 M 的真名是妮可．桑定（Nicole Sundene），是位家庭醫師，在鳳凰城近郊的噴泉山（Fountain Hills）開業，她對 Theranos 非常不滿。去年秋天，因為 Theranos 一份嚇人的實驗室檢驗報告，她急忙把一名病人送到急診室，結果發現是虛驚一場。

我飛到鳳凰城見桑定醫師與她的病人，同時，我也打算冒昧拜訪當地採用 Theranos 檢測服務的開業醫師，我已經事先從某個業界管道取得五、六個醫師名字。

桑定醫師的病人莫琳．葛朗茲（Maureen Glunz），答應在她家附近的星巴克咖啡跟我碰面。這位個頭嬌小的五十五、六歲女性是「證據 A」，證明艾倫．畢姆所擔憂的兩種情況之一確實發生了。她從 Theranos 取得的檢驗報告顯示，鈣、蛋白質、血糖、三種肝臟酵素（liver enzymes）都異常得高。由於她抱怨有耳鳴（後來判定是睡眠不足所引起），桑定醫師擔心她可能是中風前兆，於是直接把她送進醫院。就這樣，葛朗茲在感恩節前夕在急診室待了四個鐘頭，醫生們對她做了一連串檢驗，包括電腦斷層掃描，等到醫院實驗室重新為她做的一整套血液檢驗結果正常，她才出院。不過事情還沒完，為了以防萬一，接下來那個星期她又做了兩次核磁共振攝影。她說，等到那些檢測結果也都正常，她才終於放下心中大石。

葛朗茲的例子很有說服力，證明了不精確的檢驗結果會引發健康恐懼，連帶造成情緒和財務上的損失。身為自營房屋仲介的葛朗茲是自己投保，醫療保單的自付額很高，進出急診室以及後續的核磁共振攝影總共花了她三千美元，這些錢全得自掏腰包。

等到我前往桑定醫師的辦公室與她見面，我這才知道葛朗茲並非唯一檢驗結果有問題的病人。她說，她有十幾個病人的鉀和鈣檢驗都異常高，她對那些結果的準確性也很懷疑，曾經寫信給Theranos抱怨，但那家公司連是否有收到信都沒知會。

在桑定醫師的協助下，我決定做個小實驗。她替我寫了一份委託檢驗單，隔天早上，我拿著檢驗單到距離飯店最近的沃爾格林門市，以便在最短時間內取得最準確的結果。那家沃爾格林門市的Theranos健康中心沒有什麼看頭，就只是一個比衣櫥大不了多少的小房間，擺了張椅子、還有幾瓶小小的瓶裝水。跟喜互惠不同，沃爾格林並沒有耗費鉅資改裝門市來增設高檔門診。我坐下等了幾分鐘，等抽血人員把我的檢驗單輸入電腦，然後等她跟某個人講完電話，掛掉電話後，她要我捲起襯衫袖子，然後把壓血帶纏繞在我的手臂上。為什麼不是扎手指？我問。她回說我的檢驗有些需要用靜脈抽血。

我一點也不訝異，艾倫．畢姆已經跟我解釋過，Theranos所提供的二百四十多種檢驗項目中，只有八十種是採用手指取出的小樣本（其中有十幾種是用愛迪生檢驗，其餘六、七十種是用破解版的西門子機器），他說，其餘的就需要動用霍姆斯接受專訪時所說的中世紀求刑裝置：可怕的皮下注射針頭。現在我自己親身驗證了。走出沃爾格林後，我開著租來的車子到附近的美國實驗室據點，再接受一次抽血檢驗。桑定醫師答應我，她一收到這兩份檢驗報告就會寄給我，說到這裡，她說她也會分別到兩個地方做檢驗，以便增加比較樣本的數量。

接下來幾天，我一一登門造訪了其他幾位醫生的診所。在斯科茨代爾（Scottsdale）一處開業醫師診所，我跟愛卓恩．史都華（Adrienne Stewart）、蘿倫．比爾茲利（Lauren Beardsley）、薩曼．瑞札伊（Saman Rezaie）幾位醫生談過。史都華醫師說，她有個病人在最後一刻延後規畫已久的愛爾蘭旅行，因為 Theranos 的檢驗結果顯示她可能罹患深部靜脈栓塞（DVT）。這是血栓凝結的病症，通常好發於小腿，罹患 DVT 的人不可以搭飛機，因為血栓有可能脫離，隨著血液流動進入肺部，造成肺栓塞。後來，史都華醫師把 Theranos 的檢驗報告扔到一旁，因為那名病患的腿部超音波以及另一家實驗室所做的第二次檢驗，都顯示為正常。

經過這次事件，Theranos 再次寄來有個病患的 TSH（促甲狀腺素）數值異常高的時候，史都華醫師有了戒心。那個病患原本就在接受甲狀腺治療，那份報告的結果建議應該增加她的甲狀腺劑量，但史都華醫師沒有這麼做，而是先把病患送到索諾拉奎斯特（Sonora Quest，奎斯特診斷公司和班納健康〔Banner Health〕醫院體系，合資成立的實驗室檢驗機構），再檢驗一次，索諾拉奎斯特的檢驗結果是正常的。史都華醫師說，要是她相信了 Theranos 的檢驗結果，增加病患的服藥劑量，後果將不堪設想。那位病患是個孕婦，增加劑量會造成她的甲狀腺激素太高，使她的胎兒置於風險之中。

另外，我還見了蓋瑞．貝茲醫師（Dr. Gary Betz），他是鎮上另一區的家庭醫師，去年夏天曾跟 Theranos 有不好的合作經驗，從此不再把病人送到那裡檢驗。那次的病人也是女性，正在服用降血壓藥物，藥物的可能副作用之一是鉀會增高，所以貝茲醫師定期監控她的血液。Theranos 檢驗的鉀數值逼近臨界點之後，貝茲醫師診所的護士請她回去 Theranos 再做一次檢驗，確定檢驗結果是否正確。不過，這次抽血人員抽了三次血還是不成功，就要她回家了。貝茲醫師隔天得知此事暴怒，因為萬一第一次檢驗結果是對的，他就得盡快完成確認才能趕快改變病人的治療方式。他把那個患者送到索諾拉奎斯特重新檢驗，結果又是虛驚一場。索諾拉奎斯特當晚測出的鉀數值，比 Theranos 測得的數值低很多，落在正常區間。貝茲醫師告訴我，這起事件粉碎了他對 Theranos 的信任。

準備打道回府時，我收到一封電郵，是叫做馬修．川布（Matthew Traub）的人所寄，他服務於一家名為 DKC 的公關公司，還說自己代表 Theranos。他知道我正在進行一篇關於 Theranos 的採訪報導，想知道是不是有他可以幫忙的地方。看來消息已經走漏，這樣剛好，我本來就打算一回到紐約就要聯絡 Theranos。在《華爾街日報》，我們有個很重要的基本守則，叫做「不驚訝原則」（no surprises）。在刊登之前，我們一定會先把收集到的每項資料，拿去知會報導當事人，給他們充分時間和機會提出說法和反駁。

我回信給川布，向他證實我的確正在進行一篇報導。我問他，能不能安排霍姆斯接受我的採訪，並且安排我參觀 Theranos 的總部和實驗室？我告訴他，我計畫五月初前往舊金山灣區，時間大約是兩個星期後，到時候可以跟霍姆斯見面。他說，他會確認霍姆斯的行程安排，再回覆我。

幾天後，我回到《華爾街日報》的辦公桌前，收發室同仁遞給我一個厚厚的信封，是桑定醫師寄來的，裡面是我們去 Theranos 和美國實驗室所做的檢驗報告。我大致看了一下檢驗結果，發現兩份報告有幾個不一致的地方。Theranos的報告裡，我有三個數值異常偏高、一個異常偏低，而美國實驗室的報告裡，所有四個數值都是正常。同時，美國實驗室把我的總膽固醇和低密度脂蛋白膽固醇（LDL，通常稱為壞膽固醇）都標示為「高」；而Theranos的報告，則說我的總膽固醇是「理想」（desirable）、低密度脂蛋白膽固醇是「接近最佳」（near optimal）。

相較於桑定醫師的檢驗報告，我的報告差異算是小巫見大巫。根據Theranos的報告，桑定醫師血液裡的皮質醇（cortisol）含量，為每公合（deciliter）不到一微克（microgram）。這麼低的數值通常代表跟愛迪生氏病（Addison's disease）有關，那是一種很危險的病症，會出現極度疲勞和低血壓，若沒有接受治療可能會致命。然而美國實驗室的報告卻顯示，她的皮質醇含量是每公合十八・八微克，屬於健康人的正常區間。這兩個數值到底哪個才正確，桑定醫師當然心知肚明。

* * *

川布回信了，他說霍姆斯的行程排得太滿，臨時知會的情況下，很難挪出時間接受我採訪。我決定不管怎樣都必須前往舊金山一趟，當面見見泰勒・舒茲和羅雪兒・吉本斯。另外，還有一位Theranos前員工願意跟我談談，只要我答應保密她的身分。

這位新線人跟我約在奧克蘭大學大道（College Avenue）一家叫做「修道院酒藏」（Trappist Provisions）的手工啤酒小店，她是個年輕女子，名字是艾芮卡・張，跟其他與我談過的前員工一樣，她一開始也非常緊張，等到我告訴她我已經收集到多少資料後，她明顯放鬆下來，開始述說她知道的部分。

艾芮卡是 Theranos 實驗室的一員，所以親眼目睹了二〇一三年十二月的稽查。她跟艾倫一樣，也認為州政府稽查員被誤導了。她告訴我，那天公司明令實驗室人員不准在稽查期間進出「諾曼第」，通往樓下「諾曼第」的那道門也被鎖上。她還說了她跟泰勒．舒茲的好交情，以及泰勒辭職那晚他們一同到喬治．舒茲家吃晚餐的情形。跟泰勒一樣，她也很震驚於愛迪生的測定確效竟如此缺乏科學嚴謹。她說 Theranos 根本就不該上線，不該拿病人樣本來檢驗，Theranos 習慣性罔顧品管測試不合格、檢驗錯誤等事實，完全漠視病人的健康福祉。她告訴我，最後她之所以辭職，是因為跟這樣的公司為伍令她想吐。這是很強烈的字眼，可以清楚感受到她想表達的焦慮不安。

第二天，我開車到山景城（Mountain View），谷歌總部所在地，到一家名為啤酒杯（Steins）的啤酒館和泰勒見面。那是傍晚時分，啤酒館滿滿都是趁著優惠時段來喝一杯的矽谷人，我們找不到座位，只好在戶外露台圍著一個啤酒木桶站著，把木桶當成桌子用。我們一邊喝著桌上那一大桶冰涼啤酒，泰勒一邊更詳細向我描述他在 Theranos 的日子，包括他離職當天媽媽那通轉述霍姆斯威脅的發狂電話，還有他和艾芮卡努力想喚起喬治．舒茲理智思考那一晚。他努力想聽從爸媽的建議，把這些事拋諸腦後，但他發現自己做不到。

我問他是否覺得他爺爺仍然對霍姆斯忠心不二，他回答，是的，他沒有什麼理由好懷疑爺爺不是。我問他為什麼這麼認為，他透露了一段新的祕辛。舒茲家有個傳統，每逢感恩節全家要到這位前國務卿家中一起慶祝，那天泰勒和兄弟、爸媽一抵達爺爺的家，就面對面看到霍姆斯和她爸媽，喬治也邀請了他們。當時泰勒才剛辭職七個月，傷口還沒癒合，卻得被迫表現得好像什麼事都沒發生。尷尬的晚餐閒聊從加州乾旱聊到 Theranos 新總部的防彈窗，對泰勒而言，最痛苦的時刻是霍姆斯起身舉杯，向舒茲家族成員一一表達愛意和感謝，他說他差點克制不了自己的情緒。

泰勒和艾芮卡都很年輕，在 Theranos 還是資淺員工，但我發現他們都是很值得信賴的消息來源，因為，他們跟我講的事情有太多跟艾倫・畢姆所說不謀而合，同時我也很佩服他們的道德感，他們堅定認為自己所目睹的事是錯的，為了撥亂反正，他們願意冒險向我和盤托出。

接下來我見了菲麗絲・嘉德納，霍姆斯十二年前剛輟學時，帶著最初的貼片點子去求教的史丹佛醫學院教授。菲麗絲領著我逛了史丹佛校園和周遭環境，坐在她的車子裡繞了一圈，我才驚覺帕羅奧圖原來這麼小、這麼與世隔絕。菲麗絲的家就在喬治・舒茲的石砌大宅邸座落的山腳下，兩人的房子都位於史丹佛所有的土地上；菲麗絲遛狗時，偶爾會遇到錢寧・羅伯森，胡佛研究所（喬治・舒茲和 Theranos 其他董事的辦公室所在地）就位於史丹佛校園中央，Theranos 位於佩吉米爾路的新總部就在距離不到兩英里處，同樣屬於史丹佛的土地。菲麗絲告訴我，那個新總部地點以前是《華爾街日報》的印刷廠，好一個奇異的曲折。

舊金山之行最後一天，我跟羅雪兒・吉本斯約在仰光紅寶石（Rangoon Ruby）碰面共進午餐，那是帕羅奧圖一家緬甸餐廳。伊恩已經過世兩年，但羅雪兒的悲傷仍然不減。強忍著淚水，她把伊恩的逝世歸咎於 Theranos，很希望伊恩沒去那裡工作過。她提供了一份醫生證明，是 Theranos 的律師當初為了傅伊茲訴訟案提供給伊恩的，要他做為迴避出庭作證的理由，律師那封電郵上的時間是伊恩自殺前幾個小時而已。羅雪兒所提供的資料願意供我公開發表，雖然她繼承了伊恩的 Theranos 股票，可能價值好幾百萬美元，但她說她不在乎那筆錢，她不認為那些股票真的有什麼價值。

隔天我飛回紐約，有信心我收集的資料已達到該有的分量，不用多久就能刊登問世。不過，我這是小看了我的對手。

| TWENTY |

Theranos 律師的埋伏與糾纏

泰勒．舒茲和五個室友在洛斯阿托斯山丘（Los Altos Hills）合租的房子，距離他爸媽在洛斯加托斯（Los Gatos）的家，只有二十五分鐘車程，所以他盡量每兩週就找一天與他們共進晚餐。二〇一五年五月二十七日太陽剛下山，泰勒把他的豐田 Prius C 小車緩緩停進爸媽家車庫，接著從廚房走進屋子，當他一看到爸爸，立刻意識到情況不妙，爸爸滿臉憂慮和驚恐。

「你有跟一個調查記者講 Theranos 的事嗎？」爸爸一開口就是興師問罪。

「有。」泰勒回答。

「你在開什麼玩笑？你怎麼那麼笨？這下好了，他們知道了。」

原來，爺爺剛打電話來說，Theranos 發現他跟《華爾街日報》記者搭上線。若他想脫離爺爺所形容的「這灘渾水」，明天就必須跟 Theranos 的律師見面簽個文件。

泰勒回電給爺爺，詢問兩人能否在那天晚上稍晚碰面，不要有任何律師在場。喬治說，他和太太夏洛特要出門吃晚餐，九點前應該會回到家，泰勒可以那時候到。泰勒坐下來快速跟爸媽用完餐，便起身要回租屋處好好思考該怎麼跟爺爺談。他走出門時，父母都給了他大大的擁抱。

泰勒一回到租屋處就打電話給我，語氣極度緊張不安。他問我有沒有把兩人聯絡的事透露給Theranos，我回答絕對沒有。我告訴他，我絕對嚴守對消息來源的保密承諾。接著，我們一起努力想搞清楚這中間到底發生了什麼。

我們上次在山景城的啤酒館碰面是三個星期前的事，我回到紐約後，馬修．川布仍然繼續推遲我採訪霍姆斯的要求，改而請我把要問的問題寄給他。於是我寫了封電郵給他，大致列出我想討論的七大部分，包括伊恩．吉本斯和能力測試等。

我把那封電郵轉寄給泰勒，在兩人通話的同時，他很快瀏覽一遍。其中有一段提到測定確效，我寫到愛迪生某個檢驗的變異係數，沒有意識到那個數據是泰勒自己計算出來的。除了這個數據，那封電郵沒有其他部分可以指向他，因此泰勒認為那就是他們一口咬定他的原因。他似乎鬆了口氣，他說那個數字很容易解釋，有可能出自任何人。

泰勒並沒有告訴我他將和爺爺見面，只說Theranos要他隔天到Theranos辦公室跟他們的律師見面。我建議他不要去，他已經不是那家公司的員工，沒有義務答應這樣的要求。我警告他，要是他去了，他們很可能會強迫他和盤托出。泰勒說他會好好想一想，我們說好隔日再談。

晚上八點四十五分，泰勒到達爺爺家，但喬治和夏洛特還沒回家，於是他在屋外的街道上等，直到看見他們的車子開進自家車道，他給他們幾分鐘打理安頓，這才走進屋裡，一進去就看到他們安坐在客廳。

「你有跟任何記者提到 Theranos 的事嗎？」喬治問道。

「沒有，」泰勒說謊，「我不知道他們為什麼會這麼認為。」

「伊莉莎白知道你有跟《華爾街日報》聯絡，她說那個記者用了一個措辭，跟你的電郵一模一樣。」

夏洛特糾正她的丈夫：「她說的應該是一個數字。」

是跟能力測試有關的數字嗎？泰勒問道。他說很多人都看過那個數據，《華爾街日報》的來源有可能是其他前員工。

「伊莉莎白說只有可能是你給的。」喬治嚴正駁斥。

泰勒繼續堅持自己的說法，他說他不知道那個記者是如何拿到他的資料。

「我們這麼做是為你好，」喬治說：「伊莉莎白說，只要那篇文章刊登出來，你的職業生涯就結束了。」

泰勒沒有承認任何事情，反倒想再次說服爺爺被 Theranos 誤導了。他把一年前告訴爺爺的事又講了一遍，包括 Theranos 只有一小部分檢驗是用它獨家的愛迪生裝置。喬治仍舊不為所動，他告訴泰勒，Theranos 準備了一頁文件給他簽，確保他接下來一定會遵守保密義務。喬治解釋，《華爾街日報》要登出 Theranos 的商業機密，如果 Theranos 沒有採取保護行動，那些商業機密就會變成公共財。泰勒不明白自己有何理由非簽不可，不過還是說願意考慮一下，如果這樣可以讓 Theranos 不再打擾他的話。

「那好，樓上有兩位 Theranos 的律師，」喬治說：「我可以請他們下來嗎？」

泰勒覺得遭到偷襲、背叛，他明明特別要求不可以有律師在場，但是如果現在逃走，會坐實大家對他有所隱瞞的猜疑，於是他聽到自己口中吐出：「好啊！」

喬治上樓的同時，夏洛特告訴泰勒她也開始懷疑 Theranos 的「盒子」到底是不是真的，她說：「亨利也是。」指的是亨利．季辛吉，「他說他想退出了。」

夏洛特還來不及多講，就出現了一男一女，挑釁地大步朝泰勒走來。他們是邁克．布里耶（Mike Brille）和梅瑞蒂絲．迪爾波恩（Meredith Dearborn），BSF 法律事務所合夥人。布里耶告訴泰勒，他的任務是找出《華爾街日報》的消息來源，大概花了五分鐘就確定是他，他遞給泰勒三份文件：一份臨時禁止令，一份兩天後的出庭通知，還有一封信。信上說，Theranos 有理由相信泰勒違反了保密義務，準備對他提起告訴。

泰勒再次否認跟記者談過。

布里耶說他知道泰勒在說謊，逼他承認，不過泰勒堅決否認。這個律師不肯罷休，他就像隻亂咬人的瘋狗，繼續不斷糾纏泰勒，感覺是無止盡地沒完沒了。泰勒一度看著繼奶奶，問她是否跟他一樣覺得不舒服，夏洛特雙眼怒視著布里耶，彷彿就要給他一記右鉤拳。

「夠了，我們的談話到此為止。」泰勒最後說道。

喬治出手相救。「我了解這個孩子，他不會說謊，如果他說沒有跟那個記者講，就是沒講！」他大吼。這位前國務卿把兩位律師帶出屋子，等到他們離開，他打電話給霍姆斯，告訴她這不是雙方說好的，她派來的人分明是來控訴，不是來進行文明對話。他警告她，泰勒已經做好明天上法院的準備了。

泰勒覺得自己心跳加速、雙手顫抖，看著夏洛特從喬治手中搶過電話說：「伊莉莎白，泰勒沒——有——說！」

喬治拿回電話，達成妥協：明天早上在家中再碰面一次，Theranos 會帶最初說好要確認泰勒會遵守保密義務的一頁文件。掛掉電話前，他懇求霍姆斯派另一個律師來。

⸫

隔天早上，泰勒很早就來到爺爺家，在餐廳等候。當他看到布里耶再次現身，一點也不驚訝，霍姆斯就是這樣把他爺爺玩弄在手掌心。

布里耶帶來一組新的文件，其中一份是切結書，載明泰勒絕對不跟任何第三方講述 Theranos 相關事情，並且保證把他所知跟《華爾街日報》接觸過的每個現任、前任員工名字交出來。布里耶要求泰勒簽下這份切結書，泰勒不從。

「泰勒不是抓耙子，找出誰跟《華爾街日報》爆料，是 Theranos 要處理的問題，不是泰勒的責任。」喬治說。

布里耶不理會這位前任國務卿，繼續逼迫泰勒簽署文件並交出線人名單。他從自身角度發出懇求：為了完成分內工作，他不得不請泰勒交出資料。但泰勒不為所動。

眼見令人不舒服的僵持久久不下，喬治把布里耶帶進另一個房間，然後回來跟泰勒單獨談話。他問孫子怎麼樣才願意簽文件？泰勒回答，Theranos 必須加進一個條款，承諾不會告他。

喬治隨便抓起一支鉛筆，在切結書上潦草寫下一句，意思是 Theranos 保證兩年內不控告泰勒·舒茲。在那一瞬間，泰勒甚至開始懷疑爺爺是不是真的把他當白痴。

「這樣寫對我沒有幫助，」他說：「必須寫明他們永遠不會控告我。」

「我滿腦子想的只是如何才能讓 Theranos 點頭答應。」喬治反駁說道。

不過，這位老人家似乎也意識到自己剛才的提議有多荒謬，於是他把「兩年」劃掉，改成「永遠」。接著，他走出餐廳去跟布里耶談。幾分鐘後，他們兩人一起返回餐廳，布里耶顯然同意了泰勒的條件。

不過，爺爺與布里耶談的時候，這個短暫空檔給了泰勒思考的時間，他決定不簽任何東西。那天早上，布里耶帶來的另一份文件是他最初跟 Theranos 簽下的保密同意書，泰勒假裝仔細重讀一遍，心裡想的是該用什麼方法拒絕簽切結書。經過又長又尷尬的沉默後，他決定了拒絕的說法。

「Theranos的律師擬定這份切結書時，是把Theranos的最佳利益放在最優先，」他說：「我想，我也需要一個律師研究這份切結書，把『我的』最佳利益放在最優先。」

他爺爺和布里耶看起來都火大了。喬治問泰勒，如果請他的房地產律師鮑伯・安德斯（Bob Anders）看過並且說可以簽，那泰勒願不願意簽，泰勒說願意，於是喬治往樓上走去，要將修改過的切結書傳真給安德斯。泰勒估計爺爺要花點時間才能走到，還得花時間操作傳真機，他趕緊走進廚房，開始翻爺爺的電話簿找那位房地產律師的電話，他想搶先聯繫他。就在他一頁一頁快速翻找時，夏洛特遞來一張紙，上面寫著電話號碼，「打這個號碼，」她說。

泰勒跑到後院打電話，他很快把情況向安德斯解釋一遍，還在努力消化所有訊息的律師，問起Theranos的代表律師是誰，泰勒手上正好有昨晚布里耶給他的威脅提告信，他告訴安德斯，信上署名的是大衛・波伊「茲」，他把那位鼎鼎大名律師的姓唸錯了。

「靠！你知道那是誰嗎？」

安德斯解釋，波伊斯是美國最有權勢、名號最響亮的律師之一。他告訴泰勒，情況很嚴重，他建議泰勒當天下午到他的舊金山辦公室見他。

泰勒遵照建議開車進城，來到金融區的俄羅斯大樓（Russ Building）十七樓，見了安德斯和他一位合夥人。那是一棟新哥德式高樓，曾是舊金山最高的摩天大樓。看過那份切結書，並仔細評估過泰勒的處境後，兩位律師告訴他，基於良心，他們做不出要他簽署的建議。他們同意代表他將不簽署的訊息傳達給 Theranos，不過，他們最終還是得將他轉介給另一位律師，以避免利益衝突，因為他們法瑞拉事務所（Farella Braun + Martel）也是霍姆斯房地產的代表律師。

安德斯通知邁克·布里耶，泰勒不簽署切結書時，布里耶提出警告說，Theranos 別無選擇只能對他提起告訴。泰勒只好回家等著第二天收到出庭通知，結果那天晚上很晚的時候，布里耶寄了封電郵給安德斯，表示 Theranos 決定暫緩提告，要給雙方多一點時間找出解決方法。泰勒一接到這個消息，大大鬆了一口氣。

◆ ◆ ◆

安德斯把泰勒轉介給一位名叫史蒂芬·鐵樂（Stephen Taylor）的律師，他是舊金山一家精品型的小事務所負責人，專門經手複雜的商業糾紛。接下來幾個星期，布里耶和鐵樂交換了四個不同版本的切結書。

泰勒釋出願意和解的訊息，努力想達成協議，他在新版本的切結書中承認接觸過《華爾街日報》，Theranos 要他坦承自己年輕無知，還要他說是因記者蓄意欺騙才使他誤信。但他拒絕，他很清楚自己在做什麼，跟年紀輕一點關係也沒有，他希望自己到四、五十歲仍會採取跟現在一樣的作為。不過為了使 Theranos 息怒，泰勒倒是同意被描繪成職責微不足道的資淺員工，不可能知道他所說的那些能力測試、測定確效、實驗室運作等。

但這場談判卡在兩個問題上。一是Theranos仍舊要求泰勒交出其他線人的名字，這一點他堅決不從；二是Theranos願意給他訴訟豁免，但拒絕納入他的父母和子嗣。僵局遲遲未解的情況下，BSF事務所轉而動用它向來惡名昭彰的激進蠻橫手段。布里耶放話，要是泰勒不簽切結書並交出線人的名字，BSF保證把他告上法庭，一定會搞到他全家破產。此外，泰勒也接獲情報，有私家偵探在監視他。

律師試圖讓他輕鬆以對，「那沒有什麼大不了，只要不要去你不該去的地方就好，出門上班時，記得對著你家外面的草叢微笑、揮手打招呼。」

有天晚上，泰勒的爸媽接到他爺爺來電。喬治說霍姆斯告訴他，《華爾街日報》所知的消息大多是泰勒提供的，還說泰勒現在完全不可理喻。在自家廚房裡，泰勒的爸媽要他坐下來，懇求他，不管Theranos下次要他簽什麼文件就簽了吧，不然他們就得賣房子付他的律師費了。事情沒有那麼簡單，泰勒回答，就無法再多說什麼，他很想向爸媽解釋，但他被交代不要跟任何人談起他跟Theranos的協商。

為了讓泰勒能跟父母講述事情最新發展，鐵樂律師替他父母安排了律師，泰勒就可以透過律師傳話給父母，而談話內容又可以受到「律師與委託人守密特權」（attorney-client privilege）的保護。不過，這個做法引來一件插曲令泰勒和父母都很驚惶不安。新律師跟他的父母第一次碰完面，幾小時後律師的車子遭人強行進入，裝有那次碰面紀錄的公事包被偷。雖然可能只是一起隨機偷竊，泰勒還是無法不懷疑跟Theranos有關。

我對發生在泰勒身上的這一切毫無所悉。自從泰勒那晚到父母家吃晚餐，打了通焦慮的電話給我之後，我試著再跟他聯絡，寄電郵到他的柯林．拉米瑞茲信箱（他堅持我們繼續用這個信箱往來，以做為掩護），打他的拋棄式手機，但是電郵沒回信、電話關機、語音留言也沒開。我繼續嘗試電郵和電話好幾個星期，完全沒有回音，泰勒就這樣失聯了。

我猜測是 Theranos 給他施壓，不過我無法質問 Theranos，因為他是祕密線人。我希望他不會屈服於壓力之下，同時有件事也令我感到安心，幸好他早就把他寫給霍姆斯質疑 Theranos 作法的電郵寄給我，還有他向紐約州政府投訴的電郵。如果再加上從艾倫．畢姆那裡取得的能力測試電郵，我手上的證據可說是罪證確鑿了。

我繼續把報導往前推進，打電話到紐約州衛生局詢問泰勒匿名檢舉的後續情況，我被告知，那封信被轉寄到聯邦單位的CMS（聯邦醫療保險和醫療補助服務中心）去進行調查，不過我打到CMS時，CMS卻沒有人追蹤得到那封信的下落，轉來轉去搞丟了。幸好，CMS負責監管實驗室的單位知道有那封信的存在後非常嚴肅看待，他們請我把那封信轉寄給他們，並向我保證這次絕對不會輕忽。

另一方面，馬修．川布仍然繼續拖延我的採訪要求。我似乎是全美唯一霍姆斯不願受訪的記者，她明明才剛出現在CBS的晨間新聞節目、CNN法里德．札卡瑞亞（Fareed Zakaria）的節目、吉姆．克瑞莫（Jim Cramer）在ＣＮＢＣ的節目《瘋錢》（*Mad Money*）。六月初某天晚上，我在新聞編輯室埋首於電腦前，抬頭正好瞄到她出現在其中一台電視螢光幕，她穿著黑色高領上衣、上《查理羅斯訪談》（*Charlie Rose*）。隔天，我跟川布講電話愈講愈火爆，我告訴他，Theranos不能無限期拖延我。如果霍姆斯不出面，總要派個人來跟我見面，回答我提出的問題，而且最好給我快一點。我拿著電話大吼，來回踱步於布魯克林自家門廊前。

幾天後川布回覆我，提議我到曼哈頓的ＢＳＦ事務所跟Theranos一位代表見面。一開始我答應了，不過接著轉念一想又覺得不妥，這不是等於羊入虎口嗎？於是我回電給他，告訴他，必須請Theranos的代表（我猜想一定會有大陣仗的律師團陪他）來找我，時間訂在六月二十三日星期二下午一點，地點在美洲大道一二一一號——《華爾街日報》總部所在地。

| TWENTY-ONE |

媒體報導權與商業機密

來到《華爾街日報》總部的Theranos代表團大多是律師，帶頭的人是大衛．波伊斯，身旁簇擁著邁克．布里耶、梅瑞蒂絲．迪爾波恩、海瑟．金恩（Heather King，BSF事務所前合夥人，曾經擔任希拉蕊．柯林頓〔Hillary Clinton〕的幕僚，才剛出任Theranos法務長不到兩個月），還有馬修．川布和彼得．傅里屈（Peter Fritsch，曾是《華爾街日報》記者，後來與人在華盛頓特區成立一家政敵情蒐機構）。Theranos唯一與會的高層是丹尼爾．楊。

由於預料會出現火花四射，所以我帶了我的主編麥可．西科諾菲（Mike Siconolfi），他是我們整個調查團隊的主管，還有傑．康提（Jay Conti），《華爾街日報》母公司副法務長，他一向跟新聞編輯部密切合作處理新聞上的敏感問題。我一直有讓他們知道我的報導進度，也將我的祕密線人是誰透露給他們。

我們坐在《華爾街日報》新聞編輯部位於五樓的會議室，會議基調一開始就確定了，因為金恩和迪爾波恩一開始就拿出兩台錄音機，會議桌兩端各放一台。這項舉動的意思很清楚，這次會議會成為未來訴訟的呈堂證供。

應川布的要求，幾週前我先寄了一份新的問題清單給他們，這次討論就會根據那八十道問題進行。金恩先起了個頭，她說他們來此是為了反駁那些問題所隱含的「錯誤假設」，接著她發射第一顆飛彈。

「在我們看來，你們的重要消息來源很明顯是叫做泰勒．舒茲的年輕人。」她說這句話的時候，雙眼死盯著我看，顯然是事先排練好的，一開頭就來個下馬威，試圖引起我慌亂不安。我的撲克臉一動也不動，什麼都沒說。他們要懷疑泰勒是他們的自由，但我不會把他洩漏出來的，我不會上當幫他們證實。接著，她繼續把泰勒抹黑成一個年輕無知、不夠資格的人，然後又斷言其他線人一定是心生不滿的離職員工，同樣不可信。我的主編麥可打斷她的謾罵，他客氣但堅定地說，我們絕對不會透露祕密來源是誰，Theranos 也不應該妄自推測。

波伊斯首度開口插話，對比金恩的黑臉，他扮起白臉來。「其實，我們只是想一步步把這整個討論一遍，如此你們就能明白，真的沒有什麼報導的價值。」這位七十四歲王牌律師輕聲說。看著他濃密的眉毛、灰白稀疏的頭髮，彷彿老爺爺試著調停爭吵不休的孩子。

我提議開始處理我所列的問題，不過還來不及唸出第一題，金恩就再次轉趨挑釁，她提出嚴厲警告：「我們不同意你們刊登我們的商業機密。」

會議才不過幾分鐘，在我看來已經很清楚，她的主要策略是威嚇我們，於是我決定讓她知道那一招是行不通的。

「我們也不同意放棄我們身為媒體的報導權利。」我突然厲聲反擊。

我的回擊似乎達到了想要的效果，她的態度和緩下來，於是我們開始一一討論我所列的問題，預期在場唯一的 Theranos 高層代表會是回答問題的人。然而，衝突很快又再起。

丹尼爾．楊承認 Theranos 內部有商用血液分析儀（他聲稱只用來比較檢測結果，而非直接用於產出結果），我問他其中是不是有一台是西門子的 ADVIA，他以商業機密為由拒絕回答。接著，我問 Theranos 是不是經過特殊的稀釋流程，使用那台西門子 ADVIA 檢測指尖血液小樣本，他再次搬出商業機密來迴避問題，不過他辯稱，稀釋血液樣本是實驗室產業界很普遍的做法。

從這裡開始，討論就陷入鬼打牆。我說，這些問題是我的報導重點，如果他們不準備回答，那我們開會的目的是什麼？波伊斯回答他們真的想幫忙，但他們不會透露 Theranos 採用什麼方法，除非我們簽署保密同意書。他宣稱，那些機密是奎斯特公司和美國實驗室公司用盡一切方法（包括動用產業間諜），迫切想知道的。

我不斷試圖追問出比較實質的答案，波伊斯開始不高興了，他突然不再是那個和藹可親的老爺爺，厲聲咆哮起來，像一隻怒吼的老灰熊露出利牙。我心裡告訴自己，這就是那個在法庭上令對手膽寒的大衛．波伊斯。他開始攻擊我的採訪方式，說我都是拿對 Theranos 不利的問題去問醫生，這話激起了我們兩人激烈的交鋒，我們隔著桌子互相怒瞪對方。

我們的副法務長傑．康提跳進來打圓場，但是很快也與金恩、布里耶爭論起來，他們的爭執差點演變成滑稽鬧劇。

「感覺你們非要我們交出可口可樂的祕方，才肯相信裡面沒有含砒霜。」金恩說。

「沒有人要可口可樂的祕方！」傑氣呼呼地回答。

接下來有更多爭執圍繞著何謂商業機密打轉。怎麼能把第三方製造的商用分析儀相關問題，也視為Theranos的商業機密？我問。布里耶的回答很沒有說服力，他說這兩者的差別不是我說的那麼簡單。

我們把問題轉移到愛迪生。Theranos到底有多少血液檢測是用愛迪生做的？他們說這同樣是商業機密。我覺得自己好像在看荒謬劇場的現場表演。

Theranos真的有什麼新技術嗎？我挑釁地問道。

波伊斯再次發火，他氣沖沖地說，用指尖血液樣本做檢測就是實驗室產業從來沒有人做得到的事。「而Theranos做到了，除非你說那是魔術，不然那就是新技術！」

「聽起來好像《綠野仙蹤》（*Wizard of Oz*），」傑俏皮地諷刺。

鬼打牆仍然持續。對於Theranos到底有多少檢測是用愛迪生做的、有多少是用商用分析儀做的，我們遲遲得不到直接的答案，一整個叫人洩氣，但這也代表我走在正確的路上。如果真的沒有什麼好隱瞞，他們就不會這麼處處設限阻礙。

會議就這樣慢吞吞開了四個多小時，在這過程中，丹尼爾．楊倒是回答了幾個問題，沒有搬出商業機密迴避。他承認 Theranos 的鉀檢測有問題，但宣稱很快就解決了，而且錯誤的檢測結果並沒有流入病患之手。這跟艾倫．畢姆告訴我的不一樣，所以我懷疑楊說謊。另外，楊還證實 Theranos 所做的能力測試的確跟大部分實驗室不同，但他辯稱 Theranos 這麼做是合理的，因為 Theranos 的技術是市面上獨一無二。他也證實 CLIA 稽查員並沒有稽查到「諾曼第」，但是宣稱稽查員有被告知「諾曼第」的存在。

他有個回答倒是出乎我的意料。當我提出霍姆斯刊登於《血液學報告》、掛名共同作者的研究，楊立刻說那份研究已經過時了。他說，那是用 Theranos 比較舊的技術所做的研究，裡面的數據已經很古老，要回溯到二〇〇八年那麼早以前。那為什麼霍姆斯接受《紐約客》採訪時要拿出來講呢？我心裡很納悶。Theranos 現在似乎在做切割，大概也意識到那份研究很薄弱吧。

我問到伊恩．吉本斯的事，楊承認伊恩在早期對 Theranos 有很重大的貢獻，但他說伊恩在過世前的行為變得很古怪，暗示伊恩到那個階段已經對實際情形了解不多。這時金恩插嘴，把吉本斯貶為只是個酒鬼，同時波伊斯開始攻擊羅雪兒．吉本斯的可信度，他指出她在傅伊茲訴訟案拿不出宣誓切結書，導致法官裁定不採用她在法庭上的證詞。

我告訴波伊斯，她到底有沒有在傅伊茲訴訟案提供宣誓切結書，並不是重點，我認為她是可信的消息來源，而且，她是在同意我公開引用的前提下接受採訪的。

「她有向我宣誓。」我說。

最後，話題轉移到我收集到的有問題檢測結果。金恩說，Theranos 必須先向每個病患取得他們同意簽署的「放棄病人隱私權聲明」，才能回應我所提的病患個案。她要求我協助向那些病人收集聲明，我同意。

等到會議終於結束，已經是下午六點，金恩一副恨不得拿匕首往我胸口刺的模樣。

◆ ◆ ◆

三天後，艾芮卡．張在新任職的實驗室還沒下班，那是一家生技公司，叫做抗體解決方案（Antibody Solutions），同事走過來告訴她，有個男子找她。同事說，那個男子已經在停車場的車子裡等了很久。

艾芮卡立刻起了戒心。Theranos的人資主管夢娜．拉穆迪，那天稍早才在她的手機語音信箱留了好幾封訊息，說有緊急的事必須跟她討論。艾芮卡沒有回電，現在又有個神祕男子在外頭等她，她懷疑兩件事脫不了關係。

那是星期五下午六點，位於桑尼維爾（Sunnyvale）的公司已經沒有什麼人，為了安全起見，艾芮卡請同事陪她一起走去拿車。一走出大樓，一名年輕男子馬上步出休旅車，迅速朝他們走來，手上拿著一個信封。他把信封遞給艾芮卡後，轉頭就走。

艾芮卡一看到信封上的地址，心跳幾乎停止。

專人遞送
艾芮卡．張小姐
加州94303東帕羅奧圖 Mouton Circle 926號

只有同事茱莉亞（Julia）知道她現在住在這個地址。兩個星期前，艾芮卡在奧克蘭的公寓租約到期，因為打算秋天搬到中國，於是搬來跟茱莉亞暫住。她只有週間晚上住在那裡，週末會外出露營或旅行，連她媽媽都不知道這個地址，只有跟蹤她才有可能得知。

信封裡的信上印著BSF法律事務所，艾芮卡讀著讀著，恐慌感有增無減：

親愛的張小姐：

本事務所謹代表Theranos股份有限公司（以下稱「Theranos」或「本公司」），我們有理由認為妳未經授權擅自洩漏本公司部分商業機密，以及其他機密資料。我們也有理由認為妳這麼做，是為了做出不實且有損本公司名譽的陳述，以達到損害本公司業務的目的。命令妳即刻停止且終止這些行為，除非此事於二〇一五年七月三日星期五下午五點以前（美國西岸夏令時間），以符合本信函所述條件解決，否則Theranos將考慮採取各種適當的補救措施，包括向妳提出告訴。

那封信繼續說，如果艾芮卡想避免訴訟，就必須同意接受BSF事務所律師的訪談，全盤托出她洩漏了 Theranos 哪些資料以及洩漏給誰。信上署名的人是大衛．波伊斯。艾芮卡把車開到茱莉亞的家，整個週末都沒有出門，窗簾緊閉，嚇到一步都不敢踏出去。

◆ ◆ ◆

在東岸這一頭，我開始意識到情勢愈來愈緊張。同樣那個星期五的晚上，我收到艾倫．畢姆的簡訊，這是將近兩個月以來第一次接到他的消息。

「Theranos 又在威脅我了，」他寫道：「他們的律師說他們懷疑我違反切結書的規定。」

我們通上電話，我向他說明幾天前在《華爾街日報》跟 Theranos 代表團開了場馬拉松會議。出乎意料，艾倫並沒有如同我所擔憂的驚恐害怕，反倒對這個新發展很感興趣。他諮詢了新律師，那位律師是前任聯邦檢察官，曾經隸屬於「醫療詐騙打擊團隊」（Medicare Fraud Strike Force），諮詢過後，現在他覺得比較不容易被 Theranos 的恫嚇手段給嚇退。事實上，他似乎已經回心轉意，想重新協助我做出這篇報導。

那晚稍晚，一封來自梅瑞蒂絲．迪爾波恩的電郵進入我的收件匣。信裡有個附件是一封正式信函，寄信人是大衛．波伊斯，收信人是我們的副法務長傑．康提（他是這封信的主要收件人）。那封信引用了好幾條加州法規，嚴正要求《華爾街日報》「銷毀或返還」手中所持有的 Theranos 商業機密與機密資料。波伊斯必定知道我們不可能乖乖照做，但還是發了那封信，警告意味不言可喻。

接下來那個星期一早上，對於 Theranos 是否真的發動兇猛反攻，我僅存的一絲懷疑完全消失無蹤。當時我人坐在怠速熄火的車裡，一邊聽著收音機，一邊等掃街卡車經過（這是布魯克林生活比較不舒服的部分之一），我的手機響起，我把收音機音量轉小，接起電話。

是艾芮卡打來的，她似乎發抖得很厲害。她把休旅車男子、信封上的地址、波伊斯的最後通牒一一告訴我，我試著讓她平靜下來。我承認，沒錯，她非常可能遭到跟監，但我很確定是最近才開始的，也確定 Theranos 沒有證據可以證明她是我的線人之一，他們這是在引誘她出洞，是虛張聲勢嚇人，我鼓勵她不要理會那封信，照常去做平常該做的事。我聽得出她連說話都結結巴巴，她嚇傻了，不過她答應聽從我的建議。

第二天，我收到鳳凰城的桑定醫師寄來的電郵。Theranos 有個業務代表跑去她辦公室告訴她，Theranos 的總裁桑尼．包汪尼正在當地，想跟她見一面。她拒絕邀約後，業務代表立刻換上不友善態度，暗示她的拒絕會招來負面後果。我實在不敢相信。追蹤我的祕密線人是一回事，但是威脅正式公開接受我採訪的醫生，就太超過了。我寫了封電郵給海瑟．金恩，讓她知道我已經知道業務代表去找桑定醫師的事，還告訴她，如果我再得知有任何這類事件，我會認為有報導價值，把這些事寫進我的報導裡。金恩否認那個業務代表有任何不當行為。

Theranos 非但沒有收手，還更變本加厲。那週稍晚，波伊斯寄了第二封信給《華爾街日報》，跟第一封只有兩頁不一樣，這次足足有二十三頁，赤裸裸地威脅提告，如果我們刊登破壞 Theranos

的名譽或洩漏任何 Theranos 商業機密的話。信中大多在猛烈攻擊我的新聞道德，說我歷年來的報導「遠遠稱不上公正、客觀、中立」，而是很明顯執意「做出早有定見（而且不實）的陳述」，波伊斯在信中寫道。

他這番說詞背後的主要證據，是兩份簽了名的聲明，是 Theranos 從兩位接受我採訪的醫生那裡取得。聲明中宣稱我曲解了他們對我說的話，還說我沒有明白告訴他們，會把他們的採訪內容用於公開刊登的報導。那兩位醫生是蘿倫．比爾茲利以及薩曼．瑞札伊，是我去斯科茨代爾採訪的一家診所裡面的醫生。

事實上，我並不打算引用比爾茲利和瑞札伊醫師告訴我的病患案例，因為那是二手轉述，那位病患本人是由他們診所另一位醫生負責治療，而那位醫生不願接受我採訪。雖然他們簽署的聲明絲毫不會削弱我的報導，但他們很可能已經屈服於 Theranos 的壓力，這讓我憂心忡忡。

我發現署名的聲明獨缺愛卓恩．史都華醫師，她是我在那家診所採訪的第三位醫生。這是好消息，因為她跟我提過兩個病人案例，而我打算引用其中一個或兩個都用。我打電話聯絡她，她說 Theranos 的代表去診所時，她人正好到印第安納州探親。我跟她說，她的同事簽署聲明的事，警告她 Theranos 八成會在她回去之後對她重施這套高壓手段。

幾天後，史都華醫師寄來電郵，她告訴我，她一回到亞利桑那州，包汪尼和另外兩人真的上門要找她談，櫃檯接待人員告訴他們她正忙著看診，但他們不願離開，待在候診室等了幾個小時，一直等到她終於走出來跟他們握手。他們取得了她的同意，週五早上再來相談，也就是兩天後。我對他們兩天後的會面有不好的預感，但我什麼都不能做，史都華醫師答應她不會對任何壓力低頭，她覺得有必要替病人和實驗室檢驗的道德誠信，堅守立場。

星期五一到，我早上就試了好幾次想跟史都華醫師取得聯繫，但都聯絡不到。傍晚她回電給我，當時我正開車載著太太和三個小孩要去長島（Long Island）東邊度週末。她聽起來很慌亂緊張，她告訴我，包汪尼要她簽一份類似她同事所簽的聲明，但她婉轉拒絕，結果包汪尼怒不可遏，揚言她要是出現於《華爾街日報》任何有關 Theranos 的報導裡，就要讓她身敗名裂。

她的聲音不斷顫抖，哀求我不要使用她的名字，我對她再三保證那是在嚇唬人。在那一刻我也充分意識到，為了阻止我的報導，這些人會不擇手段。

| TWENTY-TWO |

準備、等待，然後一刀斃命

二〇一五年七月稍早，Theranos 迎來兩個好消息。首先，FDA 通過其獨門的手指檢測用於單純皰疹病毒一型（HSV-1，兩種皰疹病毒株之一）；第二，亞利桑那州通過的新法即將開始生效，州民不需醫師開檢驗單即可接受血液檢驗——這項法案幾乎是 Theranos 一手撰寫並大力遊說通過的。

Theranos 在佩吉米爾路的新總部舉辦七月四日國慶派對，大肆慶祝這兩大里程碑。慶賀活動從霍姆斯和包汪尼在員工餐廳的慷慨激昂演講開始，接著移師到大樓外頭的院子，那裡有露天酒吧、外燴美食、鐵克諾（techno）電子音樂等著員工。

Theranos 大肆吹捧皰疹病毒檢驗的核准足以證明其技術是可行的，不過我仍然深感懷疑。以實驗室術語來說，皰疹病毒檢驗是一種「定性試驗」（qualitative test），這類檢驗是提供簡單的

「是」和「否」結果，來判定受測者是否罹患某種疾病，就技術層面而言，這種檢驗比「定量試驗」（quantitative test）容易很多，因為定量檢驗必須精準量測出某待測物質在血液裡的含量，而一般的血液檢驗大多是定量檢驗。

我打電話給任職於ＦＤＡ醫療裝置部門高層的線人，他證實了我的想法。他說，那個皰疹病毒檢驗只是一次性核准，不等於全面替Theranos技術背書。他還說，事實上，Theranos送交ＦＤＡ的其他手指檢測數據都很糟糕，未達到ＦＤＡ的標準。接著換我把調查過程得知的事告訴他，包括Theranos先稀釋手指樣本再放進商用分析儀檢驗、在能力測試動手腳，以及有些醫生和病人收到的檢測報告有問題。他聽起來很焦慮不安。

麻煩的是，自從霍姆斯跟現在已退休的中校大衛．休梅克發生衝突後，這三年來Theranos持續在監管單位的三不管地帶運作，只要它的獨家裝置只用於自家實驗室的四堵牆內，不尋求商業化上市，它就能繼續迴避ＦＤＡ的嚴密監督。同時，Theranos又擺出很配合ＦＤＡ的姿態，公開支持ＦＤＡ把ＬＤＴ（實驗室自行研發的檢驗），納入規範的努力，並且主動將自己的ＬＤＴ（譬如皰疹病毒檢驗）送交ＦＤＡ核准。

那位線人說，對於一家把自己形塑成全世界最竭力擁護ＦＤＡ規範的公司，ＦＤＡ很難採取任何對它不利的行動，更何況它是一家政治人脈如此豐沛的公司。一開始我以為他說的是Theranos董事會，後來才知道在他看來董事會那些只是小咖，他指的是霍姆斯跟歐巴馬政府的麻吉程度。那年稍早，他親眼看到霍姆斯出席歐巴馬總統啟動精準醫療計畫的場合，那還只是她最近幾個月參與的幾個白宮活動之一，最近一次是一場為日本首相舉辦的國宴，她被拍到穿著黑色貼身晚禮服、挽著弟弟的手出席。

儘管如此，他最後一句話給我感覺，Theranos 可能沒辦法愚弄 FDA 太久了：「我非常關心他們現在在做什麼。」

⧫ ⧫ ⧫

在《財星》雜誌那邊，羅傑．帕洛夫對皰疹病毒檢驗通過核准有迥異於我的解讀。他在一篇刊登於《財星》網站的文章中寫道，那是對 Theranos 的方法「完整性做出強力背書」。

那篇文章是在霍姆斯首肯下透過電話採訪寫成，帕洛夫在電話中問起 Theranos 正在研發的伊波拉病毒檢驗（這件事是幾個月前喬治．舒茲在一場會議不經意提到的），由於伊波拉疫情在西非已肆虐超過一年，帕洛夫心想，用快速的手指檢驗來偵測這種致命病毒對公衛當局應該很有幫助，因此一直很有興趣撰寫這個報導。霍姆斯回答，她預計很快就能取得伊波拉病毒檢驗的緊急使用授權（emergency-use authorization），還邀請帕洛夫到 BSF 事務所位於曼哈頓的辦公室，去看看現場檢驗示範。

幾天後，帕洛夫來到 BSF 事務所，迎接他的人是丹．艾德林，克利斯勤．霍姆斯的杜克兄弟幫之一。艾德林把他帶到會議室，裡頭已經排放好兩台黑色裝置（這兩台是迷你實驗室，不是愛迪生）。霍姆斯要求這次示範要連同鉀檢驗一起做，帕洛夫不知道原因何在（想必是因為我一直針對鉀檢驗提出尖銳問題），所以艾德林從帕洛夫的指尖抽了兩次血，他解釋一台機器做伊波拉病毒檢驗，另一台做鉀檢驗。帕洛夫腦袋裡快速閃過一絲不解，為什麼不是用同一份血液樣本，在同一台裝置上同時做兩種檢驗？不過，他決定還是不要追問。

等待檢驗結果出爐時，帕洛夫和艾德林在一旁閒話家常。過了二十五分鐘左右，檢驗仍然還沒完成，艾德林說因為裝置才剛裝好需要熱機。裝置上的數位螢幕有個圓圈，圓圈會逐漸變黑，以此顯示檢驗進度，就像 iPhone 下載 app 一樣，圓圈裡有個百分比數字，顯示檢驗已完成多少比例。從圓圈變黑的速度如此緩慢的情況看來，帕洛夫覺得可能還要等上好幾個小時，他無法等那麼久，於是告訴艾德林自己必須回去工作了。

帕洛夫前腳剛離開，凱爾．羅根（在史丹佛獲得錢寧．羅伯森學術獎項的年輕化學工程師）後腳就走進實驗室，他是跟艾德林一起從舊金山搭乘紅眼班機在清晨抵達的，目的是提供技術支援。他注意到，執行鉀檢驗的那台迷你實驗室在完成七〇%時卡住了，於是他取出卡匣，重新啟動機器。他很清楚剛剛到底發生了什麼。

包汪尼要求 Theranos 一位名叫麥可．克雷格（Michael Craig）的軟體工程師，為迷你實驗室寫了一個應用程式，用來掩飾檢驗失靈。機器內部如果出現什麼毛病，那個應用程式就會啟動，這時候數位螢幕不會出現「訊息有誤」的字樣，而是會出現檢驗進度緩慢如牛步。

帕洛夫的鉀檢驗就是如此，幸好，這次檢驗在故障發生前已經完成一定程度，所以凱爾能從機器擷取到檢驗結果。這次故障是發生於機器進行二次檢驗時，也就是對照組檢驗的時候，正常來說，最好第一次的結果有經過對照組的檢驗確認無誤，不過丹尼爾・楊在電話中告訴凱爾，這次沒有對照組也沒關係。

在缺乏實際確效數據的情況下，霍姆斯用這種展示方式來說服董事、潛在投資人、新聞記者相信迷你實驗室是可行的完成品。為了維持這個假象，他們所動用的伎倆可不只是麥可・克雷格的應用程式。在總部進行展示時，員工會做做樣子把來訪貴賓的手指樣本放進迷你實驗室，等到訪客不耐久候離開，他們就會取出樣本，交給實驗室同仁拿去用改裝後的商用分析儀做檢驗。

至於帕洛夫，他完全不知道自己被耍了。那天晚上他收到 Theranos 的電郵，信裡有個密碼保護的附件，檢驗結果就在附件裡。他打開附件，很高興看到自己的伊波拉病毒檢驗是陰性，鉀的數值也在正常範圍內。

在加州這頭，霍姆斯和包汪尼正在為一場更大規模的「秀圖說故事」預做準備。霍姆斯邀請副總統拜登（Joe Biden）來參觀 Theranos 的紐華克廠區（Theranos 現在把臨床實驗室和迷你實驗室生產線都遷到那裡）。

邀請副總統參觀是很大膽冒險的舉動，因為自從二〇一四年十二月艾倫・畢姆離開後，實驗室就一直沒有真正的主管。為了掩蓋這個事實，包汪尼聘請皮膚科醫生蘇尼爾·達萬（Sunil Dhawan），來取代實驗室的CLIA證照上所掛的艾倫·畢姆名字。達萬雖然沒有病理學的學位或證照，但是技術上來說，他是符合州政府和聯邦政府規定的，因為他是醫生，也管理過一家小實驗室（那家實驗室附屬於他服務的皮膚科診所，負責分析皮膚樣本），但是他其實不夠格掌管一家完整規模的臨床實驗室，不過沒關係，包汪尼只是請他來當人頭而已，紐華克實驗室裡有些員工根本沒看過他出現在那棟大樓。

不只群龍無首，實驗室的士氣還跌到谷底。兩個月前包汪尼才恐嚇過實驗室員工，因為Glassdoor（美國求職網站，專供現任與前任員工匿名評論公司的網站）出現對Theranos嚴厲批評的言論。那則標題為「公關謊言連篇」的貼文寫道：

> 員工流動率超級高，這代表你上班絕不無聊。如果你是內向的人也很適合，因為每個輪班都是人手不足，如果是上晚班或大夜班，你就等於根本不存在於這家公司。
>
> 幹嘛穿實驗服、戴安全護目鏡那麼麻煩？你根本就不需要個人防護用具，誰管你染上什麼HIV或梅毒？這間公司當然不管！
>
> 逢迎拍馬或是學著逢迎拍馬，你就會爬得愈高。
>
> Theranos如何賺錢：
>
> 一、對創投說謊

二、對醫生、病人、FDA、疾病管制局（CDC）及政府說謊，同時還要做些非常不道德（甚至可能違法）的事

Glassdoor 網站出現這家公司的負評並不罕見，包汪尼會命令人資部門固定上去寫造假的正面評論來平衡，不過那則負評特別令他震怒，他除了要求 Glassdoor 刪除，也在紐華克展開獵巫行動，把懷疑的兇手一一叫來盤問。他對其中一名女性員工布魯克・碧芬斯（Brooke Bivens）尤其兇狠，還把她嚇哭，最後還是沒找出罪魁禍首。

最近，包汪尼開除了微生物團隊備受敬重愛戴的莉娜・卡斯楚（Lina Castro），罪名是力推公司在實驗室建立一套環境健康與安全保護標準。開除她之後的隔天早上，包汪尼向卡斯楚其他同事吹噓他身家有數十億美元，這麼有錢的他還每天來上班是因為他喜歡，他說每個人都應該跟他一樣，暗示卡斯楚太過負面、對 Theranos 的使命不夠全心奉獻。

如同在帕羅奧圖的臉書舊址一樣，紐華克實驗室也分成「侏羅紀公園」和「諾曼第」。新的侏羅紀公園占據一個大房間，裡面裝有霓虹燈和乙烯基地板，實驗室同仁集中在一個小角落，上方是一個超大的平面顯示器，不斷播放激勵人心的語錄以及客戶的讚美評論，其餘空間則散置著商用分析儀，用來處理一般的靜脈抽血樣本。諾曼第占據另一個房間，塞進數十台黑白相間的愛迪生，以及丹尼爾・楊和山姆・龔改裝的西門子機器。

霍姆斯和包汪尼想用一個尖端科技、完全自動化的實驗室來驚豔副總統，所以不是給他看實際

的實驗室，而是打造一個假的。他們要求微生物團隊把他們占據的地方清出一個較小的空間，重新粉刷，牆上的金屬架上堆放一台台迷你實驗室。由於已經做好的迷你實驗室大多放在帕羅奧圖，為了展示，他們還得跨越舊金山灣運送過來。一開始，微生物團隊成員並不知道為什麼被要求搬家，直到看見早了副總統幾天出現的特勤先遣人員，這才恍然大悟。

拜登來訪當天，實驗室大部分員工都被命令留在家裡，幾位當地報社攝影師和電視台攝影機獲准進入大樓，以便登上媒體曝光。霍姆斯帶著副總統參觀設施，展示假的自動化實驗室，然後她就在那裡主持預防醫療圓桌論壇，有五、六位業界高層參與討論，其中包括史丹佛醫院院長。

圓桌論壇討論中，拜登把他剛剛所見稱為「未來實驗室」，他還誇讚霍姆斯主動積極配合FDA，他說：「我知道FDA最近剛對妳的創新裝置做出正面評價，妳主動把所有檢驗送交FDA，由此可證，妳對自己所做的事充滿信心。」

◆ ◆ ◆

幾天後，七月二十八日，我打開那天早上的《華爾街日報》，嘴裡的咖啡差點噴出來。我快速翻閱頭版時，意外看到社論對頁版（op-ed）的特稿是伊莉莎白・霍姆斯所寫，她得意誇耀Theranos的皰疹病毒檢驗通過核准，並且呼籲所有實驗室檢驗一起接受FDA審核。幾個月來她一再拒絕接受我的採訪，她的律師一再阻礙、威脅我的線人，而現在她竟然利用我自家報社的意見版面，延續她是監管單位好朋友的神話。

《華爾街日報》的新聞和社論中間設有防火牆，社論主編保羅．吉高和他的同仁並不知道我正在對 Theranos 進行大調查，所以我不能苛責他們刊登他們認為合適的文章，但是我很火大。我猜想，霍姆斯是企圖用社論版面的正面報導，來增加本報刊登我的調查報導的難度。

同一時間，艾倫．畢姆遭受到波伊斯的爪牙新一波壓力。他們威脅要舉報他違反《健康保險便攜性及責任法案》（HIPAA，聯邦醫療隱私法），理由是他離職前轉寄到 Gmail 信箱的幾封信含有病患資料。他新聘的律師正跟太太在倫敦度假，必須一邊旅行一邊抽空抵擋他們的攻勢。包汪尼也開始騷擾我採訪過的病人，堅持要他們跟他通電話，等到一通上話就開始嚴詞拷問。

一個星期前，我已經交出報導初稿，我決定到主編辦公室看看他的編輯工作進行到哪裡了。只要他一完成，報導就會送到頭版主編那裡，他會分派給他團隊某個人進行第二次更嚴謹的編輯，新聞規範編輯和律師會逐行逐句爬梳內容，這整個過程很緩慢耗時，通常要花好幾個星期，有時甚至幾個月。我希望能加快速度，出刊時間拖愈久，等於給 Theranos 愈多時間去策反我的線人。

我把頭探進主編麥可．西科諾菲的辦公室，他還是一如往常的好心情。他示意我坐下。我告訴他，我覺得動作應該要更快一點，很難說 Theranos 和波伊斯接下來會玩什麼把戲。我把霍姆斯登在社論的文章告訴他，還有幾天前拜登到 Theranos 紐華克廠區的敲鑼打鼓之行。麥可告誡我要有耐心，他說這篇報導是個震撼彈，我們必須確保登出時是子彈穿不透的。麥可是義大利裔美國人，很喜歡使用義大利比喻，我聽他講祖先西科諾菲王子的故事（Prince Siconulf，他在第九世紀統治阿瑪菲海岸〔Amalfi Coast〕周圍一帶），大概不下十次了。

「我有跟你說過『拉曼塔恩沙』（la mattanza）嗎？」他問。天啊，又來了，我心想。

他解釋，「拉曼塔恩沙」是義大利西西里島一種古老儀式，漁夫涉水走進地中海水深及腰處，手上拿著棍棒和魚叉，一動也不動地站在那裡連續幾個小時，一直到魚兒不再注意他們的存在，等身邊聚集的魚夠多了，其中一個漁夫會發出極為微弱的信號，不到一秒鐘，原本平靜得很詭異的畫面，會突然變成血淋淋的大屠殺，漁夫們兇狠地把手中魚叉刺向他們毫無防備的獵物。麥可說，現在我們做的事就是新聞版的「拉曼塔恩沙」。我們需要耐心地潛伏等待，等候我們做好刊登的準備，然後就在選定的時刻出手攻擊。他一面說著，一面模仿西西里島漁夫兇猛地揮舞手上魚叉，逗得我們兩人哈哈大笑。

我告訴他，我認同「拉曼塔恩沙」的方法，前提是，這篇報導必須搶先霍姆斯現身《華爾街日報》十月在拉古納海灘（Laguna Beach）舉行的科技年會之前。我剛聽說她名列那場大會的演說人名單，如果我的文章在那之後才刊出，恐怕會使《華爾街日報》落入一個很難面對的處境。麥可同意我的想法，距離那場會議還有兩個半月，我們的時間還很充分，他說。

TWENTY-THREE

「超級英雄」的損害控制

另一方面，霍姆斯暗地裡企圖從另一個管道壓下這篇報導。

三月時，也就是我開始挖掘這家公司一個月後，Theranos 又完成一輪募資。我不知情的是，這輪募資的主要投資人是魯伯特・梅鐸（Rupert Murdoch），出生澳洲的媒體大亨，《華爾街日報》的母公司新聞集團（News Corporation）正是他所有。Theranos 在這一輪募資募到了超過四億三千萬美元，其中有一億兩千五百萬來自梅鐸，使他一躍成為 Theranos 最大投資人。

梅鐸第一次見到霍姆斯是在二〇一四年的秋天，在矽谷一個盛會場合——科學突破獎（Breakthrough Prize）年度頒獎晚宴。在山景城的 NASA 艾姆斯研究中心（NASA's Ames Research Center）一號飛機棚舉行的突破獎，是表揚生命科學、基礎生物、數學領域的傑出貢獻者，發起人是俄羅斯科技投資人尤里・米爾納

（Yuri Milner）、臉書創辦人馬克・祖克伯、谷歌共同創辦人謝爾蓋・布林（Sergey Brin）、中國科技大亨馬雲。

那場晚宴席間，霍姆斯主動走到梅鐸那一桌介紹自己，與他攀談。第一次見面，她就給梅鐸留下深刻印象，後來梅鐸問起米爾納對這位年輕女子有何看法，米爾納讚不絕口，梅鐸對她的好印象也因此得到了背書。

幾個星期後他們再度碰面，這次地點在這位媒體大亨的北加州莊園。只有一個貼身保鑣的梅鐸，看到霍姆斯抵達時大陣仗的安全隨扈，大為驚訝，他問她為什麼需要這麼多隨扈，她回答這是董事會的堅持。享用牧場人員端上的午餐的同時，霍姆斯賣力鼓吹梅鐸入股，她強調自己在尋找的是長期投資人，她警告他，短時間內不要期待看到任何季報，當然也不會有首次公開募股（IPO，編按：首次將公司股票賣給一般公眾）。隨後，送到梅鐸曼哈頓辦公室的投資文件再次重申了這點，首頁第一段寫著，Theranos 計畫「長期」維持私有、不上市，「長期」兩個字在後面重複了不下十五次。

梅鐸喜歡投資矽谷新創公司是眾所皆知的事，他是優步早期投資人，當初的十五萬美元投資後來變成五千萬。不過他跟大型創投公司不同，他不做什麼風險調查評估，這位八十四歲大亨傾向跟著自己的感覺走，這個方法幫助他一路建立起全世界最大的媒體娛樂王國之一。他在投資 Theranos 之前，只打了通電話給托比・寇斯葛洛夫（Toby Cosgrove），克里夫蘭醫學中心（Cleveland Clinic）執行長，因為霍姆斯提過她就快要宣布跟這家知名心臟權威機構合作。跟尤里・米爾納一樣，梅鐸致電的時候，寇斯葛洛夫對霍姆斯只有溢美之詞。

Theranos 成為梅鐸的媒體資產（包括二十世紀福斯電影公司、福斯電視網、福斯新聞）以外，最大的單筆投資，成功擄獲他的是霍姆斯的魅力和願景，當然還有她給他的財務預測。她寄給他的投資文件中，二〇一五年的營收預測有十億美元，獲利三億三千萬；二〇一六年的營收預測為二十億美元，獲利五億五百萬。以這些數字來看，現在十億美元的公司估值看起來很便宜。

梅鐸的安心還來自他聽說有其他知名投資人，排隊等著投資 Theranos，包括考克斯（Cox Enterprises）這家在亞特蘭大由家族經營的集團，該公司董事長吉姆・甘迺迪（Jim Kennedy）跟他交情很好；還有沃爾瑪零售（Walmart）的華頓家（Walton）。其他他不認識的知名投資人，包括新英格蘭愛國者美式足球隊（New England Patriots）的老闆鮑伯・克拉夫特（Bob Kraft）、墨西哥億萬富豪卡洛斯・史林（Carlos Slim），以及握有飛雅特克萊斯勒汽車（Fiat Chrysler Automobiles）的義大利實業家約翰・愛爾康（John Elkann）。

到七月底我和麥可・西科諾菲主編聊到西西里島古老釣魚技藝時，霍姆斯已跟梅鐸私下見了三次面，最近一次就在七月稍早，她作東在帕羅奧圖招待他，同時展示迷你實驗室給他看。那次她提起我的報導，告訴他我所收集的資料是不實的，如果刊登會對 Theranos 造成很大傷害。梅鐸表示不願插手，他說他相信報社編輯會秉公處理。

到了九月底，距離我們刊出報導的日子愈來愈近，霍姆斯第四次跟梅鐸碰面。這次，她來到梅鐸位於曼哈頓中城的新聞集團八樓辦公室，而我在《華爾街日報》新聞編輯部的辦公桌，就在下方的六樓，可是我完全不知道她也在這棟大樓裡。她再一次以事關緊急為由提起我的報導，希望梅鐸答應阻止，但是梅鐸仍然再次拒絕插手，儘管攸關他個人龐大投資。

◆ ◆ ◆

霍姆斯企圖動搖《華爾街日報》的大老闆未果，不過，Theranos 仍然持續對我的線人進行焦土作戰中。

BSF 事務所的邁克·布里耶寄了一封信給羅雪兒·吉本斯，揚言如果她不停止對 Theranos 和其高層「不實且有損名譽的指控」，就要對她提出告訴。在亞利桑那州鳳凰城，有兩個新病人到桑定醫師的診所無理取鬧，他們還到 Yelp 網站留下對桑定醫師的煽動性評論。桑定醫師不得不聘請律師，才成功讓 Yelp 撤下評論。另一頭，我好不容易才讓史都華醫師不對包汪尼的施壓低頭，Theranos 卻又說服她執業診所接受它的實驗室服務，這等於直接打臉她所說 Theranos 檢測不準確的說法。

不過，還是有一些正式公開接受我採訪的線人，不受 Theranos 的恫嚇所影響，像是蓋瑞·貝茲醫師、護士卡門·華盛頓、在急診室度過感恩節前夕的莫琳·葛朗茲。艾倫·畢姆和艾芮卡·張也仍然繼續以祕密線人的身分配合這篇報導，另外還有好幾位前員工也是。

雖然泰勒·舒茲依舊聯絡不上（我有跟他媽媽通上電話，並且留言請他媽媽轉告，但仍然沒有下文），不過我心想，如果 Theranos 對他策反成功，Theranos 必定會拿著類似瑞札伊和比爾茲利醫師所簽的聲明來給我們。更何況，Theranos 也沒辦法讓泰勒早就給我的電郵消失不見，那些電郵自己會說話。

為了阻止刊登，波伊斯使出最後一招。他寄給《華爾街日報》第三封長信，再次威脅提告，並把我的報導斥為一個想像力豐富的腦袋精心編造的幻想故事：

> 我努力想搞清楚我們是怎麼走到這個地步的——《華爾街日報》考慮刊出一篇文章，而我們知道那篇文章是不實的、誤導的、不公的，甚至可能洩漏Theranos處心積慮要保護的商業機密。
>
> 問題的根源，可能就出在這位記者打從一開始的論點就充滿戲劇性，是屬於「好到捨不得去查證」（too good to check）那一類。如同凱瑞魯（Carreyrou）先生（編按：本書作者）跟我們討論時所解釋的，他所持的論點是：Theranos的突破性貢獻在學術界、科學界、醫療界所取得的一切認可，都是錯誤的；過去所有有關Theranos的媒體報導，包括《華爾街日報》本身的報導，都是Theranos一手操作誤導的結果；Theranos和其創辦人基本上是在犯一宗詐欺罪，吹捧一項根本不能用的技術、用現行商用儀器做檢驗卻又假裝是用Theranos新技術所做。當然，這種揭穿如果屬實的話會是威力強大的調查報導，而實情很可能只是：這個論點雖不是真的，但實在太有戲劇效果，叫人割捨不了。

這封信還請求拜會《華爾街日報》總編輯傑瑞・貝克（Gerry Baker）。為了公正起見，貝克同意，但也要求邀請我和麥可參加，還有傑・康提以及新聞規範編輯尼爾・立普修茲（Neal Lipschutz）。

十月八日星期四下午四點，我們再次跟波伊斯碰面，地點在《華爾街日報》六樓新聞編輯部另一間會議室。這次他所率領的代表團比較小，有海瑟・金恩、梅瑞蒂絲・迪爾波恩。跟六月那次一樣，金恩一開始就拿出一個小錄音機，放在雙方之間的桌上。

雖然他們仍然繼續據理反對刊登報導，但這次波伊斯和金恩做了兩大招認，強化了我方的立場。一是他們首度承認，Theranos 並不是所有檢驗都用其獨家裝置，波伊斯形容要做到那個程度是「一段長途旅程」，需要花點時間才能達成。第二是我提到，我發現 Theranos 網站的措辭最近有些改變，其中特別明顯的是，刪掉了「我們很多檢驗只需要幾滴血液即可進行」，我詢問為什麼，金恩不小心脫口說出她認為那是為了「行銷精準度」（後來她堅持從未說這些話）。

會議接近尾聲時，波伊斯搬出最後一招：如果我們願意多延一點時間再刊登，他會安排一場展示，示範 Theranos 的裝置。他說，他們不久前才為《財星》雜誌做過一次，沒有理由不能為我們再做一次。波伊斯聲稱，這種展示是無可爭辯的證據，可以證明我們所說「這台機器不能用」是錯的。

我和麥可問，展示最快什麼時候可以進行、會做哪些檢驗、如何保證檢驗結果真的是出自這台裝置而沒有耍花招，波伊斯回答大概需要好幾個星期安排，至於另外幾個問題則答得不確定、不清楚，於是貝克婉拒了他的提議。貝克的想法跟我們一樣，必須在霍姆斯現身《華爾街日報》的科技年會之前刊出，而年會就在不到兩個星期後。

貝克告訴波伊斯，我們不會等上幾週，不過他願意往後再延幾天，給霍姆斯最後一次機會跟我談。他給她的最後期限是等到下個星期初，請她拿起電話打給我。結果她沒打。

◆ ◆ ◆

二〇一五年十月十五日星期四，這篇報導刊登於《華爾街日報》頭版，標題是「最有價值新創公司的掙扎」（A Prized Startup's Struggle），很輕描淡寫，不過內文殺傷力十足，不僅踢爆 Theranos 的血液檢驗幾乎都是用傳統儀器所做，還揭露 Theranos 在能力測試的欺騙行為，以及對手指樣本進行稀釋，文章還嚴重質疑 Theranos 自家裝置的準確性。文章最後引述莫琳・葛朗茲的話：「把『試誤法』（trial and error，編按：通過嘗試與錯誤，直到找到正確方法為止）用在民眾身上是不可以的。」這句話讓我深刻體認到最重要的一點：這家公司讓病患暴露於醫療危險中。

這篇報導引發原爆等級的大爆炸。當天一早，公共廣播電台就在《市場》（*Marketplace*）節目中訪問我；《財星》雜誌（就是把霍姆斯捧為明星的首要功臣）主編把這篇報導做為當日頭條焦點寄給讀者，他寫道：「一隻在雲端高飛的獨角獸，今早被《華爾街日報》頭版一篇深度報導拉到地面。」《富比世》和《紐約客》（另外兩家在霍姆斯的崛起扮演一定角色的雜誌）也報導了這篇文章，還有其他很多新聞媒體也是。

在矽谷，這篇報導成為街談巷議的話題。有些創投立刻反射性跳出來替霍姆斯辯護，其中一個是前網景（Netscape）共同創辦人馬克・安德森（Marc Andreessen），他的太太剛替《紐約時報》（*New York Times*）的時裝造型雜誌做了篇封面故事，裡面就有霍姆斯的側寫報導，文章標題是：五位正在改變世界的前瞻科技創業家。不過，其他人就沒有這麼仁慈寬厚，他們早就心存懷疑很久了：為什麼霍姆斯對她的技術老是這麼遮遮掩掩？為什麼她的董事會沒有對血液科學有一點點基本知識的人？為什麼沒有任何一家專精醫療的創投投資這家公司？對這些觀察者而言，這篇報導證實了他們沒有說出口的懷疑。

還有第三種人，他們因為Theranos強烈否認而不知道該相信誰。Theranos在自家網站貼出新聞稿，宣稱這篇報導「與事實和科學不符，通篇是無經驗、心生不滿的離職員工，以及業界同行毫無根據的說法」。新聞稿同時昭告天下，當晚霍姆斯會現身吉姆・克瑞莫的《瘋錢》節目中，駁斥指控。

我們很清楚這場戰役離結束還早得很，接下來幾天、幾週，Theranos和波伊斯勢必會惡狠狠向我們撲來，我的報導是不是承受得住他們的攻擊，主要將取決於監管機關採取的作為（如果有任何作為的話）。Theranos前員工一直傳言說，ＦＤＡ對Theranos進行稽查，但是到我們刊出報導前，我遲遲無法證實。我多次打電話給我在ＦＤＡ的線人，但一直聯絡不上他。

我決定那天午餐前再試一次，這次他接電話了。在身分保密的前提下，他向我證實，ＦＤＡ最近的確分頭到Theranos的紐華克和帕羅奧圖所在地，突擊稽查。他說，結果ＦＤＡ宣布Theranos的奈米容器是未經核准的醫療裝置，禁止繼續使用。這無疑是對Theranos的嚴重打擊。

他進一步解釋，ＦＤＡ之所以鎖定這個小管子是有原因的，醫療裝置是ＦＤＡ的管轄範圍，因此這個東西正好給FDA一個很正當的表面理由，來對Theranos採取行動，實際上這次稽查的真正理由是：Theranos送交FDA的臨床數據實在太糟糕。稽查員到現場找不到任何更好的數據後，決定拿走奈米容器，用這個方法來關掉Theranos的手指檢驗。還不只如此，他說CMS（聯邦醫療保險和醫療補助服務中心）也剛展開對Theranos的稽查，他不知道稽查行動是不是仍在進行，不過他很確定Theranos這下麻煩大了。我和麥可對這些爆料內容做了一番討論，然後很快就著手明天要刊登的後續報導。

幾個小時後，我站在頭版編輯身後，探頭看他處理我新寫好的文章。這時，霍姆斯的臉孔出現在旁邊一台鎖定CNBC的電視上，我們停下編輯工作，轉大電視音量。她一如往常全身黑衣打扮，臉上勉強擠出一絲微笑，這次扮演的是遭到惡意中傷的矽谷前瞻創新者，抹黑她的是企圖阻撓改革進步的盤根錯節利益，她說：「當你努力想改變一些事情就會發生這種事，他們會先認為你瘋了，然後打擊你，接著你突然就改變了世界。」不過，主持人吉姆．克瑞莫問到文章的具體內容時，譬如Theranos大部分的檢測是用他廠生產的分析儀所做，她就轉趨防守，做出閃躲又誤導的回答。

那天稍早我寄了封電郵給海瑟．金恩，告訴她我正在進行第二篇報導，並且要求Theranos對我即將報導的內容做出回應，當時金恩沒有回覆，我現在知道為什麼了：接受克瑞莫訪問近尾聲的時候，霍姆斯主動提到奈米容器撤除一事，謊稱這是Theranos自己主動的決定。她試圖搶先我的獨家報導一步。

我們很快就在網路上登出我的後續報導，文章內容還原事實真相：是FDA強迫Theranos停止檢驗病人手指取得的血液，是ＦＤＡ宣布Theranos的奈米容器為「未經核准的醫療裝置」。隔天早上，這篇文章登在《華爾街日報》紙本的頭版，為這樁已經如火如荼的醜聞增添更多柴火。

⧫ ⧫ ⧫

我的第一篇報導刊出當天，霍姆斯並不在帕羅奧圖，當時她正在參加哈佛醫學院的榮譽學者會議，接著晚上在波士頓接受ＣＮＢＣ訪問，直到隔天才飛回加州處理這起愈燒愈旺的危機。

那天早上Theranos發布第二則新聞稿，裡面的內容正是我們新聞界所謂的「不直接否認的否認」（nondenial denial）。新聞稿開頭就說：「我們很失望看到《華爾街日報》仍然未能了解事實真相」，接著承認Theranos「暫時」撤除其血液小管，根據新聞稿的說法，這是Theranos為了取得ＦＤＡ核可，而主動採取的行動。

接近傍晚時分，Theranos所有員工都收到一封電郵，命令他們到佩吉米爾路總部的員工餐廳集合開會。霍姆斯不再是平常打扮得漂漂亮亮的她，頭髮因為四處奔波而凌亂不整，隱形眼鏡也換成鏡框眼鏡。站在她身旁的是包汪尼和海瑟・金恩，她用頑強不屈的語氣告訴員工，《華爾街日報》剛刊登的兩篇報導充滿謬誤，全是心生不滿的離職員工和競爭對手所編造。她說，當你努力要翻轉一個龐大產業，就一定會發生這種事，因為既有握有權勢的人想看到你失敗。她把《華爾街日報》稱為「八卦小報」，誓言對該報做出反擊。

接著她開放現場提問，以前是廣告業高層、後來到 Theranos 替霍姆斯塑造形象的派屈克・歐尼爾率先舉手。

「我們真的要槓上《華爾街日報》？」他不敢置信地問。

「不是《華爾街日報》，是那個記者，」霍姆斯回答。

她回答了另外幾個問題後，一個資深硬體工程師問包汪尼可不可以帶領大家呼口號，在場每個人馬上就知道工程師所指為何。三個月前，Theranos 的皰疹病毒檢驗取得 FDA 核可時，包汪尼也在類似集會鼓勵員工同聲高喊「操你媽」，那次針對的對象是奎斯特和美國實驗室。

包汪尼何止是樂意，工程師的請求讓他有機會再次放縱一下。

「我們有話要告訴凱瑞魯，」他說。在其示意下，他和在場幾百個員工同聲大喊：「凱瑞魯，操你媽！凱瑞魯，操你媽！」

• • •

霍姆斯說她打算對《華爾街日報》做出反擊，她是說真的。

很多人以為，她會退出《華爾街日報》接下來那週舉行的 WSJ D.Live 科技大會，不過到了當天約定好的時間，她帶著保鑣群出現在拉古納海灘蒙太奇度假飯店（Montage Hotel），與《華爾街日報》科技主編強納森・克林姆（Jonathan Krim）同台。現場一百多名觀眾瀰漫著興奮期待的氣氛——

有創投、新創公司創辦人、銀行家、公關高層，每個人都是付了五千美元，才得以參加這場為期三天的會議。

麥可・西科諾菲本來要我去做訪談人，但是報社覺得在最後一刻更改花了好幾個月的規畫並不妥當。更何況我也離不開紐約，我太太人在距離布魯克林兩小時車程的長島艾斯利普（Islip），擔任一宗聯邦法庭審理的陪審團，我得照顧小孩。

有太多人對 Theranos 的最新發展感興趣，《華爾街日報》於是決定在網站上現場直播這場訪問。我們好幾個人擠在尼爾・立普修茲的辦公室看直播。

霍姆斯幾乎從一開始就連連出拳，這並不令人意外，我們早就料到她會反擊，只是我們沒有料到她竟然敢在公開論壇厚顏說謊，在半小時的訪問中，不只一次說謊，而是一再說謊。除了繼續堅持奈米容器的撤除是 Theranos 主動，她還說我報導中所指的愛迪生是舊技術，Theranos 早就不用多年。另外，她還否認 Theranos 使用商用實驗室儀器進行檢驗，她還宣稱，Theranos 做能力測試的方法不只完全合法，而且還獲得監管機關人員明確的同意許可。

在我看來最大的謊言是，她斬釘截鐵否認 Theranos 先稀釋手指樣本再放進商用儀器做檢驗。她告訴克林姆：「《華爾街日報》說我們先稀釋樣本再放進商用分析儀，那不是事實，我們不是那麼做的。事實上，我敢跟你打賭，那麼做絕對不可行，因為稀釋樣本再放進商用分析儀根本不可能。我的意思是，那篇報導有太多錯誤。」我搖搖頭，覺得噁心，這時我的手機螢幕閃現一則簡訊，是艾倫・畢姆傳來的，他寫道：「我不敢相信她竟然這麼說！」

接下來，她把矛頭轉向跟我爆料的前員工，她說他們「搞不清楚」，並且緊抓著匿名這一點來削弱其可信度。她還宣稱其中一位只在二〇〇五年到 Theranos 工作兩個月。這種說法完全是憑空捏造，我們每個線人都是近期在那裡工作。回答有關羅雪兒．吉本斯的問題時，她重複五天前跟員工說過的話，把《華爾街日報》比做「八卦雜誌」，她還說我是「某個對我們做出不實報導的傢伙」。

她開始面臨到一個問題，現在已經不只是我們對 Theranos 提出質疑，有幾位矽谷名人也開始公開批評這家公司，其中一位是鼎鼎大名的蘋果前高層尚－路易．蓋西（Jean-Louis Gassée）。幾天前，蓋西在自己的部落格貼文，描述他夏天分別在 Theranos 和史丹佛醫院做的血液檢驗結果，落差很大。他曾去信詢問霍姆斯，但從未收到回覆。當克林姆問起蓋西的事，霍姆斯的說法是：她沒收到他的電郵，現在知道他的投訴了，Theranos 會主動跟他聯絡了解事情始末。

至於我第一篇報導所提的檢驗不精確案例，她說那些只是少數個案，不可以也不應該以此一概而論。

訪問結束後不久，Theranos 立刻在其網站貼出一份長長的文件，聲稱要逐一反駁我的報導。我和麥可連同新聞規範編輯、律師仔細讀了一遍，結論是：文件並沒有什麼內容足以削弱我們的報導，那只是又一個煙幕彈。《華爾街日報》發出聲明，力挺我的報導。

霍姆斯現身《華爾街日報》科技大會後，Theranos 宣布董事會有所異動（自從我第一篇報導刊出後，Theranos 董事會就一直遭到外界嘲諷）。喬治．舒茲、亨利．季辛吉、山姆．楠恩等上了年紀的前任政治人物都退出，另行加入一個基於禮貌所成立的新組織，稱為榮譽顧問。至於替代人選，其中有位新董事的任命意味著 Theranos 升高敵意：大衛．波伊斯。

果不其然，不出幾天《華爾街日報》就收到海瑟．金恩來信，要求撤回我前兩篇文章的主要內容，聲稱那些內容是「惡意誹謗」。隨後又寄來第三封信，要求《華爾街日報》留存手上所有跟 Theranos 有關的文件，「包括電子郵件、即時訊息、草稿、非正式檔案、手寫紙條、傳真、備忘紀錄、日曆記載、語音留言、儲存在硬碟或任何電子形式（包括個人手機），或任何其他媒介的所有紀錄。」

接受《連線》雜誌訪問時，波伊斯警告不排除提起毀謗名譽訴訟。他告訴《連線》：「我想，到現在資訊已經公開得夠多了，大眾應該已經了解得夠多，足以判斷事實真相。」《華爾街日報》很認真看待金恩和波伊斯兩人的話，法務部門派來一位技術人員備份我的筆電和電話內容，以因應可能的訴訟。

不過，如果 Theranos 以為拿出刀子嚇唬就可以使我們收手，那就錯了。接下來三個星期，我們又陸續刊出四篇文章，揭露沃爾格林終止了 Theranos 健康中心擴展到全國的計畫、Theranos 在我第一篇報導刊出前試圖以更高價格出售更多股票、Theranos 實驗室並沒有真正的主管在管理、喜互惠因為對 Theranos 的檢驗有疑慮而結束與 Theranos 未公開的合作。每登出一篇新文章，海瑟．金恩就來函要求撤回。

在 Theranos 總部二樓一個沒有窗戶的戰情室，霍姆斯和她的公關顧問在討論，該採取何種策略回擊我的報導。她傾向把我描繪成仇女男，她自己則公開透露就讀史丹佛時曾遭受性侵犯，企圖藉此激起同情。顧問們反對採取這條路線，但她並沒有完全棄絕這個做法，接受《彭博商業周刊》（*Bloomberg Businessweek*）訪問時，她暗示自己是性別歧視的受害者。

「一直到過去這四個星期，我才真正了解身為這個領域的女性是什麼感覺，」她告訴《彭博商業周刊》：「每篇文章開頭都是用『年輕女子』，不是嗎？前幾天有個人走過來跟我說，意思是『我從來沒看過談論馬克・祖克伯的文章會用年輕男子』。」

同樣在那篇文章裡，她的史丹佛老教授錢寧・羅伯森認為，質疑 Theranos 檢驗的準確性是很荒謬的，他說，Theranos 如果推出一個攸關民眾生命又明知不可靠的產品，那它一定是「腦袋壞掉」。他還是堅持霍姆斯是一個世代只出一個的天才，把她比做牛頓、愛因斯坦、莫札特和達文西。

霍姆斯也繼續擁抱她那崇高的形象。在卡內基音樂廳（Carnegie Hall）獲頒《魅力》雜誌年度風雲女性時，她在致詞中把自己高舉為年輕女性的榜樣，她鼓勵她們：「盡妳們一切所能成為科學、數學、工程領域的佼佼者，等到現在的小女孩開始思考長大要做什麼時，就會看到妳們。」

要終止她的裝模作樣只有一個方法，那就是CMS（臨床實驗室主要的主管機關）是否對 Theranos 採取強勢作為。我得去查查第二次稽查的結果如何。

| TWENTY-FOUR |

女王的新衣——祕密、謊言與金錢

九月底一個週六晚上，大約是《華爾街日報》刊出我第一篇報導的三週前，一封電郵寄到蓋瑞・山本的信箱（山本就是二〇一二年到臉書舊址突擊稽查 Theranos，並且搬出實驗室法規告誡桑尼・包汪尼的資深 CMS 稽查員），信件主旨欄寫著「投訴 Theranos 公司」，開頭是這樣：

> 親愛的蓋瑞：
>
> 寄這封信，甚至光是寫這封信就讓我緊張不已。Theranos 把機密和保密這件事做到極致程度，所以我什麼都不敢說……我很慚愧沒有早一點提出投訴。

這封電郵是艾芮卡・張所寄，內容是一連串指控，從科學上處置不當到鬆散的實驗室作業流程都有，另外還提到 Theranos 的獨家裝置可信度不佳、在能力測試作弊、二〇一三年底誤導來稽查實驗室的州政府稽查員。艾芮卡在信末寫道，她已經辭職離開這家公司，因為她無法忍受自己「可能因為提供錯誤且欺騙的檢驗結果，而摧毀別人的生命」。

山本和上司對這件投訴非常嚴正看待，不到三天後就發動突擊稽查。九月二十二日星期二早上，山本和 CMS 舊金山分處稽查員莎拉・班奈特（Sarah Bennett）抵達紐華克廠區，說明來意，身穿深色西裝、頭戴耳機的男子不讓他們進去，要他們到一間小會客室等候。

過了一會兒，桑尼・包汪尼、丹尼爾・楊、海瑟・金恩、還有 BSF 事務所的梅瑞蒂絲・迪爾波恩都來了。他們把兩位 CMS 稽查員帶到一間會議室，堅持為他們做簡報。雖然很明顯是聲東擊西戰術，山本和班奈特還是客氣地坐下看完，等到簡報一結束，他們立刻要求巡視實驗室。

走出會議室的時候，緊跟在他們身旁的深色西裝男子人數更多了，每個人的手指都壓著耳朵。金恩和迪爾波恩緊跟在後頭，一面托著筆電做筆記。走到實驗室時，他們發現門上裝了指紋掃描器，踏進去時還會發出警鳴聲響，這讓山本想起賣酒商店的門開啟時的聲響。

山本和班奈特起初預留的稽查時間是兩天，不過他們發現問題太多，Theranos 又有太多基本的實驗室文件拿不出來，因此結論是有必要再來一趟。包汪尼提出暫緩兩個月的請求，他宣稱 Theranos 新的會計年度即將開始，正忙著進行新一輪募資。他們同意十一月中再來。

等到他們再來的時候，《華爾街日報》的調查報導已經刊出，要求 CMS 有所作為的壓力愈來愈大。山本注意到 Theranos 的安全警衛寬鬆了一點，而且霍姆斯在現場迎接他們，包汪尼和金恩也在場，還有另一組外部律師以及幾位實驗室顧問。兩位稽查員分頭進行，山本巡視實驗室，不時向實驗室人員提問，他不管走到哪裡都有包汪尼緊跟著；班奈特則是進駐會議室，金恩和其他律師密切盯著她的一舉一動。

這次他們停留了四天，班奈特要求對「諾曼第」一位直接經手過愛迪生的人員進行祕密訪談，於是她被帶到一個沒有窗戶的房間等了好久，最後終於來了個年輕女子，一坐下就要求要有律師在場，顯然經過高人指點，而且一臉擔心害怕的模樣。

自從艾芮卡六月底的停車場驚魂記之後，我和她斷斷續續一直有聯絡，不過我不知道她竟然鼓起勇氣去找聯邦監管單位，我第一次聽說CMS去稽查時，完全沒想到扳機是她扣的。

從二〇一五年秋天一直到進入二〇一六年冬天，我不斷想知道那次稽查到底查出了什麼。山本和班奈特十一月完成二度稽查後，和現任員工還有聯絡的離職員工傳出稽查結果不太好，不過細節很難得知。到了隔年一月底，根據知情人士的消息，我們終於刊登CMS稽查員在紐華克實驗室發現「嚴重」缺失的報導。至於到底多嚴重，則在幾天後揭曉，因為CMS公布一封先前寄給Theranos的信，信上說Theranos「對病患的健康和安全造成立即危險」，還給Theranos十天期限提出可靠的改正方案，並且警告如果未能盡速符合法規，將可能撤銷實驗室證照。

這事很嚴重。全美負責監管臨床實驗室的單位，不僅證實 Theranos 的檢驗有很大問題，而且認為問題嚴重到足以立即置病人於險境。這次海瑟・金恩突然不再來信要求我們撤回報導──先前只要我們刊出一篇報導，她就會寄來要求撤銷報導的書面文件，跟鐘錶一樣準時。

不過，Theranos 仍然繼續淡化情勢的嚴重性。在一份聲明中，Theranos 宣稱已經解決許多缺失，還說稽查結果並不能反映紐華克實驗室的現況，另外還說問題只局限於實驗室的運作方式，無礙其獨家技術的可靠性。看來，若要反駁他們的說法，非得取得那份稽查報告不可。CMS 通常會先把這類報告寄給違規實驗室，幾個星期後再對外公開，可是 Theranos 以商業機密為由，要求 CMS 不得公開，變成我非得想辦法親手拿到那份報告不可。

我打電話給任職於聯邦政府的長期線人，他有管道取得那份報告，但他最多只願意透過電話念幾段給我聽，不過已經足以讓我們寫出一篇報導，揭發那次稽查最嚴重的發現之一：Theranos 實驗室無視一再出現的品管不合格顯示有其缺失，仍執意繼續進行一項凝血檢驗，長達數月。那項檢驗的名稱為「凝血酶原時間」（prothrombin time），是一種一旦弄錯會產生危害的檢驗，因為，醫生要靠這項檢驗來決定有中風風險的病人該服用多少劑量的抗凝血藥物，劑量太多可能造成病人出血，劑量太少可能使病人暴露於致命血栓的風險。

Theranos 無從反駁我們的報導，但是再次辯稱它的獨家技術並非問題所在，他們說，凝血酶原時間檢驗一直是拿一般的靜脈抽血樣本用商用儀器所做。被逼到退無可退的牆角時，只要能維持自家裝置是管用的假象，這家公司還是願意承認使用的是傳統分析儀。

為了逼迫CMS公布稽查報告，我提起「資訊自由法」（FOIA），要求應該公開任何跟紐華克實驗室稽查有關的文件，並且要求盡速公開。不過，海瑟．金恩仍然強烈要求CMS在未大幅刪減的情況下，不可公開報告內容，宣稱會造成商業機密外洩。這是破天荒頭一遭有面臨懲處的實驗室，要求刪減稽查報告，而CMS似乎不知該如何是好。隨著一天天過去，我愈來愈擔心完整的稽查報告，可能將永遠不見天日。

這場跟海瑟．金恩針對稽查報告的拔河持續拖延，另一方面有消息傳出，霍姆斯將替希拉蕊．柯林頓的總統選戰主辦募款活動，地點就在Theranos位於帕羅奧圖的總部。長久以來，她一直苦心經營跟柯林頓一家的關係，好幾次現身柯林頓基金會（Clinton Foundation）活動，也跟他們的女兒建立起友誼。那場募款活動後來更換地點，改到一位科技創業家位於舊金山的家，不過從活動現場的照片可以看到，霍姆斯握著麥克風對全場賓客講話，雀兒喜．柯林頓（Chelsea Clinton）就站在她身旁。八個月後就是大選投票日，而希拉蕊又被視為可能勝出的候選人，這提醒了我霍姆斯的政界人脈是多麼豐沛，豐沛到足以使她從監管問題全身而退嗎？任何事似乎都有可能。

我再次回頭找我的線人，這次終於成功說服他把整份稽查報告洩漏給我。這份長達一百二十一頁的報告，一如所料罪證確鑿。首先，這份報告證明了，霍姆斯去年秋天在《華爾街日報》科技會議上說謊。Theranos實驗室所用的獨家裝置的確確就是「愛迪生」，報告還顯示，Theranos提供的二百五十種檢驗項目當中，只有十二種是用他們的獨家裝置執行，其他都是用商用分析儀。

更重要的是，這份稽查報告引用Theranos自己的數據證明，愛迪生的檢驗結果不穩定到離譜地步，光是一個月內，品管檢查不合格的比例就占了三分之一。愛迪生的檢驗中，有一項是量測會影響睪固酮（testosterone）含量的荷爾蒙，品管檢查不合格的比例竟高達八成七；還有一個檢驗是檢查是否罹患攝護腺癌，品管不合格的比例也有二成二。拿同一份血液樣本來對照，用愛迪生所做的結果跟用傳統機器所做的結果，差距竟然有一・四六倍之多。跟泰勒・舒茲說的一樣，愛迪生做出的結果每次都不同。用愛迪生做維他命B_{12}檢驗，變異係數是三四至四八%之間，遠高於大多數實驗室常見的二至三%。

至於實驗室本身，也是一團混亂：Theranos允許不合格的人員經手病患樣本、儲存樣本的溫度不對、試劑放到過期、檢驗結果有誤也不通知病人等，大小缺失層出不窮。

海瑟・金恩試圖阻止我們刊登這份報告，不過太遲了，我們已經公布到《華爾街日報》網站，還附上一篇報導引述一位實驗室專家的話，他說這份報告結果暗示：愛迪生的檢驗結果，沒有比胡亂猜測好到哪裡去。

最後的致命一擊出現在幾天後，我們取得另一封CMS寄給Theranos的信件，上面指出稽查員舉出的四十五項缺失仍有四十三項未改善，威脅將禁止霍姆斯從事血液檢驗事業兩年。跟先前的稽查報告一樣，Theranos仍然拚命阻止這封信對外公開，不過突然有個新線人主動聯繫我，把這封信洩漏給我。

禁令的消息一經報導，霍姆斯已經不可能再淡化事情的嚴重性，她必須出面給個說法。於是，她上了NBC的《今日》（*Today*）節目，接受主持人瑪莉雅・薛佛（Maria Shriver）的訪問。她坦承

「震驚難過」，不過看來似乎還不夠，還不足以讓她願意向那些被她置於險境的病人道歉。看著她，我明顯感覺她所表現的懊悔只是做做樣子，我還是沒有感受到一絲真正的後悔或同理。

別忘了，Theranos的員工、投資人、零售商合作夥伴沃爾格林，現在已經從《華爾街日報》讀到稽查結果，也知道禁令的消息，如果霍姆斯真心想彌補過錯，為什麼還那麼鍥而不捨企圖壓下這些消息呢？

◆ ◆ ◆

二〇一六年五月，我回到舊金山灣區，想看看泰勒．舒茲到底怎麼了。自從上一次我們在山景城啤酒館見面，已經整整快一年，艾芮卡告訴我，泰勒正在跟史丹佛一位奈米科技教授進行一個研究計畫，於是我開著租來的車子前往帕羅奧圖，到史丹佛工學院找他，沿途到處問人，終於在材料科學大樓一間教室找到他。

泰勒看到我並不驚訝，艾芮卡已經把他真正的電子信箱給我，我寫了信給他，告訴他我要過來。他對於要不要跟我見面不置可否，不過現在我人都來了，他的態度明顯放軟。我們走到附近的食堂隨便吃了點午餐，漸漸放鬆說笑起來。

泰勒看來精神不錯，他說他現在隸屬於史丹佛一個小小的研究小組，跟加拿大一家公司合作，競爭有數百萬美元獎金的國際醫學競賽「Qualcomm Tricorder XPRIZE」（編按：由美國XPRIZE基金會主辦，高通（Qualcomm）基金會贊助）。他們想建造一個可攜式裝置，透過人的血液、唾液、生命徵象來診斷十幾種疾病。

我們的話題一轉到 Theranos，他的眉頭就皺起來，整個人開始緊張。他說，他不想在別人聽得到的公共場合討論這個主題，他提議我們走回材料科學大樓。我們在大樓裡找到一間空教室坐下來，他在食堂的放鬆神情消失了，取而代之的是明顯地焦慮不安。

「我的律師不准我跟你講話，但我再也按捺不住，」他說。

我答應，不管他講什麼我都會保密，將來除非取得他同意，否則我不會寫出來。

接下來的四十五分鐘，我詫異地聆聽他娓娓道出爺爺家的埋伏、連續幾個月的法律威脅折磨。儘管發生了這麼多，他從未屈服，仍舊堅定拒絕簽署 BSF 給他的文件。我這才知道，要不是他的勇氣以及他父母花了四十多萬美元替他請律師，我的第一篇文章可能永遠無法刊出。一股強烈的內疚突然湧上心頭，我為他所經歷的這一切折磨感到自責。

最叫人悲痛的是他跟爺爺的疏遠。喬治．舒茲仍舊站在霍姆斯那一邊，無視我的報導所披露的種種。這大半年來，他和泰勒都沒見過面，只靠律師傳話。去年十二月，舒茲家在他們舊金山的頂樓公寓作東辦派對，替喬治祝賀九十五歲大壽，霍姆斯受邀參加了，泰勒卻沒有。

泰勒聽爸媽說，爺爺對 Theranos 擘畫的願景仍然堅信不移。霍姆斯在神神祕祕多年之後突然一百八十度大轉彎，公告周知要在二〇一六年八月一日美國臨床化學學會（AACC）年會上，揭開其技術的內部運作。喬治相信，她到時候的簡報會讓懷疑者閉上嘴巴。泰勒不了解為什麼爺爺就是看不穿她的謊言，要怎麼樣他才願意接受事實真相？

我們分手道別時，泰勒感謝我鍥而不捨追蹤這則報導。他說，Theranos 已經耗掉他過去四年的人生，從他大三升大四的暑假實習開始算起。我則是感謝他協助我將這則報導曝光，也感謝他頂住了加諸他身上的龐大壓力。

事後沒多久，Theranos 聯絡泰勒的律師，告知 Theranos 知道我跟泰勒見面。我們兩人都沒有跟任何人說過見面的事，因此我們推斷霍姆斯找人跟蹤我們其中一人或兩人。幸好，泰勒似乎不是很擔心，他在電郵中俏皮地說：「下次也許我們自拍一張合照，直接寄去給她，幫她省了請私家偵探的麻煩。」

現在我懷疑，Theranos 已經持續跟監我們兩人長達一年，很可能艾芮卡．張和艾倫．畢姆也是。

⬥ ⬥ ⬥

霍姆斯在《今日》節目告訴主持人瑪莉雅．薛佛，紐華克實驗室的缺失她要負責，不過承擔後果的人是包汪尼。她並沒有一肩扛下責任，而是犧牲自己的男友。她跟他分手，並且開除他，Theranos 的新聞稿把他的去職粉飾成主動退休。

一個星期後，我們報導 Theranos 作廢了數萬筆血液檢驗結果，包括愛迪生兩年的檢驗結果，以求符合 CMS 的規定，避免其祭出禁令。換句話說，等於是 Theranos 向 CMS 承認，它的獨家裝置所做的血液檢驗沒有一個可信。同樣地，霍姆斯還是希望檢驗作廢一事保密，不過我從新線人那裡取得消息（就是把CMS威脅要將霍姆斯逐出實驗室產業的信件，洩漏給我的線人）。在芝加哥，沃爾格林的高層得知檢驗作廢規模如此之大，非常錯愕，幾個月來，這家連鎖藥局一直要Theranos告知對其客戶影響層面有多大。二〇一六年六月十二日，沃爾格林終止雙方合作，將門市裡的健康中心全數關閉。

七月初，CMS再次給予重擊，宣布要執行禁令，禁止霍姆斯和其公司從事實驗室生意。更不妙的是，舊金山聯邦檢察署也開始對Theranos展開刑事犯罪調查；另外，美國證券交易委員會（SEC）也同步展開民事調查。儘管節節敗退，霍姆斯仍然覺得她只要打出一張牌就可以扭轉輿論：透過展示其技術來驚豔全世界。

• • •

八月第一天的悶熱夏日，超過二千五百人湧進費城賓州會議中心（Pennsylvania Convention Center）的宏偉大廳，來者大多是實驗室科學家，前來聆聽霍姆斯在這場AACC年會上發表演說。滾石合唱團的〈同情惡魔〉（Sympathy for the Devil）從擴音系統播放出來，選擇這首歌曲似乎不是巧合。

AACC向霍姆斯提出邀請，引起會員高度爭議，有些人強力主張，有鑑於幾個月來發生的種種，應該撤銷邀請。但是，AACC高層認為這是替嚴肅正經的科學會議增加曝光和話題的機會。就這方面而言，的確達到了效果：有數十位記者大老遠跑到費城看熱鬧。

AACC會長派翠西雅．瓊斯（Patricia Jones）先做簡短介紹後，霍姆斯接著走上講台，她穿著白色襯衫，外面套了件深色外套，去年秋天開始變成揶揄對象的黑色高領不見了。

接下來的情景，與其說是科學簡報，不如說是新產品展示。接下來一個小時，霍姆斯為一台一直是功能不彰原型機的機器揭開面紗：迷你實驗室。自從最早的機型以來，Theranos的工程師和化學家已經對此裝置做了很多改進，不過，仍未有完整的臨床研究可證明它能用手指血液可靠地進行各種測定。霍姆斯的簡報雖然提到一些數據，但大多是手臂靜脈抽血樣本的數據，少數提到的手指樣本數據只涵蓋十一種檢驗，而且沒有經過公正獨立驗證或同儕審查。

至於CMS剛禁止霍姆斯從事臨床實驗室生意，她說沒關係，迷你實驗室是用無線連接到Theranos總部的伺服器，可以直接部署在病人家中、醫生診所、醫院，不需要一個集中的實驗室也能運作。

等於她又華麗轉身回到最初的願景：一個透過Wi-Fi或手機網路，遠距操作的可攜式血液檢驗機器。當然，經過這一切風風雨雨後，未經FDA核准是不可能將這樣的系統商業化的，而且彙整出FDA想看到的完整研究曠日費時，所以一開始她才會想繞過FDA。

在刑事犯罪調查已經啟動的情況下，霍姆斯能施展神奇逃脫術全身而退的機率微乎其微，不過，看著她充滿自信向滿場群眾一一展示那些漂亮的投影秀，有助於我更具體了解她為何能走到這裡：她確實是個很厲害的銷售高手。她完全不結巴，思路毫不混亂，工程和實驗室的術語輕輕鬆鬆信手拈來。談到加護病房那些接受輸血的瘦小嬰兒，又流露出看似發自內心的情緒，就像她的偶像賈伯斯一樣，她也散發出「現實扭曲力場」（reality distortion field，編按：由蘋果公司內部所創造，指賈伯斯能將他希望成真的事情，說得好像已經成真般），使得人們不由自主暫時收起懷疑。

不過，那項魔法在Q&A時間瓦解。紐約威爾康乃爾醫學中心（Weill Cornell Medical Center）助理教授史蒂芬·麥斯特（Stephen Master），同時也是受邀在台上向霍姆斯提問的三位專家學者之一，他指出迷你實驗室的功能遠遠不及她最原始的說法，他的評論引起觀眾一陣掌聲。這時的霍姆斯回復成《今日》專訪上那個愧疚的她，坦承Theranos亟需努力去跟實驗室業界「往來」（這是她的用語），但她最終還是沒道歉或坦承錯誤。

稍後，香港中文大學化學病理學教授盧煜明（Dennis Lo）問她，迷你實驗室跟Theranos在實驗室所用的技術有何不同，她迴避了這個重要問題。儘管如此，現場幾千位病理學家還是很文明有禮，沒有噓聲也沒有喝倒彩，只有在Q&A結束後霍姆斯轉身離開舞台時，現場的端莊有禮才短暫打破，群眾中冒出一個聲音大喊：「妳傷害了人。」

如果霍姆斯希望藉由揭開迷你實驗室的面紗來恢復形象、改變媒體論述，那她的希望可就被媒體事後一片批評聲浪給粉碎了。《連線》雜誌的標題最能貼切捕捉這種反應：「Theranos 原本有機會洗刷汙名，卻反而惹來罵名」。

華盛頓大學病理學教授傑佛瑞・貝爾德（Geoffrey Baird）接受《金融時報》（*Financial Times*）訪問表示，霍姆斯簡報所提到的「數據少到可笑」，而且「感覺像是深夜最後一刻拼湊出的學期報告」。其他實驗室專家也很快就發現，迷你實驗室的內容組成沒有一個是新技術，他們說，Theranos 只是把那些技術做得比較小，裝進一個盒子裡。

霍姆斯在會議上展示的檢驗之一是茲卡病毒（Zika virus）檢驗，那是一種經由蚊子傳播的病毒，已經損害全世界各地數千個新生兒腦部。Theranos 先前已經向ＦＤＡ申請茲卡病毒檢驗的緊急使用授權，號稱是這種檢驗首度用手指血液來進行，不過又一次遭遇尷尬的挫敗：ＦＤＡ稽查員不久就發現 Theranos 在研究中沒有做病患防護措施，迫使 Theranos 不得不撤銷申請。

「霍姆斯有可能在ＡＡＣＣ會議上從帽子裡變出兔子」，這樣的可能性暫時使 Theranos 焦躁的投資人克制住叛變衝動。然而在她的表現遭到嚴厲批評、茲卡病毒檢驗慘敗登上媒體後，其中一個投資人決定夠了：夥伴基金（二〇一四年投資 Theranos 將近一億美元的舊金山避險基金），向德拉瓦州衡平法院（Court of Chancery）對霍姆斯、包汪尼、Theranos 提起告訴，指控他們用「一連串謊言、重大不實陳述、疏漏」欺瞞夥伴基金。還有一組由退休銀行家羅伯特・柯爾曼帶頭的投資人，向舊金山聯邦法院提起另一場訴訟，他們同時提起證券詐欺，採取集體訴訟。

其他大部分投資人選擇不走訴訟途徑，以承諾不提告來換取股票贈與。一個格外引人注目的例外是魯伯特．梅鐸，這位媒體大亨以一美元將持股賣回給 Theranos，以此勾銷他其他收入的大筆稅款。對身家財產有一百二十億美元的梅鐸來說，一筆看走眼的投資損失一億多不算什麼。

至於大衛．波伊斯和 BSF 法律事務所，他們針對如何處理聯邦調查跟霍姆斯吵了一架後，不再替 Theranos 執行法律工作，改由另一家大型事務所 WilmerHale 接手。霍姆斯現身 AACC 相隔一個月後，海瑟．金恩重返 BSF 的帕羅奧圖分公司，擔任合夥人。幾個月後，波伊斯離開 Theranos 董事會。

在 Theranos 身上總共投注了一億四千萬美元的沃爾格林，也自行對 Theranos 提出訴訟，指控 Theranos 沒有符合雙方合約中「最基本的品質標準和法律要求」。這家連鎖藥局在提告書中寫道：「雙方合約的基本前提——跟任何攸關人體健康的嘗試一樣——是幫助人，而不是傷害人。」

原本還試圖對 CMS 的禁令提起上訴的霍姆斯，最後決定放棄，接受加州實驗室關閉這個躲不掉的事實。Theranos 第二家設在亞利桑那州的實驗室，同樣難逃關閉命運，那個實驗室只使用商用分析儀，關閉前幾天接受稽查時，CMS 發現問題也一籮筐。

Theranos 隨後跟亞利桑那州檢察長取得和解，同意上繳四百六十五萬美元給州政府一個基金，賠償亞利桑那州七萬六千二百一十七個接受過 Theranos 檢驗的民眾。

Theranos 在加州和亞利桑那州作廢的檢驗結果數量，最後有將近一百萬筆之多，這麼多錯誤檢驗對病患造成的傷害難以估量。有十個病人提起訴訟，指控消費詐欺以及醫療侵權；其中一位指控 Theranos 的檢驗未能檢查出他的心臟病，導致他遭受原本可預防的心臟病發。這些訴訟已經在亞利桑那州聯邦法院併案成集體訴訟，告訴人能不能在法庭上證明受到傷害，仍有待觀察。

而有一件事是確定的：「病理法律部落格」的亞當・克雷伯找上我爆料時，Theranos 正打算將其檢驗擴大到沃爾格林全美八千一百三十四家門市，如果這件事情成真，民眾因為錯失診療或錯誤治療而喪命的機率，肯定會急速飆升。

| Epilogue |

尾聲

第一篇報導剛刊出那段日子，霍姆斯頑抗宣稱她會發表臨床數據來證明我報導不實，「數據是很有力量的東西，因為數據會說話。」她二〇一五年十月二十六日在克里夫蘭醫學中心的會議上這麼說。兩年又三個月後，她終於實踐諾言：二〇一八年一月，Theranos 在同儕審查科學期刊《生物工程學與轉譯醫學》（*Bioengineering and Translational Medicine*），發表一篇有關迷你實驗室的論文。

論文描述迷你實驗室的內部組成與運作方式，並且收錄了部分數據，意圖證明這個裝置並不比 FDA 核准的機器遜色。不過其中有個很大的蹊蹺：Theranos 在研究中所使用的血液是用傳統方法抽取，也就是用針頭在手臂抽血，霍姆斯最初的前提——只用扎手指取得的一、二滴血，即可得出快速又準確的檢驗結果——在論文裡完全不見蹤影。

進一步細讀，其他重大缺失就一一昭然若揭。首先，這篇論文只收錄幾種檢驗數據，而且其中兩種的結果（HDL膽固醇以及LDL膽固醇）和FDA核准機器的結果出現落差，差距大到連Theranos自己也承認「超過容許極限」。此外，Theranos也坦承這些測定是一次做一種，證明霍姆斯之前說一小滴血可以同時做幾十種檢驗是假的。最後一點，迷你實驗室的結構配置必須根據檢驗的不同而進行更動，這是因為Theranos還沒搞清楚該如何把所有組成元件安裝進一個盒子裡。以上這些，遠遠稱不上是革命性突破，完全不是二〇一三年秋天霍姆斯在推出Theranos檢驗時大肆宣傳的那回事。

霍姆斯的名字列在那篇論文的共同作者之下，但是沒有包汪尼。二〇一六年春天跟霍姆斯分手、離開Theranos之後，包汪尼似乎就人間蒸發。霍姆斯已搬出他在阿瑟頓的六千五百五十五平方英尺豪宅（二〇一三年透過一家責任有限公司以九百萬美元購入），他是否仍住在那裡不得而知，Theranos前員工一度盛傳他為了躲避聯邦調查人員，已逃離美國。

那些傳言在二〇一七年三月六日早上不攻自破。泰勒．舒茲走進舊金山傳教士街（Mission Street）的吉布森律師事務所（Gibson, Dunn & Crutcher）會議室時，五、六名為了夥伴基金訴訟案前來聽取證詞的律師之間，站著一個熟悉的小個子，正是那個威逼恐嚇員工、老是滿臉怒容的包汪尼。身為這起官司的被告，他的出現很不尋常，目的似乎只有一個：恐嚇證人。如果他真是為此而來，那可就失算了。接下來八個半小時，泰勒專心據實回答提問，努力無視暴躁前上司在會議桌另一頭的無聲存在。七個星期後，輪到包汪尼出庭作證的前夕，Theranos以四千三百萬美元跟夥伴基金達成和解，沒多久又以超過兩千五百萬美元跟沃爾格林和解。

到了二〇一七年底，Theranos的油箱已經見底，向投資人募來的九億美元已經燒得差不多，其中大多用於訴訟費用。幾輪裁員下來，員工人數已經從二〇一五年全盛時期的八百人，剩下不到一百三十人，為了節省租金，員工全數搬到舊金山灣對岸的紐華克廠區。宣布破產的幽靈一步步逼近，不過就在耶誕節前幾天，霍姆斯宣布向私募基金取得一億美元的借貸。這條金錢救命繩有嚴苛的條件：Theranos必須以手上的專利做為借貸擔保品，還有Theranos必須在產品和營運上達成某個里程碑，才能取得這筆錢。

不到三個月後，高牆再度一步步進逼：二〇一八年三月十四日，美國證券交易委員會指控Theranos、霍姆斯、包汪尼進行「精心設計、長年的詐欺」。為了解決證交會的民事指控，霍姆斯不得不交出公司的表決控制權（voting control）、退還大部分持股，並且上繳五十萬美元罰款，她也同意未來十年不擔任上市公司的董事或管理職。至於包汪尼，由於沒有達成和解，證交會將他告上加州的聯邦法院。另一方面，刑事犯罪調查仍如火如荼進行中。

⁂

「霧件」（vaporware）這個字是一九八〇年代所發明，形容一開始大肆吹捧，但最後耗費數年才成真的新軟體或新硬體（還不見得能成真），反映出電腦界在行銷上輕忽不負責任的傾向，微軟、蘋果、甲骨文都曾被指控用過這種手法，這種過度承諾文化於是成為矽谷的特徵之一，只是對消費者的危害很小，頂多就是失望和期待落空。

霍姆斯把 Theranos 定位為矽谷中心的科技公司，注入矽谷這套「演久就成真」（fake it until you make it）的文化，並且把掩飾假象這件事做到極致。矽谷很多公司都要求員工簽署保密協議，只是 Theranos 對保密的執念達到了全新的境界。它禁止員工在領英網站的個人資料欄填入「Theranos」，必須填入在「未上市生技公司」上班；有些前員工因為敘述 Theranos 工作內容「太過詳細」，而收到 Theranos 律師寄來的禁止令；包汪尼會固定監視員工的電郵和網路瀏覽歷史，甚至禁止使用 Google Chrome 瀏覽器，理由是谷歌可以用這個瀏覽器窺探 Theranos 的研發；在紐華克綜合辦公大樓工作的員工，不可以使用大樓的健身房，因為可能會跟大樓其他公司員工有所往來。

在稱為「諾曼第」的實驗室，愛迪生四周豎起層層隔板，避免被進來維修西門子機器的技術人員看到，那些隔板把整個空間搞成迷宮，還擋住了出路；實驗室窗戶用的是著色玻璃，從外頭幾乎看不到裡面；通往連通實驗室走廊的門以及實驗室本身的門，都裝有指紋掃描辨識器，只要同時有一個以上的人進入，感應器就會發出警報，同時啟動照相機、拍照傳送到警衛室；至於監視器更是無所不在，上面還覆蓋著深藍色半圓形蓋子，以免被看出鏡頭對準哪個方向。表面上，這一切都是為了保護商業機密，但現在已經揭曉，這也是為了幫霍姆斯掩蓋她對於 Theranos 技術現況所說的謊言。

對外吹噓自己的技術以取得資金，另一方面卻隱瞞真正的進展、期待現況有一天會真的趕上吹噓，這一套做法持續在科技產業受到容忍，不過別忘了，Theranos 並不是傳統定義的科技公司，醫療公司才是它最重要的身分。它的產品不是軟體，而是分析民眾血液的醫療裝置，如同霍姆斯在名聲鼎盛時接受媒體訪問和公開亮相一再指出的：醫生有七成的治療決策是根據實驗室檢驗結果，所以實驗室器材的成效必須如同廣告宣傳，否則病人的健康就會受到危害。

所以，霍姆斯怎麼能合理化她拿人命當賭注的事實呢？有一派說法是：她受制於包汪尼邪惡的影響。根據這派理論，包汪尼是霍姆斯的斯文加利（Svengali，譯按：小說《特麗爾比》〔*Trilby*〕裡的男性角色，他引誘、控制、利用特麗爾比這個年輕的愛爾蘭女孩，並把她塑造成知名歌手），一手將她這個胸懷大夢、天真單純的女孩，塑造成矽谷渴盼的早熟年輕女創業家，他自己則因為太老、太男性、太印度，不能出來扮演自己。包汪尼確實是不好的影響，這點無庸置疑，不過把責任全怪到他頭上不僅太過簡化，也不精確。近距離看過他們兩人互動的員工，都形容他們是夥伴關係，霍姆斯雖然比包汪尼年輕近二十歲，卻是最後拍板定案的人。

更何況，包汪尼一直到二〇〇九年底才加入 Theranos，當時，霍姆斯早已誤導製藥公司多年，謊稱其技術已準備就緒。再說，脅迫自己的財務長、控告前員工等行徑完全可看出她的無情冷酷，這樣的行為模式，不像是個出發點良善但遭到老男人操控的年輕女子。

霍姆斯很清楚自己在做什麼，而且她是那個掌控的人。某位前員工二〇一一年夏天前往 Theranos 面試時，向霍姆斯問到公司董事會扮演的角色，她對這個問題很不高興。「董事會只是酬庸，」他記得她這麼說：「這裡一切由我做決定。」她臉上的不悅實在太明顯，使得他以為自己搞砸面試了。兩年後，霍姆斯確立了董事會永遠只會是酬庸的角色。

二〇一三年十二月，她強行通過一項決議，讓她手中每一股股票有一百票表決權，她等於握有九九・七%的表決權，從此，只要少了霍姆斯，董事會連達到法定開會人數的門檻都不到。喬治・舒茲後來出庭作證被問到董事會審議情形，他說：「我們在 Theranos 從來不投票表決，那沒有意義，不管要決定什麼，都是由伊莉莎白做決定。」這就是為什麼董事會從來沒有聘請律師調查這一切發生的事。若是股票公開交易的公司，媒體曝光第一篇文章後，董事會不到幾天或幾個星期就會委託進行這類調查了，可是在 Theranos，沒有霍姆斯的同意，什麼事都決定不了、也什麼事都做不了。

若真有人在背後操控，那一定也是霍姆斯，她輕易把別人玩弄在股掌之中，讓他們對她言聽計從。第一個拜倒在她魔力之下的人是錢寧・羅伯森，這位史丹佛工程教授的名號使得還是青澀少女的她就取得可信度；接著是唐納・盧卡斯，這位年邁創投家的支持和人脈，讓她得以一再募資成功；再來是沃爾格林的J博士和魏德・密克隆，以及喜互惠執行長史帝夫・博德，還有詹姆士・馬提斯、喬治・舒茲、亨利・季辛吉（馬提斯跟 Theranos 的牽扯，最後仍無礙於他獲川普〔Donald Trump〕總統任命為國防部長）；最後是大衛・波伊斯和魯伯特・梅鐸。另外還有很多我沒點名的人，也都被霍姆斯迷得團團轉，著魔於集魅力、聰明、領袖氣質於一身的她。

「反社會人格」（sociopath）常用於形容沒有什麼良知的人，霍姆斯在臨床上是不是符合這種典型，我留給心理學家判定，不過她的道德感無疑是嚴重扭曲。

持平而論，我敢說，十五年前她剛從史丹佛輟學時，並不是一開始就打定主意詐騙投資人、置病患於險境。根據各方的描述，她有一個真心相信的願景，而且全心投入實現，但是在她投入一切，想在「獨角獸」榮景的淘金熱中成為下一個賈伯斯的過程裡，她在某個時間點突然不再聽取忠告、開始抄捷徑。她的野心太過龐大貪婪，容不下任何干預，如果在她通往財富和名聲的路上會有人遭到池魚之殃，那也只能這樣了！

| Acknowledgments |

謝辭

這本書是源自我揭發 Theranos 醜聞、刊登於《華爾街日報》的報導，若沒有二〇一五年到二〇一六年冒著個人危險、協助我的祕密線人，這本書不可能問世。有些祕密線人，譬如泰勒．舒茲，後來轉為公開，在本書中以真實身分現身，其他人則以假名現身或以不具名的方法提及。他們之所以不顧自身面臨的法律和事業風險，全都是基於一個最重要的原因：保護病患免於遭受 Theranos 有缺失的檢驗所傷害。他們的正直誠信、果敢勇氣，我永遠感念在心，他們是這則故事真正的英雄。

同時，如果沒有數十位 Theranos 前員工克服一開始的不安害怕，將自身經驗分享給我，幫助我重建這家公司十五年來的歷史，這本書也不可能問世。對我這個素昧平生的人，他們慷慨獻出時間，給我的報導極大的後盾支持。另外，我也要感謝替我上課的實驗室專家，教我血液檢驗這門晦澀難懂但又很迷人的科學。其中一位是紐約威爾康乃爾醫學中心的史蒂芬・麥斯特，他很好心地替我審閱書稿，幫助我避免錯誤。

這本書是從二〇一五年初一個爆料開始，感謝給我很大空間與堅定支持、讓我可以放手追蹤爆料訊息的人：我在《華爾街日報》的主編麥可・西科諾菲。麥可一直是導師，不只是我的導師，更是幾個世代記者的導師，他是《華爾街日報》這家優秀新聞機構的掌旗人。在這段挖掘真相的道路上，麥可並不是我唯一的盟友，傑・康提（他現在是道瓊公司〔Dow Jones & Company〕的法務長）和其副手傑可布・哥德斯坦（Jacob Goldstein），也花了無數時間審查我的報導、回擊 Theranos 律師群的法律威脅。

此外，非常感謝調查報導團隊的同事克里斯多福・偉弗（Christopher Weaver），他幫我承擔法規查詢以及後續種種工作一年以上，包括我請假寫書那段時間。

在《華爾街日報》工作的紅利之一，是我這些年在那裡得到的友誼，其中一位是克里斯多福・史都華（Christopher Stewart），他寫了好幾本非小說書籍，慷慨地分享出版專業和人脈，就是他介紹我認識現在的經紀人——Fletcher & Company 的艾瑞克・陸佛（Eric Lupfer）。艾瑞克馬上就看出這個出版企劃案的潛力，無視種種阻礙、極力促使我寫成這本書。他無上限的樂觀深具感染力，更是我陷入懷疑時的最佳解藥。

我很幸運，這本書最後落腳 Knopf 出版公司，並由經驗豐富的安竹・米勒（Andrew Miller）操刀。安竹的熱情以及對我毫不動搖的信心，給了我自信完成這本書。另外，我也很榮幸獲得安竹的老闆索尼·梅塔（Sonny Mehta，Knopf Doubleday 出版集團董事長）的大力支持。打從我一踏進蘭燈書屋大樓（Random House Tower），就受到安竹、索尼和他們同事的熱烈歡迎，讓我有賓至如歸的感覺，希望我有符合他們的期待。

這段漫長調查報導，耗掉我過去三年半的人生，這一路上，我很幸運有家人朋友的忠告、支持、溫暖，例如艾安西·杜根（Ianthe Dugan）、保羅·普拉達（Paulo Prada）、菲利浦·席斯金（Philip Shishkin）、馬修·卡明思基（Matthew Kaminski），他們持續給我打氣鼓勵以及非常必要的搞笑舒壓。我的爸媽珍（Jane）和傑拉德（Gerard）、我的姊妹亞歷珊卓（Alexandra），在終點線為我加油。不過，我的力氣和激勵最大的來源，無非是跟我共享生命的四個人：我太太莫莉，三個小孩賽巴斯汀、傑克、法蘭西絲卡。這本書獻給他們。

| Notes |

附注說明

序幕

1. "Elizabeth called me this morning": Email with the subject line "Message from Elizabeth" sent by Tim Kemp to his team at 10:46 a.m. PST on November 17, 2006.
2. His expert testimony: Simon Firth, "The Not-So-Retiring Retirement of Channing Robertson," Stanford School of Engineering website, February 28, 2012.
3. By any measure, it was a resounding success: VC Experts report on Theranos Inc. created on December 28, 2015.
4. A slide deck listed six deals: PowerPoint titled "Theranos: A Presentation for Investors" dated June 1, 2006.

01 | 敬有方向的人生，乾杯！

1. When she was seven: Ken Auletta, "Blood, Simpler," *New Yorker*, December 15, 2014.
2. On her father's side: P. Christiaan Klieger, *The Fleischmann Yeast Family* (Charleston: Arcadia Publishing, 2004), 9.
3. Aided by the political and business connections: Ibid., 49.
4. So the case could be made: Sally Smith Hughes, interview of Donald L. Lucas for an oral history titled "Early Bay Area Venture Capitalists: Shaping the Economic and Business Landscape," Bancroft Library, University of California, Berkeley, 2010.
5. Her father was a West Point graduate: Obituary of George Arlington Daoust Jr., *The Washington Post*, October 8, 2004.
6. "I grew up with those stories": Auletta, "Blood, Simpler."
7. Midway through high school: Ibid.
8. Her father had drilled into her: Roger Parloff, "This CEO Is Out for Blood," *Fortune*, June 12, 2014.
9. The message Elizabeth took away: Rachel Crane, "She's America's Youngest Female Billionaire—and a Dropout," CNNMoney website, October 16, 2014.
10. The experience left her convinced: Parloff, "This CEO Is Out for Blood."
11. When she got back home: Ibid.
12. In court testimony years later: *Theranos, Inc. and Elizabeth Holmes v. Fuisz Pharma LLC, Richard C. Fuisz and Joseph M. Fuisz*, No. 5:11-cv-05236-PSG, U.S. District Court in San Jose, trial transcript, March 13, 2014,

122–23.

13. To raise the money she needed: Sheelah Kolhatkar and Caroline Chen, "Can Elizabeth Holmes Save Her Unicorn?" *Bloomberg Businessweek*, December 10, 2015.
14. The Draper name carried: Danielle Sacks, "Can VCs Be Bred? Meet the New Generation in Silicon Valley's Draper Dynasty," *Fast Company*, June 14, 2012.
15. In a twenty-six-page document: Theranos Inc. confidential summary dated December 2004.
16. One morning in July 2004: John Carreyrou, "At Theranos, Many Strategies and Snags," *Wall Street Journal*, December 27, 2015.
17. MedVenture Associates wasn't the only venture capital firm: VC Experts report on Theranos Inc.
18. In addition to Draper and Palmieri: "Theranos: A Presentation for Investors," June 1, 2006.
19. Their little enterprise: "Stopping Bad Reactions," *Red Herring*, December 26, 2005.
20. The email ended with: Email with the subject line "Happy Happy Holidays" sent by Elizabeth Holmes to Theranos employees at 9:57 a.m. PST on December 25, 2005.

02 | 膠水機器人

1. Having already blown through: VC Experts report on Theranos Inc., created on December 28, 2015.
2. Ed had noticed a quote: Rachel Barron, "Drug Diva," *Red Herring*, December 15, 2006.
3. Lucas and Ellison had both invested: "Theranos: A Presentation for Investors," June 1, 2006.
4. In Oracle's early years: Mike Wilson, *The Difference Between God and Larry Ellison* (New York: William Morrow, 1997), 94–103.
5. On their return to California: Email with the subject line "Congratulations" sent by Elizabeth Holmes to Theranos employees at 11:35 a.m. PST on August 8, 2007.
6. Theranos filed its fourteen-page complaint: *Theranos Inc. v. Avidnostics Inc.*, No. 1-07-cv-093-047, California Superior Court in Santa Clara, complaint filed on August 27, 2007, 12–14.
7. The technique was not new: Anthony K. Campbell, "Rainbow Makers," *Chemistry World*, June 1, 2003.

03 | 蘋果情結！：女版賈伯斯

1. In January of that year: John Markoff, "Apple Introduces Innovative Cellphone," *New York Times*, January 9, 2007.
2. One of them was Ana Arriola: Ana used to be a man named George. She transitioned from male to female after she worked at Theranos.
3. "We have lost sight of our business objective": Email with the subject line "IT" sent by Justin Maxwell to Ana Arriola in the early morning hours of September 20, 2007.
4. Avie was one of Steve Jobs's oldest: Walter Isaacson, *Steve Jobs* (New York: Simon & Schuster, 2011), 259, 300, 308.
5. On her way out: Email sent by Ana Arriola to Elizabeth Holmes and Tara Lencioni at 2:57 p.m. PST on November 15, 2007.
6. Elizabeth emailed her back: Email sent by Elizabeth Holmes to Ana Arriola at 3:27 p.m. PST on November 15, 2007.
7. He also noticed that Elizabeth: Email with the subject line "RE: Waiver & Resignation Letter" sent by Michael Esquivel to Avie Tevanian at 12:41 a.m. PST on December 23, 2007.
8. At 11:17 p.m. on Christmas Eve: Email with the subject line "RE: Waiver & Resignation Letter" sent by Michael Esquivel to Avie Tevanian at 11:17 p.m. PST on December 24, 2007.
9. The brutal tactics used: Letter from Avie Tevanian to Don Lucas dated December 27, 2007.

04 | 歡迎來到——最強大聯盟

1. Its objective was to prove: Confidential "Theranos Angiogenesis Study Report."
2. The night before that second meeting: John Carreyrou, "At Theranos, Many Strategies and Snags," *Wall Street Journal*, December 27, 2015.
3. In one of their last email exchanges: Email with the subject line "Reading Material" sent by Justin Maxwell to Elizabeth Holmes at 7:54 p.m. PST on May 7, 2008.
4. His resignation email read in part: Email with the subject line "official resignation" sent by Justin Maxwell to Elizabeth Holmes at 5:19 p.m. PST on May 9, 2008.

1. Elizabeth's mother, Noel: *Theranos, Inc. et al. v. Fuisz Pharma LLC et al.*, deposition of Lorraine Fuisz taken on June 11, 2013, in Los Angeles, 18–19.
2. Noel and Lorraine were in and out: Ibid., 19–20.
3. One evening, the power went out: Ibid., 54.
4. Chris's grandfather: P. Christiaan Klieger, *Moku o Lo'e: A History of Coconut Island* (Honolulu: Bishop Museum Press, 2007), 54–121.
5. and Chris's father, Christian III: Deposition of Lorraine Fuisz, 52.
6. The two women stayed in regular contact: Ibid., 22.
7. When the Holmeses returned: Ibid., 35.
8. Lorraine later visited Noel: Ibid., 23–24.
9. On subsequent trips: Ibid., 55–56, 100–101.
10. Having just purchased a new house: *Theranos, Inc. et al. v. Fuisz Pharma LLC et al.*, deposition of Richard Fuisz taken on June 9, 2013, in Los Angeles, 92–93.
11. Chris and Noel Holmes did eventually: *Theranos, Inc. et al. v. Fuisz Pharma LLC et al.*, deposition of Christian R. Holmes IV taken in Washington, D.C., on April 7, 2013, 30.
12. At first, they stayed with friends: Deposition of Lorraine Fuisz, 34.
13. Over lunch one day: Ibid., 65–68.
14. When she got home: Ibid.
15. As he would put it years later: Email without a subject line sent by Richard Fuisz to me at 10:57 a.m. EST on February 2, 2017.
16. Fuisz sued Baxter: Thomas M. Burton, "On the Defensive: Baxter Fails to Quell Questions on Its Role in the Israeli Boycott," *Wall Street Journal*, April 25, 1991.
17. The two sides reached a settlement: Sue Shellenbarger, "Off the Blacklist: Did Hospital Supplier Dump Its Israel Plant to Win Arabs' Favor?" *Wall Street Journal*, May 1, 1990.
18. He sent a female operative: Ibid.
19. Fuisz sent one copy: Ibid.
20. He subsequently obtained: Burton, "On the Defensive."
21. In March 1993: Thomas M. Burton, "Caught in the Act: How Baxter Got off the Arab Blacklist, and How It Got Nailed," *Wall Street Journal*, March 26, 1993.
22. The reputational damage: Thomas M. Burton, "Premier to Reduce Business with Baxter to Protest Hospital Supplier's 'Ethics,' " *Wall Street Journal*, May 26, 1993.
23. The crowning flourish: "At Yale, Honors for an Acting Chief," *New York Times*, May 25, 1993.
24. Three months later: Thomas J. Lueck, "A Yale Trustee Who Was Criticized Resigns," *New York Times*, August 28, 1993.
25. He later sold the public corporation: "Biovail to Buy Fuisz Technologies for $154 Million," Dow Jones, July 27, 1999.
26. In the interview, she'd described: Interview of Elizabeth Holmes by Moira Gunn on "BioTech Nation," May 3, 2005.
27. His thirty-five years of experience: Deposition of Richard Fuisz, 302.
28. "Al, Joe and I would like to patent": Email with the subject line "Blood Analysis—deviation from norm (individualized)" sent by Richard Fuisz to Alan Schiavelli at 7:30 p.m. EST on September 23, 2005.
29. Fuisz finally got his attention: Email with no subject line sent by Richard Fuisz to Alan Schiavelli at 11:23 p.m. EST on January 11, 2006.
30. Fuisz and Schiavelli exchanged more emails: Letter dated April 24, 2006, emailed by Alan Schiavelli to Richard Fuisz advising him that the patent application had been filed, enclosing a copy of the application and a bill for services rendered.
31. It made no secret: Patent application no. 60794117 titled "Bodily fluid analyzer, and system including same and method for programming same," filed on April 24, 2006, and published on January 3, 2008.
32. The Holmeses settled into: Deposition of Lorraine Fuisz, 32.
33. Lorraine drove over from McLean: Ibid., 33.
34. She had just been profiled in *Inc.*: Jasmine D. Adkins, "The Young and the Restless," *Inc.*, July 2006.
35. It was easy for a small company: Deposition of Richard Fuisz, 298.
36. One dinner was at Sushiko: Deposition of Lorraine Fuisz, 33.
37. Chris didn't eat much: Ibid., 33–34.
38. Whatever the case: Ibid., 45–46.
39. During one encounter: Ibid., 42.
40. As she was cutting Lorraine's hair: Ibid., 40–41.
41. Lorraine Fuisz and Noel Holmes saw each other: Ibid., 108–10.
42. However, Theranos didn't learn: Email with the subject line "Is this something new?" sent by Gary Frenzel to Elizabeth Holmes, Ian Gibbons, and Tony Nugent at 11:53 p.m. PST on May 14, 2008.
43. She came by a few weeks later: *Theranos, Inc. et al. v. Fuisz Pharma LLC et al.*, declaration of Charles R. Work executed in Stevensville, Maryland, on July

22, 2013.
44. Elizabeth got straight to the point: Ibid.
45. He informed her of his decision: Ibid.

06 | 桑尼

1. Sunny had been a presence: Ken Auletta, "Blood, Simpler," *New Yorker*, December 15, 2014.
2. Elizabeth had struggled to make friends: *Theranos, Inc. et al. v. Fuisz Pharma LLC et al.*, deposition of Lorraine Fuisz, 85–86.
3. Born and raised in Mumbai: LinkedIn profile of Sunny Balwani; Theranos website.
4. Analysts were breathlessly predicting: Steve Hamm, "Online Extra: From Hot to Scorched at Commerce One," *Bloomberg Businessweek*, February 3, 2003.
5. It finished the year up: Ibid.
6. That November: "Commerce One Buys CommerceBid for Stock and Cash," *New York Times*, November 6, 1999.
7. It was a breathtaking price: "Commerce One to Buy CommerceBid," CNET website, November 6, 1999.
8. Commerce One eventually filed: Eric Lai, "Commerce One Rises from Dot-Ashes," *San Francisco Business Times*, March 3, 2005.
9. When they'd first met in China: Deed for a property at the corner of Marina Boulevard and Scott Street in San Francisco, dated March 2, 2001, listing Sunny Balwani and Keiko Fujimoto as husband and wife.
10. By October 2004: Deed for 325 Channing Avenue #118, Palo Alto, California 94301, dated October 29, 2004.
11. Other public records: The TLO records-search service lists Elizabeth Holmes as residing at 325 Channing Avenue #118 in Palo Alto beginning in July 2005. In her voter registration form dated October 10, 2006, she also listed that address as her residence.
12. He had stayed on at Commerce One: LinkedIn profile of Sunny Balwani; Theranos website.
13. The maneuver generated an artificial tax loss: *Ramesh Balwani v. BDO Seidman, L.L.P. and François Hechinger*, No. CGC-04-433732, California Superior Court in San Francisco, complaint filed on August 11, 2004, 10.
14. He turned around and sued BDO: *Ramesh Balwani v. BDO Seidman et al.*, 4, 6–7.
15. Elizabeth had tried to put the best spin: Confidential "Theranos Angiogenesis Study Report."

07 | J博士

1. In June 2010, the social network's: Alexei Oreskovic, "Elevation Partners Buys $120 million in Facebook Shares," Reuters, June 28, 2010.
2. Six months later: Susanne Craig and Andrew Ross Sorkin, "Goldman Offering Clients a Chance to Invest in Facebook," *New York Times*, January 2, 2011.
3. The emergence of Twitter: Michael Arrington, "Twitter Closing New Venture Round at $1 Billion Valuation," TechCrunch website, September 16, 2009.
4. In the spring of 2010: Christine Lagorio-Chafkin, "How Uber Is Going to Hire 1, 000 People This Year," *Inc.*, January 15, 2014.
5. Dr. J operated out of an office: LinkedIn profile of Jay Rosan; Jessica Wohl, "Walgreen to Buy Clinic Operator Take Care Health," Reuters, May 16, 2007.
6. In January 2010, Theranos had approached Walgreens: *Walgreen Co. v. Theranos, Inc.*, No. 1:16-cv-01040-SLR, U.S. District Court in Wilmington, complaint filed on November 8, 2016, 4–5.
7. Two months later, Elizabeth and Sunny: Ibid., 5–6.
8. On the Walgreens side: Minutes of August 24, 2010, meeting between Walgreens and Theranos.
9. "I'm so excited that we're doing this!": Ibid.
10. It would involve: Schedule F of Theranos Master Purchase Agreement dated July 30, 2010, filed as Exhibit C in *Walgreen Co. v. Theranos, Inc.* complaint.
11. A preliminary contract: Schedule B, F, and H1 of July 2010 Theranos Master Purchase Agreement.
12. Theranos had told Walgreens: Document with a Theranos logo titled "Theranos Base Assay Library."
13. When the Walgreens side had broached: Confidential memo titled "WAG / Theranos site visit thoughts and Recommendations" addressed by Kevin Hunter to Walgreens executives on August 26, 2010.
14. Standing in front of a slide: PowerPoint titled "Project Beta—Disrupting the Lab Industry—Kickoff Review" dated September 28, 2010.
15. In a report he'd put together: Hunter's August 26, 2010, memo to Walgreens executives.
16. Hunter asked about the blood-test results: Minutes of video conference between Theranos and Walgreens held between 1:00 p.m. and 2:00 p.m.

CET on October 6, 2010.

17. Elizabeth and Sunny had a testy exchange: Minutes of video conference between Theranos and Walgreens held between 1:00 p.m. and 2:00 p.m. CET on November 10, 2010.
18. The contract the companies had signed: Schedule B of July 2010 Theranos Master Purchase Agreement.
19. Documents it gave Walgreens stated: "Project Beta—Disrupting the Lab Industry—Kickoff Review," 5.
20. It was a letter dated April 27, 2010: Letter marked confidential on Johns Hopkins Medicine letterhead titled "Summary of Hopkins/Walgreens/Theranos" meeting.
21. He'd gotten hooked on the subject: Richard S. Dunham and Keith Epstein, "One CEO's Health-Care Crusade," *Bloomberg Businessweek*, July 3, 2007.
22. He'd pioneered innovative wellness: Jaime Fuller, "Barack Obama and Safeway: A Love Story," *Washington Post*, February 18, 2014.
23. Like Dr. J, he was serious: Dunham and Epstein, "One CEO's Health-Care Crusade."
24. However, many of his colleagues: Melissa Harris and Brian Cox, "2nd DUI Arrest for Walgreen Co. CFO Wade Miquelon," *Chicago Tribune*, October 18, 2010.

08 | 迷你實驗室

1. The first commercial spectrophotometer: Jerry Gallwas, "Arnold Orville Beckman (1900–2004)," *Analytical Chemistry*, August 1, 2004, 264A–65A.
2. Cytometry, a way of counting blood cells: M. L. Verso, "The Evolution of Blood-Counting Techniques," *Medical History* 8, no. 2 (April 1964): 149–58.
3. One of them, a device: Abaxis brochure for the "Piccolo Xpress chemistry analyzer" available on the Abaxis website.

09 | 一場「健康布局」

1. The supermarket chain had just announced: Safeway, "Safeway Inc. Announces Fourth Quarter 2011 Results," press release, February 23, 2012.
2. One of them, Ed Kelly: Conference call on Safeway's fourth-quarter 2011 earnings held at 11:00 a.m. EST on February 23, 2012, available on Earningscast.com.
3. Piqued, Burd said he disagreed: Ibid.
4. A few months earlier: CMS Form 2567 indicating an inspection of Theranos's laboratory at 3200 Hillview Avenue in Palo Alto was completed on January 9, 2012, with no deficiencies found.
5. Although the ultimate enforcer: California Bureau of State Audits, "Department of Public Health: Laboratory Field Services' Lack of Clinical Laboratory Oversight Places the Public at Risk," September 2008.
6. To Dupuy, Lim's blunders were inexcusable: Letter dated June 25, 2012, sent by attorney Jacob Sider to Elizabeth Holmes on behalf of Diana Dupuy.
7. The phlebotomists hadn't been trained to use: Ibid.
8. The email, on which she copied Elizabeth: Email with the subject line "Events" sent by Diana Dupuy to Sunny Balwani, copying Elizabeth Holmes, at 11:13 a.m. PST on May 27, 2012.
9. Sunny agreed to have someone: Email with the subject line "RE: Observations" sent by Sunny Balwani to Diana Dupuy, copying Elizabeth Holmes, at 2:16 p.m. PST on May 27, 2012.
10. Over the next several days: Emails with the subject lines "Important notice from Theranos" and "RE: Important notice from Theranos" sent by David Doyle to Diana Dupuy on May 29, May 30, and June 1, 2012.
11. Dupuy initially refused: Sider's June 25, 2012, letter to Holmes.
12. Burd was asked about the status: Conference call on Safeway's first-quarter 2012 earnings held at 11:00 a.m. EST on April 26, 2012, available on Earningscast. com.
13. In the next earnings call: Conference call on Safeway's second-quarter 2012 earnings held at 11:00 a.m. EST on July 19, 2012, available on Earningscast. com.
14. Shortly after the stock market closed: Safeway, "Safeway Announces Retirement of Chairman and CEO Steve Burd," press release, January 2, 2013.
15. Among a list of his achievements: Ibid.
16. Just three months after leaving: "Letter from Steve Burd, Founder and CEO" at Burdhealth.com.

10 | 「休梅克中校是哪個傢伙?」

1. The idea of using Theranos devices: Carolyn Y. Johnson, "Trump's Pick for Defense Secretary Went to the Mat for the Troubled Blood-Testing Company Theranos," *Washington Post*, December 1, 2016.
2. With the approval of his boss: Email with the subject line "Seeking regulatory advice regarding Theranos (UNCLASSIFIED)" sent by David Shoemaker to Sally Hojvat at 10:16 a.m. EST on June 14, 2012.

3. Hojvat forwarded his query: Email with the subject line "FW: Seeking regulatory advice regarding Theranos (UNCLASSIFIED)" sent by Sally Hojvat to Elizabeth Mansfield, Katherine Serrano, Courtney Lias, Alberto Gutierrez, Don St. Pierre, and David Shoemaker at 11:43 a.m. EST on June 15, 2012.
4. However, in practice, it had not done so: Office of Public Health Strategy and Analysis, Office of the Commissioner, Food and Drug Administration, "The Public Health Evidence for FDA Oversight of Laboratory Developed Tests: 20 Case Studies," November 16, 2015.
5. That changed in the 1990s: Ibid.
6. Gutierrez forwarded the Shoemaker email: Email with the subject line "FW: Seeking regulatory advice regarding Theranos (UNCLASSIFIED)" sent by Alberto Gutierrez to Judith Yost, Penny Keller, and Elizabeth Mansfield at 4:36 p.m. EST on July 15, 2012.
7. Yost and Keller decided it wouldn't hurt: Email with the subject line "RE: Seeking regulatory advice regarding Theranos (UNCLASSIFIED)" sent by Judith Yost to Penny Keller and Sarah Bennett at 11:46 a.m. EST on June 18, 2012.
8. The job fell to Gary Yamamoto: Email with the subject line "FW: Seeking regulatory advice regarding Theranos (UNCLASSIFIED)" sent by Penny Keller to Gary Yamamoto at 5:48 p.m. EST on June 18, 2012.
9. Two months later, on August 13, 2012: Email with the subject line "RE: Theranos update?" sent by Gary Yamamoto to Penny Keller and Karen Fuller at 2:03 p.m. EST on August 15, 2012.
10. When he explained that his agency: Email with the subject line "RE: Theranos (UNCLASSIFIED)" sent by Penny Keller to David Shoemaker, copying Erin Edgar, at 1:36 p.m. EST on August 16, 2012.
11. In a blistering email to General Mattis: Email with the subject line "RE: Follow up" sent by Elizabeth Holmes to James Mattis, copying Jorn Pung and Karl Horst, at 3:14 p.m. EST on August 9, 2012.
12. He forwarded it to Colonel Erin Edgar: Email with the subject line "FW: Follow up" sent by James Mattis to Erin Edgar, copying Karl Horst, Carl Mundy, and Jorn Pung, at 10:52 p.m. EST on August 9, 2012.
13. He also forwarded to Shoemaker: Email with the subject line "Fw: Follow up" sent by Erin Edgar to David Shoemaker at 1:35 p.m. EST on August 14, 2012.
14. The blunt-spoken general had: Thomas E. Ricks, *Fiasco* (New York: The Penguin Press, 2006), 313.
15. With Colonel Edgar's encouragement: Email with the subject line "Theranos (UNCLASSIFIED)" sent by David Shoemaker to Penny Keller and Judith Yost, copying Erin Edgar and Robert Miller, at 3:34 p.m. EST on August 15, 2012.
16. The response he got: Email with the subject line "RE: Theranos (UNCLASSIFIED)" sent by Penny Keller to David Shoemaker, copying Erin Edgar, at 1:36 p.m. EST on August 16, 2012.
17. When he confronted Colonel Edgar: Email with the subject line "Re: Theranos (UNCLASSIFIED)" sent by Erin Edgar to David Shoemaker at 7:23 p.m. EST on August 16, 2012.
18. At 3:00 p.m. sharp on August 23, 2012: Email with the subject line "RE: Theranos followup (UNCLASSIFIED)" sent by David Shoemaker to Alberto Gutierrez at 10:58 a.m. EST on August 20, 2012.

11｜點燃引信：訴訟戰爭即將開始

1. The doorbell at 1238 Coldwater Canyon Drive: Affidavit of service of summons notarized on October 31, 2011.
2. The couple had purchased it: *Theranos, Inc. et al. v. Fuisz Pharma LLC et al.*, deposition of Lorraine Fuisz, June 11, 2013, 111; Realtor.com.
3. He had sold it: "Biovail to Buy Fuisz Technologies for $154 Million," Dow Jones, July 27, 1999.
4. It was now part of: "Biovail to Merge with Valeant," *New York Times*, June 21, 2010.
5. The lawsuit had been filed: *Theranos, Inc. et al. v. Fuisz Pharma LLC et al.*, complaint filed on October 26, 2011, 7–10.
6. The first and only time Fuisz: Email with the subject line "http://www.freshpatents.com/Medical-device-for-analyte-monitoring-and-drug-delivery-dt20060323ptan20060062852.php" sent by Richard Fuisz to John Fuisz, copying Joe Fuisz, at 8:31 a.m. EST on July 3, 2006.
7. John replied that McDermott: Email with the subject line "Re: http://www.freshpatents.com/Medical-device-for-analyte-monitoring-and-drug-delivery-dt20060323ptan20060062852.php"sent by John Fuisz to Richard Fuisz, copying Joe Fuisz, at 9:34 a.m. EST on July 3, 2006.
8. John had no reason to wish: *Theranos, Inc. et al. v. Fuisz Pharma LLC et al.*, deposition of Lorraine Fuisz, 80–81, 83.
9. Noel had even dropped by: *Theranos, Inc. et al. v. Fuisz Pharma LLC et al.*, deposition of John Fuisz taken on May 29, 2013, in Washington, D.C., 38.

10. Fuisz had rubbed that fact: Email with the subject line "Gen Dis" sent by Richard Fuisz to info@theranos.com at 7:29 a.m. PST on November 8, 2010.
11. On his way to a resounding: David Margolick, "The Man Who Ate Microsoft," *Vanity Fair*, March 1, 2000.
12. In one case that illustrated: John R. Wilke, "Boies Will Be Boies, as Another Legal Saga in Florida Shows," *Wall Street Journal*, December 6, 2000.
13. After a judge in Miami: Ibid.
14. One of them was a declaration: *Theranos, Inc. et al. v. Fuisz Pharma LLC et al.*, declaration of Brian B. McCauley executed in Washington, D.C., on January 12, 2012.
15. But in a response five days later: Letter dated January 17, 2012, sent by David Boies to Elliot Peters.
16. He also offered to meet: Letter dated June 7, 2012, sent by Richard Fuisz to Donald L. Lucas, Channing Robertson, T. Peter Thomas, Robert Shapiro, and George Shultz.
17. The only response he got: Letter dated July 5, 2012, sent by David Boies to Jennifer Ishimoto.
18. In 1992, when John was fresh: *Terex Corporation et al. v. Richard Fuisz et al.*, No. 1:1992-cv-0941, U.S. District Court for the District of Columbia, deposition of John Fuisz taken on February 17, 1993, in Washington, D.C., 118–54.
19. At the time, Richard Fuisz: "Manufacturer Sues Seymour Hersh over Scud Launcher Report," Associated Press, April 17, 1992.
20. Even though the incident was twenty years old: *Terex Corporation et al. v. Richard Fuisz et al.*, stipulation filed on December 2, 1996, by Judge Royce C. Lamberth dismissing case with prejudice.
21. Boies's strategy of painting John: *Theranos, Inc. et al. v. Fuisz Pharma LLC et al.*, order filed on June 6, 2012, granting defendant John R. Fuisz's motion to dismiss and granting in part and denying in part Fuisz Pharma LLC, Richard C. Fuisz, and Joseph M. Fuisz's motion to dismiss.
22. Boies turned around and sued: *Theranos, Inc., et al. v. McDermott, Will & Emery LLP*, No. 2012-CA-009617-M, Superior Court of the District of Columbia, complaint filed on December 29, 2012.
23. "Simply because attorneys": *Theranos, Inc., et al. v. McDermott, Will & Emery LLP*, order filed on August 2, 2013, granting defendant McDermott's motion to dismiss with prejudice.
24. Asked by one of his father's lawyers: *Theranos, Inc. et al. v. Fuisz Pharma LLC et al.*, deposition of John Fuisz, 238.
25. Boies charged clients: Vanessa O'Connell, "Big Law's $1,000-Plus an Hour Club," *Wall Street Journal*, February 23, 2011; David A. Kaplan, "David Boies: Corporate America's No. 1 Hired Gun," *Fortune*, October 20, 2010.
26. But then something strange happened: *Theranos, Inc. et al. v. Fuisz Pharma LLC et al.*, transcript of pretrial conference and hearing on motions, March 5, 2014, 42.

12｜伊恩・吉本斯

1. Ian and Robertson had met: U.S. Patent no. 4,946,795 issued August 7, 1990.
2. He complained to his old friend: *Theranos, Inc. et al. v. Fuisz Pharma LLC et al.*, transcript of pretrial conference and hearing on motions, March 5, 2014, 47–48.
3. After trying for weeks: *Theranos, Inc. et al. v. Fuisz Pharma LLC et al.*, defendants' notice of deposition for Ian Gibbons, filed on May 6, 2013.
4. With the deadline for his appearance: Email with the subject line "Deposition—Confidential A/C Privileged" sent by David Doyle to Ian Gibbons, copying Mona Ramamurthy, at 7:32 p.m. PST on May 15, 2013.
5. Ian forwarded the email: Email with the subject line "Fwd: FW: Deposition—Confidential A/C Privileged" sent by Ian Gibbons to Rochelle Gibbons at 7:49 p.m. PST on May 15, 2013.

13｜全球最有創意的廣告公司——Chiat\Day

1. She'd even tried to convince Lee Clow: Walter Isaacson, *Steve Jobs* (New York: Simon & Schuster, 2011), 162, 327.
2. Elizabeth believed in the Flower of Life: April Holloway, "What Ancient Secrets Lie Within the Flower of Life?" *Ancient Origins*, December 1, 2013.
3. In an email to Kate listing items: Email with the subject line "Legal" sent by Mike Peditto to Kate Wolff at 4:27 p.m. PST on January 4, 2013.
4. It indemnified Chiat\Day: Agency agreement between TBWA\CHIAT\DAY, Los Angeles and Theranos Inc. dated October 12, 2012.
5. He fired off an email to Joe Sena: Email with the subject line "Fwd: Contract" sent by Mike Peditto to Joseph Sena at 6:23 p.m. PST on March 19, 2013.
6. Sena replied: Email with the subject line "RE: Contract" sent by Joseph Sena to Mike Peditto at 6:51 p.m. PST on March 20, 2013.

7. But Kate and Mike stayed alert: Many of the last-minute changes to the Theranos website are captured in a Microsoft Word document marked "Theranos Confidential" that Jeff Blickman emailed to Kate Wolff and Mike Peditto moments before the conference call.

14 | 不顧一切，全面上線！

1. He had just finished reading: Walter Isaacson, *Steve Jobs* (New York: Simon & Schuster, 2011).
2. Another was Chinmay Pangarkar: LinkedIn profile of Chinmay Pangarkar.
3. There was also Suraj Saksena: LinkedIn profile of Suraj Saksena.
4. This Frankenstein machine: See the definition of "blade server" in the *PC Magazine Encyclopedia* available at PCMag.com.
5. on June 5, 2012, she'd signed: Amended and restated Theranos Master Services Agreement dated June 5, 2012, filed as Exhibit A in *Walgreen Co. v. Theranos, Inc.*, complaint.
6. The ADVIA was a hulking: See the Technical Specifications tab on the page devoted to the ADVIA 1800 Chemistry System on the U.S. website of Siemens Healthineers.
7. Hemolysis was a known side effect: Marlies Oostendorp, Wouter W. van Solinge, and Hans Kemperman, "Potassium but Not Lactate Dehydrogenase Elevation Due to In Vitro Hemolysis Is Higher in Capillary Than in Venous Blood Samples," *Archives of Pathology & Laboratory Medicine* 136 (October 2012): 1262–65.

15 | 「獨角獸」九十億美元的祕密

1. She hated the artist's illustration: Joseph Rago, "Elizabeth Holmes: The Breakthrough of Instant Diagnosis," *Wall Street Journal*, September 7, 2013.
2. A press release was due: Theranos,"Theranos Selects Walgreens as a Long-Term Partner Through Which to Offer Its New Clinical Laboratory Service," press release, September 9, 2013, Theranos website.
3. The former statesman: *Theranos, Inc. et al. v. Fuisz Pharma LLC et al.*, trial transcript, March 13, 2014, 92.
4. Nor did Rago: "*WSJ*'s Rago Wins Pulitzer Prize," *Wall Street Journal*, April 19, 2011.
5. A few weeks later: Email with the subject line "Theranos-time sensitive" sent by Donald A. Lucas to Mike Barsanti and other Lucas Venture Group clients at 2:47 p.m. PST on September 9, 2013.
6. They ranged from Robert Colman: *Robert Colman and Hilary Taubman-Dye, Individually and on Behalf of All Others Similarly Situated, v. Theranos, Inc., Elizabeth Holmes, and Ramesh Balwani*, No. 5:16-cv-06822, U.S. District Court in San Francisco, complaint filed on November 28, 2016, 4.
7. In an article published: Aileen Lee, "Welcome to the Unicorn Club: Learning from Billion-Dollar Startups," TechCrunch website, November 2, 2013.
8. A few weeks before Elizabeth's: Tomio Geron, "Uber Confirms $258 Million from Google Ventures, TPG, Looks to On-Demand Future," Forbes.com, August 23, 2013.
9. There was also Spotify: John D. Stoll, Evelyn Rusli, and Sven Grundberg, "Spotify Hits a High Note: Valuation Tops $4 Billion," *Wall Street Journal*, November 21, 2013.
10. With about $4 billion in assets: Cliffwater LLC, "Hedge Fund Investment Due Diligence Report: Partner Fund Management LP," December 2011, 2.
11. After they reached out to her: *Partner Investments, L.P., PFM Healthcare Master Fund, L.P., PFM Healthcare Principals Fund, L.P. v. Theranos, Inc., Elizabeth Holmes, Ramesh Balwani and Does 1–10*, No. 12816-VCL, Delaware Chancery Court, complaint filed on October 10, 2016, 10.
12. During that first meeting: Ibid., 11.
13. At a second meeting three weeks later: Ibid., 15–16.
14. The rub was that much of the data: *Partner Investments, L.P. et al. v. Theranos, Inc. et al.*, deposition of Pranav Patel taken on March 9, 2017, in Palo Alto, California, 95–97.
15. Sunny also told James and Grossman: *Partner Investments, L.P. et al. v. Theranos, Inc. et al.* complaint, 16–17.
16. Sunny and Elizabeth's boldest claim: Ibid., 12–13.
17. A spreadsheet with financial projections: *Partner Investments, L.P. et al. v. Theranos, Inc. et al.*, deposition of Danise Yam taken on March 16, 2017, in Palo Alto, California, 154–58.
18. Six weeks after Sunny sent Partner Fund: Ibid., 140–58.
19. As it would turn out: Christopher Weaver, "Theranos Had $200 Million in Cash Left at Year-End," *Wall Street Journal*, February 16, 2017.
20. On February 4, 2014, Partner Fund: *Partner Investments, L.P. et al. v. Theranos, Inc. et al.* complaint, 17–18.

16 | 美國前國務卿的「叛逆」孫子

1. It was as if you flipped a coin enough times: *Partner Investments, L.P., PFM Healthcare Master Fund, L.P., PFM Healthcare Principals Fund, L.P. v.*

Theranos, Inc., Elizabeth Holmes, Ramesh Balwani and Does 1-10, No. 12816-VCL, Delaware Chancery Court, deposition of Tyler Shultz taken on March 6, 2017, in San Francisco, California, 138.

2. Over a period of several days: Email with the subject line "RE: Follow up to previous discussion" sent by Tyler Shultz to Elizabeth Holmes at 3:38 p.m. PST on April 11, 2014.
3. Moreover, Do wasn't even authorized: *Partner Investments, L.P. et al. v. Theranos, Inc. et al.*, deposition of Erika Cheung taken on March 7, 2017, in Los Angeles, California, 45–47.
4. The inspector spent several hours: CMS Form 2567 indicating that relatively minor deficiencies were found during an inspection of Theranos's laboratory on December 3, 2013.
5. It could be widened at will: Tyler Shultz's April 11, 2014, email to Elizabeth Holmes.
6. One of them was Elizabeth's: Joseph Rago, "Elizabeth Holmes: The Breakthrough of Instant Diagnosis," *Wall Street Journal*, September 7, 2013.
7. Tyler had looked up the CLIA regulations: Title 42 of the Code of Federal Regulations, Part 493, Subpart H, Section 801.
8. At 9:16 a.m. on Monday: Email with the subject line "RE: Proficiency Testing Question" sent by Stephanie Shulman to Colin Ramirez, aka Tyler Shultz, at 12:16 p.m. EST on March 31, 2014.
9. In response to a description he gave her: Email with the subject line "RE: Proficiency Testing Question" sent by Stephanie Shulman to Colin Ramirez, aka Tyler Shultz, at 4:46 p.m. EST on April 2, 2014.
10. So he went ahead and typed up: Tyler Shultz's April 11, 2014, email to Elizabeth Holmes.
11. In a point-by-point rebuttal: Email sent by Sunny Balwani to Tyler Shultz on April 15, 2014.
12. It said she disagreed with running: Resignation letter written by Erika Cheung dated April 16, 2014.

17 | 名聲與神話——矽谷女性科技創業家

1. But the judge overseeing the case: *Theranos, Inc. et al. v. Fuisz Pharma LLC et al.*, transcript of pretrial conference and hearing on motions, March 5, 2014, 48.
2. One of them was Fuisz's contention: *Theranos, Inc. et al. v. Fuisz Pharma LLC et al.*, trial transcript, March 14, 2014, 118–21.
3. In his rambling opening argument: *Theranos, Inc. et al. v. Fuisz Pharma LLC et al.*, trial transcript, March 13, 2014, 54.
4. Underhill had left McDermott: *Theranos, Inc. et al. v. Fuisz Pharma LLC et al.*, deposition of John Fuisz, 165–66.
5. The next morning, Fuisz jotted down: Handwritten note dated March 17, 2014, on Fairmont Hotels and Resorts stationery.
6. In his pique, John emailed: Email with the subject line "Theranos" sent by John Fuisz to Julia Love at 7:15 a.m. EST on March 17, 2014.
7. He then forwarded the email: Email with the subject line "Fwd: Theranos" sent by John Fuisz to Richard Fuisz, Joe Fuisz, Michael Underhill, and Rhonda Anderson at 7:17 a.m. EST on March 17, 2014.
8. Underhill responded angrily: Email with the subject line "RE: Theranos" sent by Michael Underhill to John Fuisz, copying David Boies, Richard Fuisz, Joe Fuisz, and Rhonda Anderson, at 3:59 p.m. EST on March 17, 2014.
9. In case the message wasn't clear: Email with the subject line "Re: Theranos" sent by David Boies to John Fuisz, copying Julia Love, Michael Underhill, Richard Fuisz, and Joe Fuisz, at 4:16 p.m. EST on March 17, 2014.
10. Julia Love's article: Julia Love, "Family Gives Up Disputed Patent, Ending Trial with Boies' Client," *Litigation Daily*, March 17, 2014.
11. When Parloff's cover story: Roger Parloff, "This CEO Is Out for Blood," *Fortune*, June 12, 2014.
12. Had Parloff read Robertson's testimony: *Theranos, Inc. et al. v. Fuisz Pharma LLC et al.*, trial transcript, March 14, 2014, 202.
13. Under the headline "Bloody Amazing": Matthew Herper, "Bloody Amazing," Forbes.com, July 2, 2014.
14. Two months later, she graced: "The Forbes 400," *Forbes*, October 20, 2014.
15. Elizabeth became the youngest person: Press release from the Horatio Alger Association on PRNewswire, March 9, 2015.
16. Time magazine: *Time*, "The 100 Most Influential People," April 16, 2015.
17. President Obama appointed her: Theranos, "Elizabeth Holmes on Joining the Presidential Ambassadors for Global Entrepreneurship (PAGE) Initiative," press release, May 11, 2015, Theranos website.
18. Elizabeth also had a personal chef: Ken Auletta, "Blood, Simpler," *New Yorker*, December 15, 2014.
19. In September 2014, three months after: Holmes's TEDMED speech can be viewed on YouTube; https://www.youtube.com/watch?v=kZTfgXYjj-A.

18｜希波克拉底誓詞，宣誓！

1. He did send them one of his email exchanges: Email with the subject line "Re: The Employment Law Group: Consultation Information" sent to DeWayne Scott at 9:18 p.m. EST on October 29, 2014.
2. Phyllis and her husband: Phyllis Gardner is listed as a scientific and strategic adviser in the confidential Theranos Inc. summary dated December 2004 that Holmes used to pitch investors during the company's Series A funding round.
3. That would change when: Ken Auletta, "Blood, Simpler," *New Yorker*, December 15, 2014.
4. Among the arguments she marshaled: Steven M. Chan, John Chadwick, Daniel L. Young, Elizabeth Holmes, and Jason Gotlib, "Intensive Serial Biomarker Profiling for the Prediction of Neutropenic Fever in Patients with Hematologic Malignancies Undergoing Chemotherapy: A Pilot Study," *Hematology Reports* 6 (2014): 5466.
5. In a post on his blog: Clapper's blog post can be viewed by entering "PathologyBlawg.com" into the Wayback Machine.

19｜爆料！勇敢的吹哨者與質疑人

1. He'd patiently explained to me: John Carreyrou and Janet Adamy, "How Medicare 'Self-Referral' Thrives on Loophole," *Wall Street Journal*, October 22, 2014.
2. "A chemistry is performed so that": Ken Auletta, "Blood, Simpler," *New Yorker*, December 15, 2014.
3. Sure, Mark Zuckerberg had learned: Jose Antonio Vargas, "The Face of Facebook," *New Yorker*, September 20, 2010.
4. There was a reason many Nobel laureates: "Average Age for Nobel Laureates in Physiology or Medicine," Nobelprize.org.
5. In the meantime, I did some preliminary research: Joseph Rago, "Elizabeth Holmes: The Breakthrough of Instant Diagnosis," *Wall Street Journal*, September 7, 2013.
6. It was the last Saturday: N. R. Kleinfield, "With White-Knuckle Grip, February's Cold Clings to New York," *New York Times*, February 27, 2015.
7. She had written Theranos a letter: Letter written by Dr. Sundene dated January 20, 2015, and addressed to "Theranos Quality Control."
8. As I was wrapping up my trip: Email with the subject line "Theranos" sent by Matthew Traub to John Carreyrou at 1:11 p.m. EST on April 21, 2015.
9. I wrote Traub back to confirm: Email with the subject line "Re: Theranos" sent by John Carreyrou to Matthew Traub at 7:08 p.m. EST on April 21, 2015.
10. He said he would check: Email with the subject line "Re: Theranos" sent by Matthew Traub to John Carreyrou at 12:02 a.m. EST on April 22, 2015.
11. As I scanned my results: My test results from Theranos and LabCorp were faxed to Dr. Sundene on April 24, 2015. I got my blood drawn at a Theranos wellness center in Phoenix on April 23, 2015, forty-four minutes before getting my blood drawn a second time at a LabCorp site.
12. Those differences were mild compared: Dr. Sundene received her test results from LabCorp on April 28, 2015, and her results from Theranos on April 30, 2015. She got her blood drawn at a LabCorp site on April 24, 2015, fifty-three minutes before getting her blood drawn a second time at a Theranos wellness center.
13. The awkward dinner conversation: John Carreyrou, "Theranos Whistleblower Shook the Company—and His Family," *Wall Street Journal*, November 18, 2016.
14. The time stamp on the attorney's email: Email with the subject line "Deposition—Confidential A/C Privileged" sent by David Doyle to Ian Gibbons, copying Mona Ramamurthy, at 7:32 p.m. PST on May 15, 2013.

20｜Theranos 律師的埋伏與糾纏

1. I had sent him an email outlining: Email with the subject line "list of questions for Theranos" sent by John Carreyrou to Matthew Traub at 6:33 p.m. EST on June 9, 2015.
2. Tyler arrived at his grandfather's house: An abridged account of Tyler Shultz's ordeal was published in John Carreyrou, "Theranos Whistleblower Shook the Company—and His Family," *Wall Street Journal*, November 18, 2016.
3. She had recently appeared: Holmes's interviews on *CBS This Morning* (April 16, 2015), CNBC's *Mad Money* (April 27, 2015), CNN's *Fareed Zakaria GPS* (May 18, 2015), and PBS's *Charlie Rose* (June 3, 2015) can all be viewed on YouTube.

21｜媒體報導權與商業機密

1. Rounding out the group: Fritsch's firm, Fusion GPS, would later gain notoriety for commissioning the infamous dossier on President Donald Trump from a former British spy alleging that Trump was vulnerable to

Russian blackmail.

2. The tone was set from the start: I also recorded the meeting. The quotes are transcribed verbatim from that recording.
3. At Traub's request, I had sent: Email with the subject line "list of questions for Theranos" sent by John Carreyrou to Matthew Traub at 6:33 p.m. EST on June 9, 2015.
4. The letter inside the envelope: Letter from David Boies to Erika Cheung dated June 26, 2015.
5. Attached to it was a formal letter: Letter from David Boies to Jason P. Conti, copying John Carreyrou and Mike Siconolfi, dated June 26, 2015.
6. The next day, I received: Email with the subject line "Re: Theranos HIPAA waiver" sent by Nicole Sundene to John Carreyrou at 7:04 p.m. EST on June 30, 2015.
7. I sent Heather King an email: Email with the subject line "Eric Nelson" sent by John Carreyrou to Heather King at 1:07 p.m. EST on July 1, 2015.
8. Later that week, Boies: Letter from David Boies to Jason P. Conti, copying Mark H. Jackson, John Carreyrou, and Mike Siconolfi, dated July 3, 2015.
9. His main evidence to back up: The signed statements by Drs. Rezaie and Beardsley are dated July 1, 2015.
10. Dr. Stewart emailed a few days later: Email with the subject line "Theranos" sent by Dr. Stewart to John Carreyrou at 8:26 p.m. EST on July 8, 2015.

22｜準備、等待，然後一刀斃命

1. The first was that the FDA: Theranos, "Theranos Receives FDA Clearance and Review and Validation of Revolutionary Finger Stick Technology, Test, and Associated System," press release, July 2, 2015, Theranos website.
2. The second was that a new law: Ken Alltucker, "Do-It-Yourself Lab Testing Without Doc's Orders Begins," *Arizona Republic*, July 7, 2015.
3. The latest had been a state dinner: Helena Andrews-Dyer and Emily Heil, "Japan State Dinner: The Toasts; Michelle Obama's Dress; Russell Wilson and Ciara Make a Public Appearance," *Washington Post*, April 28, 2015.
4. Over at *Fortune*: Roger Parloff, "Disruptive Diagnostics Firm Theranos Gets Boost from FDA," Fortune.com, July 2, 2015.
5. Two months earlier, Balwani had terrorized: Anonymous review of Theranos posted on Glassdoor.com on May 11, 2015.
6. During the roundtable discussion: Theranos, "Theranos Hosts Vice President Biden for Summit on a New Era of Preventive Health Care," press release, July 23, 2015, Theranos website.
7. He also praised Holmes: Ibid.
8. A few days later, on July 28, I opened: Elizabeth Holmes, "How to Usher in a New Era of Preventive Health Care," *Wall Street Journal*, July 28, 2015.

23｜「超級英雄」的損害控制

1. In March, a month after: VC Experts report on Theranos Inc.
2. Of the more than $430 million: Christopher Weaver and John Carreyrou, "Theranos Offers Shares for Promise Not to Sue," *Wall Street Journal*, March 23, 2017.
3. It was created by the Russian: Breakthrough Prize website; https://breakthroughprize.org.
4. Its cover letter stated: Letter written by Elizabeth Holmes to Rupert Murdoch on Theranos letterhead dated December 4, 2014.
5. The one call he placed: Theranos announced an alliance with the Cleveland Clinic on March 9, 2017, in a press release titled "Theranos and Cleveland Clinic Announce Strategic Alliance to Improve Patient Care Through Innovation in Laboratory Testing," Theranos website.
6. The investment packet she sent: The projections were in a five-page document summarizing Theranos's financial situation, including information about its capitalization, cash flow, and balance sheet. They were first disclosed in Christopher Weaver and John Carreyrou, "Theranos Foresaw Huge Growth in Revenue and Profits," *Wall Street Journal*, December 5, 2016.
7. They included Cox Enterprises: Ibid.
8. By the time Mike Siconolfi and I: Altogether, Holmes had six meetings with Murdoch. They took place on November 26, 2014; April 22, 2015; July 3, 2015; September 29, 2015; January 30, 2016; and June 8, 2016. Two were in California and four in New York.
9. Boies Schiller's Mike Brille: Letter from Michael A. Brille to Mary L. Symons, Rochelle Gibbons's estate lawyer, dated August 5, 2015.
10. In a last-ditch effort to prevent: Letter from David Boies to Gerard Baker, copying Jason Conti, dated September 8, 2015.
11. The story was published on: John Carreyrou, "A Prized Startup's Struggles," *Wall Street Journal*, October 15, 2015.
12. The editor of *Fortune: Fortune CEO Daily* newsletter sent by Alan Murray to readers at 7:18 a.m. EST on October 15, 2015.
13. *Forbes* and *The New Yorker*: Matthew Herper, "Theranos' Elizabeth Holmes

Needs to Stop Complaining and Answer Questions," Forbes.com, October 15, 2015; Eric Lach, "The Secrets of a Billionaire's Blood-Testing Startup," NewYorker.com, October 16, 2015.

14. One of them was former Netscape cofounder: Laura Arrillaga-Andreessen, "Five Visionary Tech Entrepreneurs Who Are Changing the World," *New York Times T Magazine*, October 12, 2015.
15. In a press release it posted: Theranos, "Statement from Theranos," press release, October 15, 2015, Theranos website.
16. Dressed in her usual all-black attire: Holmes's October 15, 2015, interview with Jim Cramer on CNBC's *Mad Money* program can be viewed on YouTube; https:// www.youtube.com/watch?v=rGfaJZAdfNE.
17. We quickly published my follow-up: John Carreyrou, "Hot Startup Theranos Dials Back Lab Tests at FDA's Behest," *Wall Street Journal*, October 16, 2015.
18. Theranos had issued a second: Theranos, "Statement from Theranos," press release, October 16, 2015, Theranos website.
19. At his signal: Nick Bilton, "How Elizabeth Holmes's House of Cards Came Tumbling Down," *Vanity Fair*, September 6, 2016.
20. There was so much interest: Jonathan Krim's October 21, 2016, interview of Holmes at the WSJ D.Live conference can be viewed on WSJ.com.
21. A few days earlier, Gassée: Jean-Louis Gassée, "Theranos Trouble: A First Person Account," *Monday Note*, October 18, 2015.
22. Soon after the interview ended: Theranos, "Theranos Facts," press release, October 21, 2015, Theranos website.
23. After Holmes's appearance: Andrew Pollack, "Theranos, Facing Criticism, Says It Has Changed Board Structure," *New York Times*, October 28, 2015.
24. Sure enough, within days: Letters from Heather King to William Lewis, CEO of *Wall Street Journal* parent company Dow Jones, copying Mark Jackson, Jason Conti, Gerard Baker, John Carreyrou, and Mike Siconolfi, dated November 4 and 5, 2015.
25. A third letter followed demanding: Letter from Heather King to Jason Conti dated November 11, 2015.
26. In an interview with *Wired*: Nick Stockton, "The Theranos Scandal Could Become a Legal Nightmare," *Wired*, October 29, 2015.
27. They revealed that Walgreens: Michael Siconolfi, John Carreyrou, and Christopher Weaver, "Walgreens Scrutinizes Theranos Testing," *Wall Street Journal*, October 23, 2015.
28. that Theranos had tried to sell: Rolfe Winkler and John Carreyrou, "Theranos Authorizes New Shares That Could Raise Valuation," *Wall Street Journal*, October 28, 2015.
29. that its lab was operating without: John Carreyrou, "Theranos Searches for Director to Oversee Laboratory," *Wall Street Journal*, November 5, 2015.
30. and that Safeway had walked away: John Carreyrou, "Safeway, Theranos Split After $350 Million Deal Fizzles," *Wall Street Journal*, November 10, 2015.
31. With each new story: Letter from Heather King to William Lewis dated November 11, 2015.
32. In an interview with *Bloomberg Businessweek*: Sheelah Kolhatkar and Caroline Chen, "Can Elizabeth Holmes Save Her Unicorn?" *Bloomberg Businessweek*, December 10, 2015.
33. In her acceptance speech: Anne Cohen, "Reese Witherspoon Asks 'What Do We Do Now?' at *Glamour*'s Women of the Year Awards," *Variety*, November 9, 2015.

24｜女王的新衣——祕密、謊言與金錢

1. Under the subject line: Email with the subject line "CMS Complaint: Theranos Inc." sent by Erika Cheung to Gary Yamamoto at 6:13 p.m. PST on September 19, 2015.
2. In late January, we were finally able: John Carreyrou, Christopher Weaver, and Mike Siconolfi, "Deficiencies Found at Theranos Lab," *Wall Street Journal*, January 24, 2016.
3. How serious became clear: January 25, 2016, letter from Centers for Medicare and Medicaid Services official Karen Fuller to Theranos laboratory director Sunil Dhawan.
4. Suddenly, Heather King's: The last letter demanding retractions the *Wall Street Journal* received from Theranos is dated January 11, 2016.
5. However, Theranos continued to minimize: Email with the subject line "Statement by Theranos on CMS Audit Results" sent by Theranos spokeswoman Brooke Buchanan to journalists at 1:49 p.m. EST on January 27, 2016.
6. the lab had continued to run: John Carreyrou and Christopher Weaver, "Theranos Ran Tests Despite Quality Problems," *Wall Street Journal*, March 8, 2016.
7. Theranos couldn't refute: Email with the subject line "statements from Theranos" sent by Brooke Buchanan to John Carreyrou and Mike Siconolfi at 3:35 p.m. EST March 7, 2016.
8. But Heather King continued: King sent CMS several letters in March and

early April 2016 demanding that the agency make redactions before releasing the inspection report to the press.

9. As the tug-of-war: Noah Kulwin, "Theranos CEO Elizabeth Holmes Is Holding a Hillary Fundraiser with Chelsea Clinton," *Recode*, March 14, 2016.
10. The fund-raiser was later relocated: Ed Silverman, "Avoiding 'Teapot Tempest,' Clinton Campaign Distances Itself from Theranos," *STAT*, March 21, 2016.
11. Heather King tried to prevent us: Letter from Heather King to Jason Conti, copying John Carreyrou, Mike Siconolfi, and Gerard Baker, dated March 30, 2016.
12. We posted it on the *Journal*'s website: John Carreyrou and Christopher Weaver, "Theranos Devices Often Failed Accuracy Requirements," *Wall Street Journal*, March 31, 2016.
13. The coup de grâce: Letter from CMS's Karen Fuller to Sunil Dhawan, Elizabeth Holmes, and Ramesh Balwani dated March 18, 2016.
14. When we reported news of: John Carreyrou and Christopher Weaver, "Regulators Propose Banning Theranos Founder Elizabeth Holmes for at Least Two Years," *Wall Street Journal*, April 13, 2016.
15. She had to come out: Holmes's interview with Maria Shriver aired on April 18, 2016, and can be viewed on YouTube.
16. In a complete about-face: The AACC put out a press release on April 18, 2016, saying Holmes would present her technology at its sixty-eighth annual meeting.
17. She broke up with him: John Carreyrou, "Theranos Executive Sunny Balwani to Depart Amid Regulatory Probes," *Wall Street Journal*, May 12, 2016.
18. A week later, we reported that: John Carreyrou, "Theranos Voids Two Years of Edison Blood-Test Results," *Wall Street Journal*, May 18, 2016.
19. On June 12, 2016, it terminated: Michael Siconolfi, Christopher Weaver, and John Carreyrou, "Walgreen Terminates Partnership with Blood-Testing Firm Theranos," *Wall Street Journal*, June 13, 2016.
20. In another crippling blow: John Carreyrou, Michael Siconolfi, and Christopher Weaver, "Theranos Dealt Sharp Blow as Elizabeth Holmes Is Banned from Operating Labs," *Wall Street Journal*, July 8, 2016.
21. More ominously, Theranos was now: Christopher Weaver, John Carreyrou, and Michael Siconolfi, "Theranos Is Subject of Criminal Probe by U.S.," *Wall Street Journal*, April 18, 2016.
22. Over the next hour, Holmes proceeded: Holmes's AACC presentation can be viewed on the association's website, AACC.org.
23. While Holmes's presentation included: The slides from Holmes's AACC presentation are available on AACC.org.
24. A headline in *Wired* captured: Nick Stockton, "Theranos Had a Chance to Clear Its Name. Instead, It Tried to Pivot," Wired.com, August 2, 2016.
25. In an interview with the *Financial Times*: David Crow, "Theranos Founder's Conference Invitation Sparks Row Among Scientists," *Financial Times*, August 4, 2016.
26. But in another embarrassing setback: John Carreyrou and Christopher Weaver, "Theranos Halts New Zika Test After FDA Inspection," *Wall Street Journal*, August 30, 2016.
27. Partner Fund, the San Francisco hedge fund: Christopher Weaver, "Major Investor Sues Theranos," Wall Street Journal, October 10, 2016.
28. Another set of investors: Christopher Weaver, "Theranos Sued for Alleged Fraud by Robertson Stephens Co-Founder Colman," *Wall Street Journal*, November 28, 2016.
29. Most of the other investors opted: Christopher Weaver and John Carreyrou, "Theranos Offers Shares for Promise Not to Sue," *Wall Street Journal*, March 23, 2017.
30. The media mogul sold his stock: Ibid.
31. David Boies and his law firm: John Carreyrou, "Theranos and David Boies Cut Legal Ties," *Wall Street Journal*, November 20, 2016.
32. A month after Holmes's AACC appearance: Carreyrou and Weaver, "Theranos Halts New Zika Test After FDA Inspection."
33. Boies left the Theranos board: Weaver and Carreyrou, "Theranos Offers Shares for Promise Not to Sue."
34. Walgreens, which had sunk: Christopher Weaver, John Carreyrou, and Michael Siconolfi, "Walgreen Sues Theranos, Seeks $140 Million in Damages," *Wall Street Journal*, November 8, 2016.
35. After initially attempting to appeal: John Carreyrou and Christopher Weaver, "Theranos Retreats from Blood Tests," *Wall Street Journal*, October 6, 2016.
36. During an inspection of the Arizona facility: Christopher Weaver and John Carreyrou, "Second Theranos Lab Failed U.S. Inspection," *Wall Street Journal*, January 17, 2017.
37. Under a settlement with Arizona's attorney general: Christopher Weaver, "Arizona Attorney General Reaches Settlement with Theranos," *Wall Street Journal*, April 18, 2017.
38. The number of test results: Ibid.

惡血

矽谷獨角獸的醫療騙局！深藏血液裡的祕密、謊言與金錢

作者	約翰・凱瑞魯（John Carreyrou）
譯者	林錦慧
商周集團執行長	郭奕伶
視覺顧問	陳栩椿
商業周刊出版部	
總編輯	余幸娟
責任編輯	呂美雲
校對	潘姵儒
封面設計	copy
內頁排版	邱介惠
出版發行	城邦文化事業股份有限公司-商業周刊
地址	115020 台北市南港區昆陽街16號6樓 電話 ：(02)2505-6789　傳真：(02)2503-6399
讀者服務專線	(02)2510-8888
商周集團網站服務信箱	mailbox@bwnet.com.tw
劃撥帳號	50003033
戶名	英屬蓋曼群島商家庭傳媒股份有限公司城邦分公司
網站	www.businessweekly.com.tw
香港發行所	城邦（香港）出版集團有限公司 香港灣仔駱克道193號東超商業中心1樓 電話： (852)25086231傳真： (852)25789337 E-mail： hkcite@biznetvigator.com
製版印刷	中原造像股份有限公司
總經銷	聯合發行股份有限公司　電話：(02) 2917-8022
初版 1 刷	2018年 9 月
初版33.5刷	2024年 6 月
定價	430元
ISBN	978-986-7778-38-3（平裝）

國家圖書館出版品預行編目資料

惡血：矽谷獨角獸的醫療騙局！深藏血液裡的祕密、謊言與金錢／
約翰・凱瑞魯（John Carreyrou）著；林錦慧譯.
-- 初版. -- 臺北市：城邦商業周刊，107.9
368面；14.8×21 公分.
譯自：Bad Blood: Secrets and Lies in a Silicon Valley Startup
ISBN 978-986-7778-38-3（平裝）
1.生物技術業　2.詐欺罪
469.5　　107014298

金商道

The positive thinker sees the invisible, feels the intangible, and achieves the impossible.

惟正向思考者，能察於未見，感於無形，達於人所不能。 —— 佚名